内容简介

本书是根据教育部《工科类本科数学基础课程教学基本要求》编写的工科类本科线性代数教材，编者全部是具有丰富教学经验的教学一线教师．全书共分为六章，内容包括：行列式，矩阵，向量与线性方程组，矩阵的特征值与特征向量，二次型，线性方程组的数值解法等．本书按节配置习题，每章有总练习题，书后附有答案与提示，便于读者参考．

本书根据工科学生的实际要求及相关课程的设置次序，对传统的教学内容在结构和内容上作了合理调整，使之更适合新世纪线性代数教学理念和教学内容的改革趋势．其主要特点是：选材取舍精当，行文简约严密，讲解重点突出，服务后续课程，衔接考研思路；强调基本理论与基础训练，注重解决实际问题能力的提高与综合能力的培养．

本书可作为高等院校工科类各专业本科生线性代数课程的教材，也可作为相关专业的大学生、自学考试学生的教材或教学参考书．

21 世纪

高等院校工科类数学教材

线性代数

褚宝增　王祖朝　主编

北京大学出版社
PEKING UNIVERSITY PRESS

图书在版编目(CIP)数据

线性代数/褚宝增,王祖朝主编. —北京：北京大学出版社,2009.6
(21世纪高等院校工科类数学教材)
ISBN 978-7-301-05595-3

Ⅰ.线… Ⅱ.①褚… ②王… Ⅲ.线性代数—高等学校—教材 Ⅳ.O151.2

中国版本图书馆CIP数据核字(2009)第084304号

书　　名：线性代数
著作责任者：褚宝增　王祖朝　主编
责 任 编 辑：曾琬婷
标 准 书 号：ISBN 978-7-301-05595-3/O·0544
出 版 发 行：北京大学出版社
地　　址：北京市海淀区成府路205号　100871
网　　址：http://www.pup.cn　电子信箱：zpup@pup.pku.edu.cn
电　　话：邮购部62752015　发行部62750672　理科编辑部62752021　出版部62754962
印 刷 者：北京大学印刷厂
经 销 者：新华书店
787mm×960mm　16开本　11印张　280千字
2009年6月第1版　**2019年7月第7次印刷**
定　　价：24.00元

前　言

当前,我国高等教育蓬勃发展,教学改革不断深入,高等院校工科类数学基础课的教学理念、教学内容及教材建设也孕育在这种变革之中.为适应高等教育**21**世纪教学内容和课程体系改革的总目标,培养具有创新能力的高素质人才,我们应北京大学出版社的邀请,经集体讨论,分工编写了这套《**21**世纪高等院校工科类数学教材》,本书为其中的《线性代数》分册.

本教材参照教育部《工科类本科数学基础课程教学基本要求》,按照"加强基础、培养能力、重视应用"的指导方针,精心选材,力求实现基础性、应用性、前瞻性的和谐统一,集中体现了编者长期讲授工科类线性代数课所积累的丰富教学经验,反映了当前工科数学教学理念和教学内容的改革趋势.具体体现在以下几个方面:

1. 精心构建教材内容.本教材在内容选择方面,根据工科学生的实际要求及相关专业课程的特点,汲取了国内外优秀教材的特点,对传统的教学内容在结构和内容上作了适当的取舍、补充和调整,为后续课程打好坚实的基础.

2. 内容讲述符合认知规律.以实际的例子导入问题,然后引出相关概念,并在叙述时力求严谨,兼顾直观和抽象,再通过有针对性的例题和习题加深对概念的理解与结论的应用.对重点概念、重要定理、难点内容从多侧面进行剖析,做到难点分散,便于学生理解与掌握.

3. 加强基础训练和基本能力的培养.紧密结合概念、定理和运算法则配置丰富的例题,并剖析一些综合性例题.按节配有适量习题,每章配有总练习题,书末附有参考答案与提示,便于读者参考.

4. 注重学生数学思维的训练.教材自始至终贯穿了从具体到抽象的建模过程和从抽象到具体的应用体验,提高学生的符号演绎能力,力求达到培养学生的数学思想和实际应用能力的双重目标.

5. 注重变通思维的启迪.在考虑到传统解线性方程组方法的计算量巨大的情况下,引入了数值求解的概念,为解决现代工程中的实际问题提供了基本的思想、方法.

全书共分六章:第一章行列式、第二章矩阵、第三章向量与线性方程组、第四章矩阵的特征值与特征向量、第五章二次型、第六章线性方程组的数值解法.邓燕、吴飞、王翠香、邢永丽老师参加了部分章节的编写.同时本书也吸收了高世臣教授的教学观点,在此表示深深的感谢!

本书的主要特点是：选材取舍精当，行文简约严密，讲解重点突出，服务后续课程，衔接考研思路等.

囿于编者水平及编写时间较为仓促，教材之中难免存在疏漏与不妥之处，恳请广大读者不吝指正.

编　者
2009 年 3 月

目　录

第一章 行列式

行列式的出现源于线性方程组的求解，它最早是一种速记的表达式. 目前，行列式的理论已经渗透到了几乎所有的数学分支，如数学分析、几何学、离散数学、线性方程组理论、二次型理论、系统控制等，成为一个极其重要的数学工具. 本章主要介绍行列式的概念、性质及其计算.

§1.1 置　换

一、逆序

对于 $n(n\geqslant 2)$ 个互不相同的自然数，把它们按任意固定的次序排成一排称为这 n 个自然数的一个**排列**. 显然 n 个自然数共有 $n!$ 个排列. 特别称排列 $12\cdots n$ 为**自然排列或标准排列**.

若在排列 $s_1s_2\cdots s_n$ 中，$s_i>s_j$ 且 s_i 排在 s_j 之前(左)，则 s_i 与 s_j 就违反了自然排列次序，我们就说 s_i 与 s_j 形成了一个**逆序**. 用记号 $[s_1s_2\cdots s_n]$ 表示排列 $s_1s_2\cdots s_n$ 中所有逆序的个数，简称**逆序数**. 显然，有

$$
\begin{aligned}
[s_1s_2\cdots s_n]=&(s_1\text{ 后面比 }s_1\text{ 小的数的个数})\\
&+(s_2\text{ 后面比 }s_2\text{ 小的数的个数})\\
&+\cdots+(s_{n-1}\text{后面比 }s_{n-1}\text{小的数的个数}).
\end{aligned}
$$

例如，$[12\cdots n]=0$. 又如，$[32514]=2+1+2+0=5$.

定义 若逆序数 $[s_1s_2\cdots s_n]$ 为偶数，则排列 $s_1s_2\cdots s_n$ 称做**偶排列**；若逆序数 $[s_1s_2\cdots s_n]$ 为奇数，则排列 $s_1s_2\cdots s_n$ 称做**奇排列**.

定理 1 一个排列中任意两个元素对调位置，排列的奇偶性改变.

证 以 S 表示排列 $s_1\cdots s_i\cdots s_j\cdots s_n$，把 s_i 与 s_j 对调位置后得到排列 $s_1\cdots s_j\cdots s_i\cdots s_n$，用 S' 表示之.

先证 s_i 与 s_j 相邻的情形，即 $j=i+1$ 的情形. 若 $s_i<s_j$，则

$$[s_1\cdots s_is_{i+1}\cdots s_n]=[s_1\cdots s_{i+1}s_i\cdots s_n]-1;$$

若 $s_i > s_j$，则

$$[s_1 \cdots s_i s_{i+1} \cdots s_n] = [s_1 \cdots s_{i+1} s_i \cdots s_n] + 1.$$

所以 S 与 S' 的奇偶性相反.

再证 s_i 与 s_j 不相邻的情形，即 $j=i+k(k\geqslant 2)$ 的情形. 先将 S 中的 s_j 与 s_{j-1} 对调，再把 s_j 与 s_{j-2} 对调，如此对调 k 次后得到 S'' 为 $s_1 \cdots s_j s_i s_{i+1} \cdots s_{i+k-1} s_{j+1} \cdots s_n$. 然后把 S'' 中的 s_i 与 s_{i+1} 对调，s_i 与 s_{i+2} 对调，直至 s_i 与 s_{i+k-1} 对调得到 S'. 这样共对调 $k+(k-1)=2k-1$ 次，故奇偶性改变了 $2k-1$ 次，导致整体奇偶性改变.

推论 奇排列调换成标准排列的对调次数是奇数，偶排列调换成标准排列的对调次数是偶数.

证 由定理 1 的证明过程可知，任一排列调换成标准排列所要对调的次数就是排列奇偶性改变的次数，又由于标准排列是偶排列，故推论成立.

定理 2 当 $n\geqslant 2$ 时，n 个数 $1,2,\cdots,n$ 的 $n!$ 个排列中，奇排列和偶排列各占一半.

证 假设总共有 m 个奇排列，k 个偶排列，则 $m+k=n!$. 由于任何一个奇排列对调两个元素变成偶排列，所以 $k\geqslant m$；又由于任何一个偶排列对调两个元素变成奇排列，所以 $m\geqslant k$. 故得 $m=k=\dfrac{1}{2}n!$.

二、置换

对于 n 个元素，将其进行编号，依次为第 1 号，第 2 号，…，第 n 号. 现将其编号进行改变，第 1 号改成第 s_1 号，第 2 号改成第 s_2 号，…，第 n 号改成第 s_n 号. 用 $1\to s_1, 2\to s_2, \cdots, n\to s_n$ 来表示这种改变，且要求 $s_1 s_2 \cdots s_n$ 必须是 $1,2,\cdots,n$ 的一个排列，此种编号的改变称做**置换**. 对于 n 个元素，若包括 $1\to 1, 2\to 2, \cdots, n\to n$，则共有 $n!$ 个不同的置换.

通常置换 $1\to s_1, 2\to s_2, \cdots, n\to s_n$ 记做

$$\begin{pmatrix} 1\ 2 \cdots n \\ s_1 s_2 \cdots s_n \end{pmatrix}.$$

很明显置换满足交换律，即

$$\begin{pmatrix} 1\ 2\ 3 \cdots n \\ s_1 s_2 s_3 \cdots s_n \end{pmatrix} = \begin{pmatrix} 2\ 1\ 3 \cdots n \\ s_2 s_1 s_3 \cdots s_n \end{pmatrix} = \begin{pmatrix} 3\ 1\ 2 \cdots n \\ s_3 s_1 s_2 \cdots s_n \end{pmatrix} = \cdots.$$

设 $\begin{pmatrix} t_1 t_2 \cdots t_n \\ r_1 r_2 \cdots r_n \end{pmatrix}$ 为 $1,2,\cdots,n$ 的一个置换. 记

$$\begin{bmatrix} t_1 t_2 \cdots t_n \\ r_1 r_2 \cdots r_n \end{bmatrix} = [t_1 t_2 \cdots t_n] + [r_1 r_2 \cdots r_n],$$

这里 $[t_1 t_2 \cdots t_n]$，$[r_1 r_2 \cdots r_n]$ 是相应排列的逆序数.

定理 3 若 $\begin{pmatrix} t_1 t_2 \cdots t_n \\ r_1 r_2 \cdots r_n \end{pmatrix} = \begin{pmatrix} u_1 u_2 \cdots u_n \\ v_1 v_2 \cdots v_n \end{pmatrix}$，则

$$\begin{bmatrix} t_1t_2\cdots t_n \\ r_1r_2\cdots r_n \end{bmatrix}+\begin{bmatrix} u_1u_2\cdots u_n \\ v_1v_2\cdots v_n \end{bmatrix}=\text{偶数}.$$

证 先假定$\begin{bmatrix} t_1t_2\cdots t_n \\ r_1r_2\cdots r_n \end{bmatrix}=$奇数. 为方便起见,分别以 T 与 R 来表示排列 $t_1t_2\cdots t_n$ 和 $r_1r_2\cdots r_n$. 显然排列 T 与 R 的奇偶性相反.

如果 $u_1=t_1$,则 $v_1=r_1$,因此$\begin{bmatrix} u_1t_2\cdots t_n \\ v_1r_2\cdots r_n \end{bmatrix}$也等于奇数.

如果 $u_1\neq t_1$,则 $v_1\neq r_1$. 把 T 中的 u_1 与 t_1 对调得到 T_1,把 R 中的 v_1 与 r_1 对调得到 R_1. 由定理 1 知,T_1 与 T 的奇偶性相反,R_1 与 R 的奇偶性相反. 因为 T 与 R 的奇偶性相反,故 T_1 与 R_1 的奇偶性相反,即

$$\begin{bmatrix} u_1t_2\cdots t_1\cdots t_n \\ v_1r_2\cdots r_1\cdots r_n \end{bmatrix}=\text{奇数}.$$

再把上一排的 u_2 与 t_2 对调位置,同时把下一排的 v_2 与 r_2 对调位置(若 $u_2=t_2$,则不对调),得

$$\begin{bmatrix} u_1u_2t_2\cdots t_1\cdots t_n \\ v_1v_2r_2\cdots r_1\cdots r_n \end{bmatrix}=\text{奇数}.$$

依此类推,最后得

$$\begin{bmatrix} u_1u_2\cdots u_n \\ v_1v_2\cdots v_n \end{bmatrix}=\text{奇数},$$

从而在此种情况下证明了本定理.

当$\begin{bmatrix} t_1t_2\cdots t_n \\ r_1r_2\cdots r_n \end{bmatrix}=$偶数时,同理可证.

从定理 3 可以看出,对于一个置换的某一写法,若其上、下两排逆序数之和是奇数,则其任一其他写法中上、下两排逆序数之和也是奇数;若其上、下两排逆序数之和是偶数,则其任一其他写法中上、下两排逆序数之和也是偶数. 前者称**奇置换**,后者称**偶置换**.

显然有

$$\begin{bmatrix} 1\ 2\cdots n \\ s_1s_2\cdots s_n \end{bmatrix}=\begin{bmatrix} s_1s_2\cdots s_n \\ 1\ 2\cdots n \end{bmatrix}=[s_1s_2\cdots s_n].$$

习 题 1.1

1. 求下列排列的逆序数:

(1) 4132;　　(2) 1347265;

(3) $n(n-1)\cdots21$;　　(4) $135\cdots(2n-1)246\cdots(2n)$.

2. 选定 i 与 k,使得

(1) $1274i56k9$ 是偶排列;　　(2) $1i25k4897$ 是奇排列.

3. 若在排列 $s_1s_2\cdots s_n$ 中有 k 个逆序，则在排列 $s_ns_{n-1}\cdots s_1$ 中有多少个逆序？

4. 求下列置换的奇偶性：

(1) $\begin{pmatrix}12345\\21435\end{pmatrix}$； (2) $\begin{pmatrix}123456\\634125\end{pmatrix}$； (3) $\begin{pmatrix}123456\\461325\end{pmatrix}$； (4) $\begin{pmatrix}12345678\\87126453\end{pmatrix}$.

§1.2 行列式的定义

对于二元线性方程组

$$\begin{cases}a_{11}x_1+a_{12}x_2=b_1,\\a_{21}x_1+a_{22}x_2=b_2,\end{cases}\tag{1}$$

其中 $a_{11},a_{12},a_{21},a_{22},b_1,b_2$ 为常数，x_1,x_2 为未知量，在 $a_{11}a_{22}-a_{12}a_{21}\neq0$ 的情况下，我们很容易求出它的解为

$$x_1=\frac{b_1a_{22}-a_{12}b_2}{a_{11}a_{22}-a_{12}a_{21}},\quad x_2=\frac{a_{11}b_2-a_{21}b_1}{a_{11}a_{22}-a_{12}a_{21}}.$$

为了方便起见，记

$$D=\begin{vmatrix}a_{11}&a_{12}\\a_{21}&a_{22}\end{vmatrix}=a_{11}a_{22}-a_{12}a_{21},$$

$$D_1=\begin{vmatrix}b_1&a_{12}\\b_2&a_{22}\end{vmatrix}=b_1a_{22}-a_{12}b_2,\quad D_2=\begin{vmatrix}a_{11}&b_1\\a_{21}&b_2\end{vmatrix}=a_{11}b_2-b_1a_{21},$$

则二元线性方程组(1)的解可以表示为 $x_1=\dfrac{D_1}{D}$，$x_2=\dfrac{D_2}{D}$.

称形如 $\begin{vmatrix}a_{11}&a_{12}\\a_{21}&a_{22}\end{vmatrix}$ 的式子为**二阶行列式**，它们具有统一的计算法则，就是

$$\begin{vmatrix}a_{11}&a_{12}\\a_{21}&a_{22}\end{vmatrix}=a_{11}a_{22}-a_{12}a_{21}.$$

为了便于记忆，在计算二阶行列式 $D=\begin{vmatrix}a_{11}&a_{12}\\a_{21}&a_{22}\end{vmatrix}$ 时，可参照图 1：D 的值是连线上元素乘积的代数和，实线上元素相乘取“＋”，虚线上元素相乘取“－”.

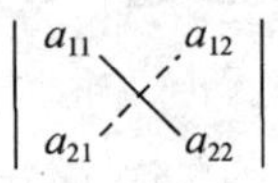

图 1

对于三元线性方程组

$$\begin{cases} a_{11}x_1 + a_{12}x_2 + a_{13}x_3 = b_1, \\ a_{21}x_1 + a_{22}x_2 + a_{23}x_3 = b_2, \\ a_{31}x_1 + a_{32}x_2 + a_{33}x_3 = b_3, \end{cases} \tag{2}$$

其中 $a_{11},a_{12},a_{13},a_{21},a_{22},a_{23},a_{31},a_{32},a_{33},b_1,b_2,b_3$ 为常数,x_1,x_2,x_3 为未知量,在 $a_{11}a_{22}a_{33}+a_{12}a_{23}a_{31}+a_{13}a_{21}a_{32}-a_{13}a_{22}a_{31}-a_{12}a_{21}a_{33}-a_{11}a_{23}a_{32}\neq 0$ 的情况下,解出

$$x_1=\frac{b_1a_{22}a_{33}+a_{12}a_{23}b_3+a_{13}b_2a_{32}-a_{13}a_{22}b_3-a_{12}b_2a_{33}-b_1a_{23}a_{32}}{a_{11}a_{22}a_{33}+a_{12}a_{23}a_{31}+a_{13}a_{21}a_{32}-a_{13}a_{22}a_{31}-a_{12}a_{21}a_{33}-a_{11}a_{23}a_{32}},$$

x_2,x_3 相仿,在此不再列出.同样为了方便起见,可记 $D=\begin{vmatrix} a_{11} & a_{12} & a_{13} \\ a_{21} & a_{22} & a_{23} \\ a_{31} & a_{32} & a_{33} \end{vmatrix}$,称做**三阶行列式**,其值定义为

$$a_{11}a_{22}a_{33}+a_{12}a_{23}a_{31}+a_{13}a_{21}a_{32}-a_{13}a_{22}a_{31}-a_{12}a_{21}a_{33}-a_{11}a_{23}a_{32}.$$

若令

$$D_1=\begin{vmatrix} b_1 & a_{12} & a_{13} \\ b_2 & a_{22} & a_{23} \\ b_3 & a_{32} & a_{33} \end{vmatrix},\quad D_2=\begin{vmatrix} a_{11} & b_1 & a_{13} \\ a_{21} & b_2 & a_{23} \\ a_{31} & b_3 & a_{33} \end{vmatrix},\quad D_3=\begin{vmatrix} a_{11} & a_{12} & b_1 \\ a_{21} & a_{22} & b_2 \\ a_{31} & a_{32} & b_3 \end{vmatrix},$$

则三元线性方程组的解便是 $x_1=\dfrac{D_1}{D},x_2=\dfrac{D_2}{D},x_3=\dfrac{D_3}{D}$.

为了方便记忆,在计算三阶行列式 $D=\begin{vmatrix} a_{11} & a_{12} & a_{13} \\ a_{21} & a_{22} & a_{23} \\ a_{31} & a_{32} & a_{33} \end{vmatrix}$ 时,可参照图 2:D 的值是连线上元素乘积的代数和,实线上元素相乘取“+”,虚线上元素相乘取“−”.

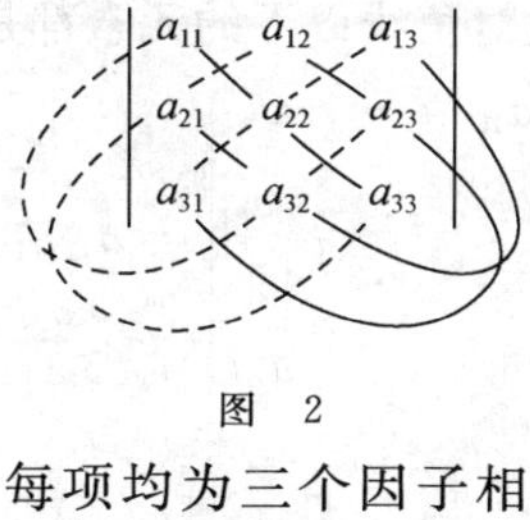

图 2

观察三阶行列式的展式发现:每项均为三个因子相乘,所有项的因子的第一个脚标排序是 1,2,3,第二个脚标则是 1,2,3 的一个排列,共有 3! 项,正项的因子的第二个脚标都是偶排列,负项的因子的第二个脚标都是奇排列.对于二阶行列式也有同样的规律.按照这个规律我们引入 n 阶行列式的定义.

定义 取 n^2 个数 $a_{11},a_{12},\cdots,a_{1n},a_{21},a_{22},\cdots,a_{2n},\cdots,a_{n1},a_{n2},\cdots,a_{nn}$,把它们排成 n 行 n 列的一个正方形阵,规定 $a_{ij}\,(i,j=1,2,\cdots,n)$ 位于第 i 行与第 j 列的交点处,再在方形阵的两边用两条竖线把它夹起来,构成(3)式左端的式子,就得到一个 n **阶行列式**,通常用 $\det(a_{ij})$

来表示. 此 n 阶行列式的值定义为

$$\begin{vmatrix} a_{11} & a_{12} & \cdots & a_{1n} \\ a_{21} & a_{22} & \cdots & a_{2n} \\ \vdots & \vdots & & \vdots \\ a_{n1} & a_{n2} & \cdots & a_{nn} \end{vmatrix} = \det(a_{ij}) = \sum (-1)^{[s_1 s_2 \cdots s_n]} a_{1s_1} a_{2s_2} \cdots a_{ns_n}, \tag{3}$$

其中 $s_1 s_2 \cdots s_n$ 是 $1,2,\cdots,n$ 的任一排列, $\sum$ 是对所有排列做出的项 $(-1)^{[s_1 s_2 \cdots s_n]} a_{1s_1} a_{2s_2} \cdots a_{ns_n}$(共有 $n!$ 这样的项)求和. 称 a_{ij} 为行列式的**元素**,其中从左上角到右下角对角线(称为**主对角线**)上的元素 a_{ii} 叫做行列式的**主元**(相应的从右上角到左下角的对角线称为**反对角线**);元素的第一个脚标也叫做**行标**,第二个脚标也叫做**列标**.

特别地,对于只有一行一列,即一个元素所构成的行列式 a_{11}(通常省略两竖线,以免与绝对值混淆)称为一阶行列式,其值为 a_{11}.

行列式 $\det(a_{ij})$ 的展式还可以定义为

$$\det(a_{ij}) = \begin{vmatrix} a_{11} & a_{12} & \cdots & a_{1n} \\ a_{21} & a_{22} & \cdots & a_{2n} \\ \vdots & \vdots & & \vdots \\ a_{n1} & a_{n2} & \cdots & a_{nn} \end{vmatrix} = \sum (-1)^{[s_1 s_2 \cdots s_n]} a_{s_1 1} a_{s_2 2} \cdots a_{s_n n} \tag{4}$$

或

$$\det(a_{ij}) = \begin{vmatrix} a_{11} & a_{12} & \cdots & a_{1n} \\ a_{21} & a_{22} & \cdots & a_{2n} \\ \vdots & \vdots & & \vdots \\ a_{n1} & a_{n2} & \cdots & a_{nn} \end{vmatrix} = \sum (-1)^{\begin{bmatrix} t_1 t_2 \cdots t_n \\ s_1 s_2 \cdots s_n \end{bmatrix}} a_{t_1 s_1} a_{t_2 s_2} \cdots a_{t_n s_n}. \tag{5}$$

例 证明**上三角行列式**(其中主对角线以下的元素都是 0. 这里空白处的元素是 0,以下同)

$$\begin{vmatrix} a_{11} & a_{12} & \cdots & a_{1n} \\ & a_{22} & \cdots & a_{2n} \\ & & \ddots & \vdots \\ & & & a_{nn} \end{vmatrix} = a_{11} a_{22} \cdots a_{nn}.$$

证 由定义有

$$\begin{vmatrix} a_{11} & a_{12} & \cdots & a_{1n} \\ & a_{22} & \cdots & a_{2n} \\ & & \ddots & \vdots \\ & & & a_{nn} \end{vmatrix} = \sum (-1)^{[s_1 s_2 \cdots s_n]} a_{1s_1} a_{2s_2} \cdots a_{ns_n}. \tag{6}$$

在行列式中,第 n 行的元素除去 a_{nn} 外全为 0,因而只要考虑 $s_n = n$ 的那些项. 在第 $n-1$ 行中,除去 $a_{n-1,n-1}, a_{n-1,n}$ 外,其余的项全为 0,因而 s_{n-1} 的值只有 $n-1, n$ 这两种可能,由于 $s_n =$

n,所以 s_{n-1} 就不能等于 n 了,从而 $s_{n-1}=n-1$. 如此逐步推下去,不难看出,(6)式右端除去 $a_{11}a_{22}\cdots a_{nn}$ 这一项外,其余的项全是 0. 而这一项的列标所成的排列为偶排列,所以取正号. 于是

$$\begin{vmatrix} a_{11} & a_{12} & \cdots & a_{1n} \\ & a_{22} & \cdots & a_{2n} \\ & & \ddots & \vdots \\ & & & a_{nn} \end{vmatrix} = a_{11}a_{22}\cdots a_{nn}.$$

同样可得**下三角行列式**(其中主对角线以上的元素都是 0)

$$\begin{vmatrix} a_{11} & & & \\ a_{21} & a_{22} & & \\ \vdots & \vdots & \ddots & \\ a_{n1} & a_{n2} & \cdots & a_{nn} \end{vmatrix} = a_{11}a_{22}\cdots a_{nn};$$

对角行列式(其中主对角线以外的元素都是 0)

$$\begin{vmatrix} a_{11} & & & \\ & a_{22} & & \\ & & \ddots & \\ & & & a_{nn} \end{vmatrix} = a_{11}a_{22}\cdots a_{nn};$$

反对角行列式(其中反对角线以外的元素都是 0)

$$\begin{vmatrix} & & & a_{1n} \\ & & a_{2,n-1} & \\ & \iddots & & \\ a_{n1} & & & \end{vmatrix} = (-1)^{[n\cdots 21]}a_{1n}a_{2,n-1}\cdots a_{n1} = (-1)^{\frac{n(n-1)}{2}}a_{1n}a_{2,n-1}\cdots a_{n1}.$$

习　题　1.2

1. 写出四阶行列式 $\begin{vmatrix} a_{11} & a_{12} & a_{13} & a_{14} \\ a_{21} & a_{22} & a_{23} & a_{24} \\ a_{31} & a_{32} & a_{33} & a_{34} \\ a_{41} & a_{42} & a_{43} & a_{44} \end{vmatrix}$ 中含有因子 $a_{11}a_{23}$ 的项.

2. 用行列式的定义证明

$$\begin{vmatrix} a_{11} & a_{12} & a_{13} & a_{14} & a_{15} \\ a_{21} & a_{22} & a_{23} & a_{24} & a_{25} \\ a_{31} & a_{32} & 0 & 0 & 0 \\ a_{41} & a_{42} & 0 & 0 & 0 \\ a_{51} & a_{52} & 0 & 0 & 0 \end{vmatrix} = 0.$$

§1.3 行列式的性质

本节在讲解和证明行列式的性质时,规定

$$D=\begin{vmatrix} a_{11} & a_{12} & \cdots & a_{1n} \\ a_{21} & a_{22} & \cdots & a_{2n} \\ \vdots & \vdots & & \vdots \\ a_{n1} & a_{n2} & \cdots & a_{nn} \end{vmatrix},$$

并定义其**转置行列式**为

$$D^{\mathrm{T}}=\begin{vmatrix} a_{11} & a_{21} & \cdots & a_{n1} \\ a_{12} & a_{22} & \cdots & a_{n2} \\ \vdots & \vdots & & \vdots \\ a_{1n} & a_{2n} & \cdots & a_{nn} \end{vmatrix}.$$

性质 1 行列式 D 与其转置行列式 D^{T} 的值相等,即 $D=D^{\mathrm{T}}$.

证 $D^{\mathrm{T}}=\sum(-1)^{\left[\begin{smallmatrix} s_1 s_2 \cdots s_n \\ 1\ 2 \cdots n \end{smallmatrix}\right]}a_{s_1 1}a_{s_2 2}\cdots a_{s_n n}=\sum(-1)^{\left[\begin{smallmatrix} 1\ 2 \cdots n \\ s_1 s_2 \cdots s_n \end{smallmatrix}\right]}a_{s_1 1}a_{s_2 2}\cdots a_{s_n n}$

$=\sum(-1)^{[s_1 s_2 \cdots s_n]}a_{s_1 1}a_{s_2 2}\cdots a_{s_n n}=D.$

性质 1 告诉我们,行列式对于“行”与“列”具有对偶性,也就是说将来对“行”成立的性质对“列”也成立,对“列”成立的性质对“行”也成立.因此以下几个性质只讲对于“行”情况的证明,对于“列”情况不再复述.

性质 2 若行列式 D 中有某一行(列)的元素全为 0,则 $D=0$.

证 设行列式 D 的第 i 行元素全部为 0,即 $a_{ij}=0(j=1,2,\cdots,n)$,按定义

$$\begin{aligned} D&=\sum(-1)^{[s_1 s_2 \cdots s_n]}a_{1s_1}\cdots a_{i-1,s_{i-1}}a_{is_i}a_{i+1,s_{i+1}}\cdots a_{ns_n} \\ &=\sum(-1)^{[s_1 s_2 \cdots s_n]}a_{1s_1}\cdots a_{i-1,s_{i-1}}0a_{i+1,s_{i+1}}\cdots a_{ns_n}=0. \end{aligned}$$

性质 3 互换行列式的两行(列),行列式只改变正负号.

证 假设将 D 的第 k,m 两行的元素交换位置,不妨设 $1\leqslant k<m\leqslant n$.由于

$$D=\begin{vmatrix} a_{11} & a_{12} & \cdots & a_{1n} \\ \vdots & \vdots & & \vdots \\ a_{k1} & a_{k2} & \cdots & a_{kn} \\ \vdots & \vdots & & \vdots \\ a_{m1} & a_{m2} & \cdots & a_{mn} \\ \vdots & \vdots & & \vdots \\ a_{n1} & a_{n2} & \cdots & a_{kn} \end{vmatrix}\begin{matrix} \\ \\ \text{第 } k \text{ 行} \\ \\ \text{第 } m \text{ 行} \\ \\ \\ \end{matrix},$$

按定义有

$$D=\sum(-1)^{[s_1s_2\cdots s_k\cdots s_m\cdots s_n]}a_{1s_1}a_{2s_2}\cdots a_{ks_k}\cdots a_{ms_m}\cdots a_{ns_n}.$$

交换 D 的第 k,m 两行后得到行列式

$$D_1=\begin{vmatrix} a_{11} & a_{12} & \cdots & a_{1n} \\ \vdots & \vdots & & \vdots \\ a_{m1} & a_{m2} & \cdots & a_{mn} \\ \vdots & \vdots & & \vdots \\ a_{k1} & a_{k2} & \cdots & a_{kn} \\ \vdots & \vdots & & \vdots \\ a_{n1} & a_{n2} & \cdots & a_{kn} \end{vmatrix}\begin{matrix} \\ \\ \text{第 } k \text{ 行} \\ \\ \text{第 } m \text{ 行} \\ \\ \\ \end{matrix},$$

且按定义有

$$D_1=\sum(-1)^{[s_1s_2\cdots s_m\cdots s_k\cdots s_n]}a_{1s_1}a_{2s_2}\cdots a_{ms_m}\cdots a_{ks_k}\cdots a_{ns_n}.$$

因为

$$(-1)^{[s_1s_2\cdots s_m\cdots s_k\cdots s_n]}=-(-1)^{[s_1s_2\cdots s_k\cdots s_m\cdots s_n]},$$

$$a_{1s_1}a_{2s_2}\cdots a_{ms_m}\cdots a_{ks_k}\cdots a_{ns_n}=a_{1s_1}a_{2s_2}\cdots a_{ks_k}\cdots a_{ms_m}\cdots a_{ns_n},$$

所以 $D=-D_1$.

性质 4 若行列式 D 中有两行(列)的元素对应相等,则 $D=0$.

证 设 D 中的第 k,m 两行的元素对应相等,则对调 D 中的第 k,m 两行后 D 没有改变. 由性质 3 知,$D=-D$,从而 $D=0$.

性质 5 行列式某一行(列)的所有元素都乘以同一个数 k,等于用数 k 乘以此行列式.

证 假设行列式 D 的第 m 行所有元素乘以数 k 得到 D_1:

$$D_1=\begin{vmatrix} a_{11} & a_{12} & \cdots & a_{1n} \\ \vdots & \vdots & & \vdots \\ ka_{m1} & ka_{m2} & \cdots & ka_{mn} \\ \vdots & \vdots & & \vdots \\ a_{n1} & a_{n2} & \cdots & a_{nn} \end{vmatrix}\begin{matrix} \\ \\ \text{第 } m \text{ 行}. \\ \\ \\ \end{matrix}$$

按定义有

$$\begin{aligned} D_1&=\sum(-1)^{[s_1s_2\cdots s_n]}a_{1s_1}\cdots a_{m-1,s_{m-1}}(ka_{ms_m})a_{m+1,s_{m+1}}\cdots a_{ns_n} \\ &=k\sum(-1)^{[s_1s_2\cdots s_n]}a_{1s_1}\cdots a_{m-1,s_{m-1}}a_{ms_m}a_{m+1,s_{m+1}}\cdots a_{ns_n}=kD. \end{aligned}$$

性质 5 还可以叙述为:若行列式某一行(列)有公因子,则此公因子可以提到行列式的外边去.

性质 6 若行列式 D 的某一行(列)元素均是另一行(列)对应元素的 k 倍,则 $D=0$.

由性质 5 和性质 4 易证性质 6 成立.

性质 7 若行列式 D 的第 m 行(列)的元素都能表示成两个数之和,即 $a_{m1}=b_1+c_1,a_{m2}=b_2+c_2,\cdots,a_{mn}=b_n+c_n$,则行列式 D 可分解成两个行列式之和,这两个行列式的第 m 行(列)的元素分别为 $b_1,b_2,\cdots,b_n$ 和 $c_1,c_2,\cdots,c_n$,而其余各行(列)的元素与 D 相应位置的元素完全相同.

证 $$D=\begin{vmatrix} a_{11} & a_{12} & \cdots & a_{1n} \\ \vdots & \vdots & & \vdots \\ b_1+c_1 & b_2+c_2 & \cdots & b_n+c_n \\ \vdots & \vdots & & \vdots \\ a_{n1} & a_{n2} & \cdots & a_{nn} \end{vmatrix} \text{第 } m \text{ 行}$$

$$=\sum(-1)^{[s_1s_2\cdots s_n]}a_{1s_1}\cdots a_{m-1,s_{m-1}}(b_{s_m}+c_{s_m})a_{m+1,s_{m+1}}\cdots a_{ns_n}$$

$$=\sum(-1)^{[s_1s_2\cdots s_n]}a_{1s_1}\cdots a_{m-1,s_{m-1}}b_{s_m}a_{m+1,s_{m+1}}\cdots a_{ns_n}$$
$$+\sum(-1)^{[s_1s_2\cdots s_n]}a_{1s_1}\cdots a_{m-1,s_{m-1}}c_{s_m}a_{m+1,s_{m+1}}\cdots a_{ns_n}$$

$$=\begin{vmatrix} a_{11} & a_{12} & \cdots & a_{1n} \\ \vdots & \vdots & & \vdots \\ b_1 & b_2 & \cdots & b_n \\ \vdots & \vdots & & \vdots \\ a_{n1} & a_{n2} & \cdots & a_{nn} \end{vmatrix}+\begin{vmatrix} a_{11} & a_{12} & \cdots & a_{1n} \\ \vdots & \vdots & & \vdots \\ c_1 & c_2 & \cdots & c_n \\ \vdots & \vdots & & \vdots \\ a_{n1} & a_{n2} & \cdots & a_{nn} \end{vmatrix}.$$

从性质 6 的证明过程来看,此性质反过来依然成立,即

$$\begin{vmatrix} a_{11} & a_{12} & \cdots & a_{1n} \\ \vdots & \vdots & & \vdots \\ b_1 & b_2 & \cdots & b_n \\ \vdots & \vdots & & \vdots \\ a_{n1} & a_{n2} & \cdots & a_{nn} \end{vmatrix}+\begin{vmatrix} a_{11} & a_{12} & \cdots & a_{1n} \\ \vdots & \vdots & & \vdots \\ c_1 & c_2 & \cdots & c_n \\ \vdots & \vdots & & \vdots \\ a_{n1} & a_{n2} & \cdots & a_{nn} \end{vmatrix}=\begin{vmatrix} a_{11} & a_{12} & \cdots & a_{1n} \\ \vdots & \vdots & & \vdots \\ b_1+c_1 & b_2+c_2 & \cdots & b_n+c_n \\ \vdots & \vdots & & \vdots \\ a_{n1} & a_{n2} & \cdots & a_{nn} \end{vmatrix}.$$

性质 8 行列式某一行(列)的所有元素乘以 k 后加到另一行(列)对应的元素上去,行列式的值不变.

连续用性质 7、性质 5、性质 6 可证得性质 8 成立.

性质 8 还可以叙述为:在一个行列式中,把某一行(列)的所有元素改成它们与另一行(列)对应元素的 k 倍之和,所得新行列式与原来的行列式相等.

为了方便利用行列式的性质计算行列式的值,我们引入如下符号:

(1) 交换行列式的第 i 行(或列)与第 j 行(或列)记为 $r_i\leftrightarrow r_j$(或 $c_i\leftrightarrow c_j$);

(2) 行列式第 i 行(或列)的所有元素乘以常数 k 记为 kr_i(或 kc_i);

(3) 行列式第 i 行(或列)的所有元素乘以常数 k 加到第 j 行(或列)对应的元素上去记

为 r_j+kr_i（或 c_j+kc_i）.

例 1 计算四阶行列式 $D=\begin{vmatrix} 3 & 1 & -1 & 2 \\ -5 & 1 & 3 & -4 \\ 2 & 0 & 1 & -1 \\ 1 & -5 & 3 & -3 \end{vmatrix}$.

解
$$D\xlongequal{c_1\leftrightarrow c_2}-\begin{vmatrix} 1 & 3 & -1 & 2 \\ 1 & -5 & 3 & -4 \\ 0 & 2 & 1 & -1 \\ -5 & 1 & 3 & -3 \end{vmatrix}\xlongequal[r_4+5r_1]{r_2+(-1)r_1}-\begin{vmatrix} 1 & 3 & -1 & 2 \\ 0 & -8 & 4 & -6 \\ 0 & 2 & 1 & -1 \\ 0 & 16 & -2 & 7 \end{vmatrix}$$

$$\xlongequal{r_2\leftrightarrow r_3}\begin{vmatrix} 1 & 3 & -1 & 2 \\ 0 & 2 & 1 & -1 \\ 0 & -8 & 4 & -6 \\ 0 & 16 & -2 & 7 \end{vmatrix}\xlongequal[r_4+(-8)r_2]{r_3+4r_2}\begin{vmatrix} 1 & 3 & -1 & 2 \\ 0 & 2 & 1 & -1 \\ 0 & 0 & 8 & -10 \\ 0 & 0 & -10 & 15 \end{vmatrix}$$

$$\xlongequal{r_4+\frac{5}{4}r_3}\begin{vmatrix} 1 & 3 & -1 & 2 \\ 0 & 2 & 1 & -1 \\ 0 & 0 & 8 & -10 \\ 0 & 0 & 0 & 5/2 \end{vmatrix}=40.$$

例 2 已知 $b\neq 0$，计算 $2n$ 阶行列式

$$D=\begin{vmatrix} a & 0 & 0 & \cdots & 0 & 0 & b \\ 0 & a & 0 & \cdots & 0 & b & 0 \\ 0 & 0 & a & \cdots & b & 0 & 0 \\ \vdots & \vdots & \vdots & & \vdots & \vdots & \vdots \\ 0 & 0 & b & \cdots & a & 0 & 0 \\ 0 & b & 0 & \cdots & 0 & a & 0 \\ b & 0 & 0 & \cdots & 0 & 0 & a \end{vmatrix}.$$

解

$$D\xlongequal[\substack{r_2-\frac{a}{b}r_{2n-1} \\ \cdots\cdots \\ r_n-\frac{a}{b}r_{n+1}}]{r_1-\frac{a}{b}r_{2n}}\begin{vmatrix} 0 & 0 & 0 & \cdots & 0 & 0 & b-\frac{a^2}{b} \\ 0 & 0 & 0 & \cdots & 0 & b-\frac{a^2}{b} & 0 \\ 0 & 0 & 0 & \cdots & b-\frac{a^2}{b} & 0 & 0 \\ \vdots & \vdots & \vdots & & \vdots & \vdots & \vdots \\ 0 & 0 & b & \cdots & a & 0 & 0 \\ 0 & b & 0 & \cdots & 0 & a & 0 \\ b & 0 & 0 & \cdots & 0 & 0 & a \end{vmatrix}$$

$$=(-1)^{\frac{2n(2n-1)}{2}}b^n\left(b-\frac{a^2}{b}\right)^n=(-1)^n b^n\left(b-\frac{a^2}{b}\right)^n.$$

习 题 1.3

1. 求下列行列式的值：

(1) $\begin{vmatrix}3&1&1&1\\1&3&1&1\\1&1&3&1\\1&1&1&3\end{vmatrix}$；　　(2) $\begin{vmatrix}0&1&1&1\\1&0&1&1\\1&1&0&1\\1&1&1&0\end{vmatrix}$；

(3) $\begin{vmatrix}a&b&c&d\\a&a+b&a+b+c&a+b+c+d\\a&2a+b&3a+2b+c&4a+3b+2c+d\\a&3a+b&6a+3b+c&10a+6b+3c+d\end{vmatrix}$；　　(4) $\begin{vmatrix}2&-5&1&2\\-3&7&-1&4\\5&-9&2&7\\4&-6&1&2\end{vmatrix}$；

(5) $\begin{vmatrix}3&6&5&6&4\\5&9&7&8&6\\6&12&13&9&7\\4&6&6&5&4\\2&5&4&5&3\end{vmatrix}$；　　(6) $\begin{vmatrix}1&0.5&0&1&-1\\2&0&-1&1&1\\3&2&1&0.5&-0.5\\1&0&1&-1&1\\1&-1&0&1&2\end{vmatrix}$.

2. 求下列行列式的值：

(1) $\begin{vmatrix}0&0&\cdots&0&1&0\\0&0&\cdots&2&0&0\\\vdots&\vdots&&\vdots&\vdots&\vdots\\2007&0&\cdots&0&0&0\\0&0&\cdots&0&0&2008\end{vmatrix}$；　　(2) $\begin{vmatrix}3&2&2&\cdots&2\\2&3&2&\cdots&2\\2&2&3&\cdots&2\\\vdots&\vdots&\vdots&&\vdots\\2&2&2&\cdots&3\end{vmatrix}$（$n$ 阶）；

(3) $\begin{vmatrix}1&2&3&\cdots&n\\-1&0&3&\cdots&n\\-1&-2&0&\cdots&n\\\vdots&\vdots&\vdots&&\vdots\\-1&-2&-3&\cdots&0\end{vmatrix}$；　　(4) $\begin{vmatrix}1&2&3&\cdots&n\\1&x+1&3&\cdots&n\\1&2&x+1&\cdots&n\\\vdots&\vdots&\vdots&&\vdots\\1&2&3&\cdots&x+1\end{vmatrix}$.

§1.4 行列式的计算

在 n 阶行列式 $D=\det(a_{ij})$ 中，划掉元素 a_{ij} 所在的第 i 行和第 j 列的元素，剩下来的元素按原先的顺序排列所构成的 $n-1$ 阶行列式叫做元素 a_{ij} 的**余子式**，记做 M_{ij}；而称

$$A_{ij}=(-1)^{i+j}M_{ij}$$

为 a_{ij} 的**代数余子式**.

例如,对于五阶行列式

$$D_5=\begin{vmatrix} a_{11} & a_{12} & a_{13} & a_{14} & a_{15} \\ a_{21} & a_{22} & a_{23} & a_{24} & a_{25} \\ a_{31} & a_{32} & a_{33} & a_{34} & a_{35} \\ a_{41} & a_{42} & a_{43} & a_{44} & a_{45} \\ a_{51} & a_{52} & a_{53} & a_{54} & a_{55} \end{vmatrix},$$

元素 a_{32} 的余子式和代数余子式分别为

$$M_{32}=\begin{vmatrix} a_{11} & a_{13} & a_{14} & a_{15} \\ a_{21} & a_{23} & a_{24} & a_{25} \\ a_{41} & a_{43} & a_{44} & a_{45} \\ a_{51} & a_{53} & a_{54} & a_{55} \end{vmatrix}, \quad A_{32}=(-1)^{3+2}M_{32}=-M_{32}.$$

选取 n 阶行列式 D 中某 k 行和某 k 列 $(1\leqslant k\leqslant n)$ 交点处的元素,它们按原先的顺序排列所构成的 k 阶行列式叫做行列式 D 的 k **阶子式**. 如

$$M_2=\begin{vmatrix} a_{23} & a_{25} \\ a_{43} & a_{45} \end{vmatrix}, \quad M_3=\begin{vmatrix} a_{12} & a_{14} & a_{15} \\ a_{42} & a_{44} & a_{45} \\ a_{52} & a_{54} & a_{55} \end{vmatrix},$$

前者叫做 D_5 的二阶子式,后者叫做 D_5 的三阶子式. 若取 D_5 的第 2 行和第 4 行,则 D_5 的二阶子式共有 C_5^2 个. 对于 n 阶行列式 D,若取定其中 k 行(列)$(1\leqslant k\leqslant n)$,则其 k 阶子式共有 C_n^k 个.

在 n 阶行列式 D 中,划掉 k 阶子式 M 所有元素所在的行和列所得到的 $n-k$ 阶子式,叫做 M 的**余子式**,记做 $\overline{M}$. 显然 M 与 $\overline{M}$ 互为余子式. 若 M 是由 n 阶行列式 D 中的第 i_1, $i_2,\cdots,i_k$ 行和第 $j_1,j_2,\cdots,j_k$ 列交点处的元素构成,则

$$(-1)^{(i_1+i_2+\cdots+i_k)+(j_1+j_2+\cdots+j_k)}\overline{M}$$

叫做 M 的代数余子式.

定理 1 一个 n 阶行列式 $D=\det(a_{ij})$,若其中第 i 行所有元素除 a_{ij} 外都为 0,则此行列式等于 a_{ij} 与它的代数余子式的乘积,即 $D=a_{ij}A_{ij}$.

证 先看 $i=1,j=1$ 的情况,此时

$$D=\begin{vmatrix} a_{11} & 0 & \cdots & 0 \\ a_{21} & a_{22} & \cdots & a_{2n} \\ \vdots & \vdots & & \vdots \\ a_{n1} & a_{n2} & \cdots & a_{nn} \end{vmatrix}.$$

按行列式展式的定义有

$$D=\sum(-1)^{\begin{bmatrix}1\ 2\ \cdots n\\ 1\ s_2\cdots s_n\end{bmatrix}}a_{11}a_{2s_2}\cdots a_{ns_n}=\sum(-1)^{[1s_2\cdots s_n]}a_{11}a_{2s_2}\cdots a_{ns_n}$$
$$=\sum(-1)^{[s_2\cdots s_n]}a_{11}a_{2s_2}\cdots a_{ns_n}=a_{11}\sum(-1)^{[s_2\cdots s_n]}a_{2s_2}\cdots a_{ns_n}=a_{11}A_{11}.$$

再证一般情形,此时

$$D=\begin{vmatrix}a_{11} & \cdots & a_{1j} & \cdots & a_{1n}\\ \vdots & & \vdots & & \vdots\\ 0 & \cdots & a_{ij} & \cdots & 0\\ \vdots & & \vdots & & \vdots\\ a_{n1} & \cdots & a_{nj} & \cdots & a_{nn}\end{vmatrix}.$$

将 D 的行列做如下调换：把 D 的第 i 行依次与第 $i-1$ 行,第 $i-2$ 行,…,第 1 行对调,如此 a_{ij} 就调到第 1 行原来列的位置上,调换的次数为 $i-1$ 次. 再把第 j 列依次与第 $j-1$ 列,第 $j-2$列,…,第 1 列对调,如此 a_{ij} 就调到第 1 行第 1 列的位置上,调换的次数为 $j-1$ 次. 总调换次数为 $i+j-2$ 次. 所得到的行列式 $D_1=(-1)^{i+j-2}D=(-1)^{i+j}D$. 而 a_{ij} 在 D_1 中的余子式仍然是 a_{ij} 在 D 中的余子式 M_{ij}. 利用前面的结果有 $D_1=a_{ij}M_{ij}$. 于是

$$D=(-1)^{i+j}D_1=(-1)^{i+j}a_{ij}M_{ij}=a_{ij}A_{ij}.$$

定理 2 n 阶行列式 $D=\det(a_{ij})$等于它的任一行(列)的各元素与其对应的代数余子式乘积之和,即

$$D=a_{i1}A_{i1}+a_{i2}A_{i2}+\cdots+a_{in}A_{in}\quad(i=1,2,\cdots,n)$$

或

$$D=a_{1j}A_{1j}+a_{2j}A_{2j}+\cdots+a_{nj}A_{nj}\quad(j=1,2,\cdots,n).$$

证

$$D=\begin{vmatrix}a_{11} & a_{12} & \cdots & a_{1n}\\ \vdots & \vdots & & \vdots\\ a_{i1}+0+\cdots+0 & 0+a_{i2}+\cdots+0 & \cdots & 0+\cdots+0+a_{in}\\ \vdots & \vdots & & \vdots\\ a_{n1} & a_{n2} & \cdots & a_{nn}\end{vmatrix}$$

$$=\begin{vmatrix}a_{11} & a_{12} & \cdots & a_{1n}\\ \vdots & \vdots & & \vdots\\ a_{i1} & 0 & \cdots & 0\\ \vdots & \vdots & & \vdots\\ a_{n1} & a_{n2} & \cdots & a_{nn}\end{vmatrix}+\begin{vmatrix}a_{11} & a_{12} & \cdots & a_{1n}\\ \vdots & \vdots & & \vdots\\ 0 & a_{i2} & \cdots & 0\\ \vdots & \vdots & & \vdots\\ a_{n1} & a_{n2} & \cdots & a_{nn}\end{vmatrix}+\cdots+\begin{vmatrix}a_{11} & a_{12} & \cdots & a_{1n}\\ \vdots & \vdots & & \vdots\\ 0 & 0 & \cdots & a_{in}\\ \vdots & \vdots & & \vdots\\ a_{n1} & a_{n2} & \cdots & a_{nn}\end{vmatrix}$$

$$=a_{i1}A_{i1}+a_{i2}A_{i2}+\cdots+a_{in}A_{in}\quad(i=1,2,\cdots,n).$$

类似可证明 $D=a_{1j}A_{1j}+a_{2j}A_{2j}+\cdots+a_{nj}A_{nj}$ $(j=1,2,\cdots,n)$.

利用“若行列式某两行(列)对应元素相同,则行列式的值为 0”还可以得出如下推论：

推论 行列式的某一行(列)的元素与另一行(列)的对应元素的代数余子式乘积之和等

于0,即

$$a_{i1}A_{j1}+a_{i2}A_{j2}+\cdots+a_{in}A_{jn}=0\quad(i\neq j)$$

或

$$a_{1i}A_{1j}+a_{2i}A_{2j}+\cdots+a_{ni}A_{nj}=0\quad(i\neq j).$$

定理 3(拉普拉斯(Laplace)定理) n 阶行列式 D 中,取定某 $k(1\leqslant k\leqslant n)$ 个行(列),则在这 k 个行(列)中所有 k 阶子式分别与它们所对应的代数余子式乘积之和就是 D.

证明从略.

例 1 求三阶行列式 $D=\begin{vmatrix}-1&1&1\\1&0&-2\\1&-2&1\end{vmatrix}$ 的值.

解 按第1行展开得

$$D=(-1)^{1+1}\times(-1)\times\begin{vmatrix}0&-2\\-2&1\end{vmatrix}+(-1)^{1+2}\times1\times\begin{vmatrix}1&-2\\1&1\end{vmatrix}$$

$$+(-1)^{1+3}\times1\times\begin{vmatrix}1&0\\1&-2\end{vmatrix}$$

$$=4-3-2=-1.$$

还可以按第2行展开:

$$D=(-1)^{1+2}\times1\times\begin{vmatrix}1&1\\-2&1\end{vmatrix}+(-1)^{2+2}\times0\times\begin{vmatrix}-1&1\\1&1\end{vmatrix}$$

$$+(-1)^{2+3}\times(-2)\times\begin{vmatrix}-1&1\\1&-2\end{vmatrix}$$

$$=-3-0+2=-1.$$

直接计算得

$$D=(-1)\times0\times1+1\times(-2)\times1+1\times1\times(-2)$$

$$-1\times0\times1-(-1)\times(-2)\times(-2)-1\times1\times1$$

$$=0-2-2-0+4-1=-1.$$

例 2 求四阶行列式 $D=\begin{vmatrix}3&4&1&2\\0&3&0&1\\1&2&5&4\\4&7&-1&-2\end{vmatrix}$ 的值.

解 由于第2行0元素多,故按第2行展开得

$$D=3\times(-1)^{2+2}\begin{vmatrix}3&1&2\\1&5&4\\4&-1&-2\end{vmatrix}+1\times(-1)^{2+4}\begin{vmatrix}3&4&1\\1&2&5\\4&7&-1\end{vmatrix}$$

$$=3\times(-42)+1\times(-28)=-154.$$

例 3 证明：范德蒙德(Vandermonde)行列式

$$D_n=\begin{vmatrix}1&1&\cdots&1\\x_1&x_2&\cdots&x_n\\x_1^2&x_2^2&\cdots&x_n^2\\\vdots&\vdots&&\vdots\\x_1^{n-1}&x_2^{n-1}&\cdots&x_n^{n-1}\end{vmatrix}=\prod_{1\leqslant j<i\leqslant n}(x_i-x_j)\quad\Big(\text{其中}\prod\text{表示连乘},n\geqslant 2\Big).$$

证 用数学归纳法．因为

$$D_2=\begin{vmatrix}1&1\\x_1&x_2\end{vmatrix}=x_2-x_1=\prod_{1\leqslant j<i\leqslant 2}(x_i-x_j),$$

所以当 $n=2$ 时成立.现假设对于 $n-1$ 阶范德蒙德行列式结论成立.对 D_n 从第 n 行起，依次将前一行的 $-x_1$ 倍加到后一行，有

$$\begin{aligned}D_n&=\begin{vmatrix}1&1&\cdots&1\\0&x_2-x_1&\cdots&x_n-x_1\\0&x_2(x_2-x_1)&\cdots&x_n(x_n-x_1)\\\vdots&\vdots&&\vdots\\0&x_2^{n-2}(x_2-x_1)&\cdots&x_n^{n-2}(x_n-x_1)\end{vmatrix}\\&=(x_2-x_1)(x_3-x_1)\cdots(x_n-x_1)\begin{vmatrix}1&1&\cdots&1\\x_2&x_3&\cdots&x_n\\\vdots&\vdots&&\vdots\\x_2^{n-2}&x_3^{n-2}&\cdots&x_n^{n-2}\end{vmatrix}\\&=(x_2-x_1)(x_3-x_1)\cdots(x_n-x_1)\prod_{2\leqslant j<i\leqslant n}(x_i-x_j)\\&=\prod_{1\leqslant j<i\leqslant n}(x_i-x_j),\end{aligned}$$

从而对于 n 阶范德蒙德行列式结论依然成立. 所以由数学归纳法知，对于一切 $n\geqslant 2$，结论成立.

例 4 计算行列式 $D=\begin{vmatrix}5&6&0&0&0\\1&5&6&0&0\\0&1&5&6&0\\0&0&1&5&6\\0&0&0&1&5\end{vmatrix}$的值.

解 利用拉普拉斯定理，按前两行展开得

$$D=(-1)^{(1+2)+(1+2)}\begin{vmatrix}5&6\\1&5\end{vmatrix}\begin{vmatrix}5&6&0\\1&5&6\\0&1&5\end{vmatrix}+(-1)^{(1+2)+(1+3)}\begin{vmatrix}5&0\\1&6\end{vmatrix}\begin{vmatrix}1&6&0\\0&5&6\\0&1&5\end{vmatrix}$$

$$+(-1)^{(1+2)+(2+3)}\begin{vmatrix}6&0\\5&6\end{vmatrix}\begin{vmatrix}0&6&0\\0&5&6\\0&1&5\end{vmatrix}$$

$$=19\times 65-30\times 19+36\times 0=665.$$

习 题 1.4

1. 计算下列行列式：

(1) $\begin{vmatrix}x&a&b&0&c\\0&y&0&0&d\\0&c&z&0&f\\g&h&k&u&l\\0&0&0&0&v\end{vmatrix}$； (2) $\begin{vmatrix}1+x_1^2&x_1x_2&\cdots&x_1x_n\\x_2x_1&1+x_2^2&\cdots&x_2x_n\\\vdots&\vdots&&\vdots\\x_nx_1&x_nx_2&\cdots&1+x_n^2\end{vmatrix}$；

(3) $\begin{vmatrix}7&6&5&4&3&2\\9&7&8&9&4&3\\7&4&9&7&0&0\\5&3&6&1&0&0\\0&0&5&6&0&0\\0&0&6&8&0&0\end{vmatrix}$； (4) $\begin{vmatrix}a&0&0&\cdots&0&1\\0&a&0&\cdots&0&0\\0&0&a&\cdots&0&0\\\vdots&\vdots&\vdots&&\vdots&\vdots\\0&0&0&\cdots&a&0\\1&0&0&\cdots&0&a\end{vmatrix}$ (n 阶).

2. 试用拉普拉斯定理计算行列式 $\begin{vmatrix}1&1&1&0&0\\1&2&3&0&0\\0&1&1&1&1\\0&x_1&x_2&x_3&x_4\\0&x_1^2&x_2^2&x_3^2&x_4^2\end{vmatrix}$.

3. 利用范德蒙德行列式计算下列行列式：

(1) $\begin{vmatrix}a^n&(a-1)^n&\cdots&(a-n)^n\\a^{n-1}&(a-1)^{n-1}&\cdots&(a-n)^{n-1}\\\vdots&\vdots&&\vdots\\a&a-1&\cdots&a-n\\1&1&\cdots&1\end{vmatrix}$；

(2) $\begin{vmatrix}a_1^n&a_1^{n-1}b_1&\cdots&a_1b_1^{n-1}&b_1^n\\a_2^n&a_2^{n-1}b_2&\cdots&a_2b_2^{n-1}&b_2^n\\\vdots&\vdots&&\vdots&\vdots\\a_{n+1}^n&a_{n+1}^{n-1}b_{n+1}&\cdots&a_{n+1}b_{n+1}^{n-1}&b_{n+1}^n\end{vmatrix}$ $(a_i\neq 0,i=1,2,\cdots,n+1)$.

§1.5 克莱姆法则

考虑方程组

$$\begin{cases} a_{11}x_1+a_{12}x_2+\cdots+a_{1n}x_n=b_1, \\ a_{21}x_1+a_{22}x_2+\cdots+a_{2n}x_n=b_2, \\ \cdots\cdots\cdots\cdots\cdots\cdots\cdots\cdots\cdots\cdots \\ a_{m1}x_1+a_{m2}x_2+\cdots+a_{mn}x_n=b_m, \end{cases} \tag{1}$$

其中 $x_1,x_2,\cdots,x_n$ 是未知量，a_{ij} 是常系数，$b_1,b_2,\cdots,b_m$ 为常数项. 一般称方程组(1)为 n **元线性方程组**. 特别在(1)的右端常数项 $b_1,b_2,\cdots,b_m$ 全为零时，称其为 n **元齐次线性方程组**；否则称其为 n **元非齐次线性方程组**. 本节主要讨论当 $m=n$，即方程个数与未知量个数相等时的线性方程组

$$\begin{cases} a_{11}x_1+a_{12}x_2+\cdots+a_{11}x_n=b_1, \\ a_{21}x_1+a_{22}x_2+\cdots+a_{2n}x_n=b_2, \\ \cdots\cdots\cdots\cdots\cdots\cdots\cdots\cdots\cdots\cdots \\ a_{n1}x_1+a_{n2}x_2+\cdots+a_{nn}x_n=b_n. \end{cases} \tag{2}$$

以 D 表示线性方程组(2)的全体系数按它们所在的位置排成的行列式，即

$$D=\begin{vmatrix} a_{11} & a_{12} & \cdots & a_{1n} \\ a_{21} & a_{22} & \cdots & a_{2n} \\ \vdots & \vdots & & \vdots \\ a_{n1} & a_{n2} & \cdots & a_{nn} \end{vmatrix}, \tag{3}$$

称 D 为线性方程组(2)的**系数行列式**.

令

$$D_k=\begin{vmatrix} a_{11} & a_{12} & \cdots & a_{1,k-1} & b_1 & a_{1,k+1} & \cdots & a_{1n} \\ a_{21} & a_{22} & \cdots & a_{2,k-1} & b_2 & a_{2,k+1} & \cdots & a_{2n} \\ \vdots & \vdots & & \vdots & \vdots & \vdots & & \vdots \\ a_{n1} & a_{n2} & \cdots & a_{n,k-1} & b_n & a_{n,k+1} & \cdots & a_{nn} \end{vmatrix}, \tag{4}$$

又以 A_{ij} 表示 D 中 a_{ij} 的代数余子式. 用 $A_{1k},A_{2k},\cdots,A_{nk}$ 分别乘以方程组(1)的第 1 个，第 2 个，$\cdots$，第 n 个方程的两端，得

$$\begin{cases} a_{11}A_{1k}x_1+a_{12}A_{1k}x_2+\cdots+a_{1n}A_{1k}x_n=b_1A_{1k}, \\ a_{21}A_{2k}x_1+a_{22}A_{2k}x_2+\cdots+a_{2n}A_{2k}x_n=b_2A_{2k}, \\ \cdots\cdots\cdots\cdots\cdots\cdots\cdots\cdots\cdots\cdots\cdots\cdots\cdots\cdots \\ a_{n1}A_{nk}x_1+a_{n2}A_{nk}x_2+\cdots+a_{nn}A_{nk}x_n=b_nA_{nk}. \end{cases} \tag{5}$$

将方程组(5)中所有方程相加，得

$$\left(\sum_{j=1}^{n} a_{j1}A_{jk}\right)x_1 + \left(\sum_{j=1}^{n} a_{j2}A_{jk}\right)x_2 + \cdots + \left(\sum_{j=1}^{n} a_{jk}A_{jk}\right)x_k$$
$$+ \cdots + \left(\sum_{j=1}^{n} a_{jn}A_{jk}\right)x_n = \sum_{j=1}^{n} b_jA_{jk}, \tag{6}$$

再由行列式按列展开的定理与推论得

$$Dx_k = D_k.$$

若 $D\neq 0$，让 $k=1,2,\cdots,n$，就得到解 n 阶线性方程组(2)的**克莱姆**(Cramer)**法则**：

$$x_1 = \frac{D_1}{D},\quad x_2 = \frac{D_2}{D},\quad \cdots,\quad x_n = \frac{D_n}{D}. \tag{7}$$

显然在 $D\neq 0$ 时，(7)是方程组(2)的唯一解.

对于 n 元齐次线性方程组

$$\begin{cases} a_{11}x_1 + a_{12}x_2 + \cdots + a_{1n}x_n = 0, \\ a_{21}x_1 + a_{22}x_2 + \cdots + a_{2n}x_n = 0, \\ \cdots\cdots\cdots\cdots\cdots\cdots\cdots\cdots \\ a_{n1}x_1 + a_{n2}x_2 + \cdots + a_{nn}x_n = 0, \end{cases} \tag{8}$$

总有 $D_k=0(k=1,2,\cdots,n)$. 由 $Dx_k=D_k$ 知，方程组(8)要想有非零解，只有 $D=0$.

定理 n 元非齐次线性方程组(2)有唯一解的充分必要条件是系数行列式 $D\neq 0$；n 元齐次线性方程组(8)有非零解的充分必要条件是 $D=0$；n 元齐次线性方程组(8)只有零解的充分必要条件是 $D\neq 0$.

例 用克莱姆法则求解线性方程组

$$\begin{cases} 2x_1 - 3x_2 + x_3 - x_4 = 1, \\ x_1 + 3x_2 + x_3 - 2x_4 = 0, \\ 3x_1 - 5x_2 - 2x_3 + x_4 = 4, \\ 4x_1 + x_2 - 5x_3 - x_4 = -1. \end{cases}$$

解 因为原方程组的系数行列式

$$D = \begin{vmatrix} 2 & -3 & 1 & -1 \\ 1 & 3 & 1 & -2 \\ 3 & -5 & -2 & 1 \\ 4 & 1 & -5 & -1 \end{vmatrix} = 60 \neq 0,$$

所以原方程组有唯一解. 又

$$D_1 = \begin{vmatrix} 1 & -3 & 1 & -1 \\ 0 & 3 & 1 & -2 \\ 4 & -5 & -2 & 1 \\ -1 & 1 & -5 & -1 \end{vmatrix} = 180,\quad D_2 = \begin{vmatrix} 2 & 1 & 1 & -1 \\ 1 & 0 & 1 & -2 \\ 3 & 4 & -2 & 1 \\ 4 & -1 & -5 & -1 \end{vmatrix} = 60,$$

$$D_3=\begin{vmatrix}2&-3&1&-1\\1&3&0&-2\\3&-5&4&1\\4&1&-1&-1\end{vmatrix}=120,\quad D_4=\begin{vmatrix}2&-3&1&1\\1&3&1&0\\3&-5&-2&4\\4&1&-5&-1\end{vmatrix}=240,$$

故原方程组的解为

$$x_1=\frac{D_1}{D}=3,\quad x_2=\frac{D_2}{D}=1,\quad x_3=\frac{D_3}{D}=2,\quad x_4=\frac{D_4}{D}=4.$$

习　题　1.5

1. 用克莱姆法则求解下列线性方程组：

(1) $\begin{cases}2x_1+x_2-5x_3+x_4=8,\\x_1-3x_2-6x_4=9,\\2x_2-x_3+2x_4=-5,\\x_1+4x_2-7x_3+6x_4=0;\end{cases}$　　(2) $\begin{cases}x_2+x_3+x_4+x_5=1,\\x_1+x_3+x_4+x_5=2,\\x_1+x_2+x_4+x_5=3,\\x_1+x_2+x_3+x_5=4,\\x_1+x_2+x_3+x_4=5.\end{cases}$

2. 求通过不在一条直线上的三点 $P_1(x_1,y_1)$，$P_2(x_2,y_2)$，$P_3(x_3,y_3)$的圆的方程.

总练习题一

计算下列行列式：

1. $D=\begin{vmatrix}2&1&1&1\\4&2&1&-1\\201&102&-99&98\\1&2&1&-2\end{vmatrix}$.　　2. $D=\begin{vmatrix}246&427&327\\1014&543&443\\-342&721&621\end{vmatrix}$.

3. $D=\begin{vmatrix}1+x&1&1&1\\1&1-x&1&1\\1&1&1+y&1\\1&1&1&1-y\end{vmatrix}$.　　4. $D=\begin{vmatrix}1&-1&1&x-1\\1&-1&x+1&-1\\1&x-1&1&-1\\x+1&-1&1&-1\end{vmatrix}$.

5. $D=\begin{vmatrix}1&3&3&\cdots&3\\3&2&3&\cdots&3\\3&3&3&\cdots&3\\\vdots&\vdots&\vdots&&\vdots\\3&3&3&\cdots&n\end{vmatrix}$.　　6. $D=\begin{vmatrix}a_1+b_1&a_1+b_2&\cdots&a_1+b_n\\a_2+b_1&a_2+b_2&\cdots&a_2+b_n\\\vdots&\vdots&&\vdots\\a_n+b_1&a_n+b_2&\cdots&a_n+b_n\end{vmatrix}$.

7. 计算行列式

$$D=\begin{vmatrix} & & & & & 1 & 0 & 0 \\ & & & & & 1 & 2 & 0 \\ & & & & & 1 & 2 & 3 \\ & & & & -1 & & & \\ & & & -2 & & & & \\ & & \iddots & & & & & \\ & -(n-1) & & & & & & \\ -n & & & & & & & \end{vmatrix}.$$

8. 证明：

$$D=\begin{vmatrix} 1+a_1 & 1 & 1 & \cdots & 1 \\ 1 & 1+a_2 & 1 & \cdots & 1 \\ 1 & 1 & 1+a_3 & \cdots & 1 \\ \vdots & \vdots & \vdots & & \vdots \\ 1 & 1 & 1 & \cdots & 1+a_n \end{vmatrix}=a_1a_2\cdots a_n\left(1+\sum_{i=1}^{n}\frac{1}{a_i}\right),$$

其中 $a_1a_2\cdots a_n\neq 0$.

9. 证明：

$$D_n=\begin{vmatrix} 2\cos x & 1 & 0 & \cdots & 0 & 0 \\ 1 & 2\cos x & 1 & \cdots & 0 & 0 \\ 0 & 1 & 2\cos x & \cdots & 0 & 0 \\ \vdots & \vdots & \vdots & & \vdots & \vdots \\ 0 & 0 & 0 & \cdots & 2\cos x & 1 \\ 0 & 0 & 0 & \cdots & 1 & 2\cos x \end{vmatrix}=\frac{\sin(n+1)x}{\sin x}.$$

10. 证明：

$$\frac{\mathrm{d}}{\mathrm{d}t}\begin{vmatrix} a_{11}(t) & a_{12}(t) & \cdots & a_{1n}(t) \\ a_{21}(t) & a_{22}(t) & \cdots & a_{2n}(t) \\ \vdots & \vdots & & \vdots \\ a_{n1}(t) & a_{n2}(t) & \cdots & a_{nn}(t) \end{vmatrix}=\sum_{j=1}^{n}\begin{vmatrix} a_{11}(t) & \cdots & \frac{\mathrm{d}}{\mathrm{d}t}a_{1j}(t) & \cdots & a_{1n}(t) \\ a_{21}(t) & \cdots & \frac{\mathrm{d}}{\mathrm{d}t}a_{2j}(t) & \cdots & a_{2n}(t) \\ \vdots & & \vdots & & \vdots \\ a_{n1}(t) & \cdots & \frac{\mathrm{d}}{\mathrm{d}t}a_{nj}(t) & \cdots & a_{nn}(t) \end{vmatrix}.$$

11. 若一个 n 阶行列式 $D_n=\det(a_{ij})$ 的元素满足 $a_{ij}=-a_{ji}\ (i,j=1,2,\cdots,n)$，则称 D_n 为**反对称行列式**. 证明：奇数阶反对称行列式为零.

第二章 矩阵

矩阵是线性代数中主要的研究对象之一，其概念和理论的发展与行列式和线性方程组的理论密切相关. 矩阵论现已成为数学的一个重要分支，也是诸多应用领域的重要工具. 本章主要介绍矩阵的相关概念，系统地讨论矩阵的加、减、数乘、乘运算及其性质，矩阵的秩，以及逆矩阵存在的充分必要条件及其求法.

§2.1 矩阵及其运算

一、矩阵的概念

定义 1 设 $\mathbf{F}$ 是某个数域，由 $m\times n$ 个数 $a_{ij}\in\mathbf{F}(i=1,2,\cdots,m;j=1,2,\cdots,n)$ 组成的一个 m 行 n 列的矩形数表，称为数域 $\mathbf{F}$ 上的一个 $m\times n$ **矩阵**，记为

$$\begin{bmatrix} a_{11} & a_{12} & \cdots & a_{1n} \\ a_{21} & a_{22} & \cdots & a_{2n} \\ \vdots & \vdots & & \vdots \\ a_{m1} & a_{m2} & \cdots & a_{mn} \end{bmatrix},$$

其中 a_{ij} 称为矩阵的第 i 行第 j 列的**元素**.

矩阵的行数和列数合称为矩阵的**维数**. 一般情况下，我们用斜体加黑大写字母 $\boldsymbol{A},\boldsymbol{B},\boldsymbol{C}$ 等表示矩阵，并用 $\mathbf{A}(i;j)$表示矩阵 $\mathbf{A}$ 的第 i 行第 j 列的元素；有时为了描述简便，强调矩阵中元素所使用的符号，就用$(a_{ij})_{m\times n}$表示一个第 i 行第 j 列元素为 a_{ij} 的 $m\times n$ 矩阵，或在不强调其维数时简记为(a_{ij}).

通常将所有数域 $\mathbf{F}$ 上的 $m\times n$ 矩阵的集合记为 $\mathbf{F}^{m\times n}$. 例如，实数域 $\mathbf{R}$ 上全体 $m\times n$ 矩阵的集合记为 $\mathbf{R}^{m\times n}$，复数域 $\mathbf{C}$ 上全体 $m\times n$ 矩阵的集合记为 $\mathbf{C}^{m\times n}$，有理数域 $\mathbf{Q}$ 上全体 $m\times n$ 矩阵的集合记为 $\mathbf{Q}^{m\times n}$，等等. 在本章中的数域 $\mathbf{F}$ 一般指实数域 $\mathbf{R}$，并称实数域 $\mathbf{R}$ 上的矩阵为**实矩阵**.

所有元素均为零的矩阵称为**零矩阵**，常用大写字母 $\boldsymbol{O}$ 来表示零矩阵；在不至于引起混淆的情况下，也用数 $\mathbf{0}$ 表示零矩阵. 特别地，有时为了强

调零矩阵的维数，用$(0)_{m\times n}$或$\boldsymbol{O}_{m\times n}$来表示一个$m\times n$零矩阵.

当矩阵$\boldsymbol{A}=(a_{ij})_{m\times n}$的行数$m$和列数$n$相等，即当$m=n$时，称矩阵$\boldsymbol{A}$为$n$ **阶方阵**. 当$\boldsymbol{A}$是n阶方阵，且$\boldsymbol{A}$的主对角线上的元素均为1，而其余元素均为0时，称$\boldsymbol{A}$为n **阶单位矩阵**，简称n **阶单位阵**，记为$\boldsymbol{I}_n$，简记为$\boldsymbol{I}$.

定义 2 设$\boldsymbol{A}$是一个$m\times n$矩阵，$\boldsymbol{B}$是一个$p\times q$矩阵，如果$m=p$并且$n=q$，则称矩阵$\boldsymbol{A}$与矩阵$\boldsymbol{B}$是**同型矩阵**；如果矩阵$\boldsymbol{A}$与矩阵$\boldsymbol{B}$是同型矩阵，且它们在对应位置上的元素均相等，则称矩阵$\boldsymbol{A}$与矩阵$\boldsymbol{B}$ **相等**，记为$\boldsymbol{A}=\boldsymbol{B}$.

定义 3 设$\boldsymbol{I}_n$是n阶单位阵，k为常数，则称矩阵(这里空白处的元素是0，以下同)

$$\begin{bmatrix} k & & & \\ & k & & \\ & & \ddots & \\ & & & k \end{bmatrix}$$

为n阶**数量矩阵**，记为$k\boldsymbol{I}_n$；形如

$$\begin{bmatrix} \lambda_1 & & & \\ & \lambda_2 & & \\ & & \ddots & \\ & & & \lambda_n \end{bmatrix}, \quad \begin{bmatrix} & & & \lambda_1 \\ & & \lambda_2 & \\ & \iddots & & \\ \lambda_n & & & \end{bmatrix}$$

的矩阵分别称为n阶**对角矩阵**和n阶**反对角矩阵**，简称**对角阵**和**反对角阵**，分别记为$\mathrm{diag}(\lambda_1,\lambda_2,\cdots,\lambda_n)$和$\mathrm{mdiag}(\lambda_1,\lambda_2,\cdots,\lambda_n)$.

显然，数量矩阵也是对角矩阵，且有$k\boldsymbol{I}_n=\mathrm{diag}(k,k,\cdots,k)$.

定义 4 设$\boldsymbol{A}=(a_{ij})_{n\times n}$是$n$阶方阵，如果当$i>j$时$a_{ij}=0$，即

$$\boldsymbol{A}=\begin{bmatrix} a_{11} & a_{12} & \cdots & a_{1n} \\ & a_{22} & \cdots & a_{2n} \\ & & \ddots & \vdots \\ & & & a_{nn} \end{bmatrix},$$

则称矩阵$\boldsymbol{A}$是**上三角矩阵**，简称**上三角阵**；如果当$i<j$时$a_{ij}=0$，即

$$\boldsymbol{A}=\begin{bmatrix} a_{11} & & & \\ a_{21} & a_{22} & & \\ \vdots & \vdots & \ddots & \\ a_{n1} & a_{n2} & \cdots & a_{nn} \end{bmatrix},$$

则称矩阵$\boldsymbol{A}$是**下三角矩阵**，简称**下三角阵**.

对于上三角阵和下三角阵，如果其对角线上的所有元素均等于0，则分别称之为**严格上三角矩阵**和**严格下三角矩阵**，简称**严格上三角阵**和**严格下三角阵**；如果其对角线上的所有元素均等于1，则分别称之为**单位上三角矩阵**和**单位下三角矩阵**，简称**单位上三角阵**和**单位下

三角阵.

按照上面的定义,对角矩阵 $\boldsymbol{D}=\mathrm{diag}(\lambda_1,\lambda_2,\cdots,\lambda_n)$ 既是上三角阵也是下三角阵,n 阶单位矩阵 $\boldsymbol{I}_n$ 既是单位上三角阵也是单位下三角阵.

定义 5 设 $\boldsymbol{A}=(a_{ij})_{n\times n}$ 是 n 阶方阵,如果当 $|i-j|>1$ 时 $a_{ij}=0$,则称矩阵 $\boldsymbol{A}$ 是**三对角矩阵**,简称**三对角阵**.

例如,

$$\boldsymbol{A}=\begin{bmatrix} a_1 & b_1 & & & & \\ c_2 & a_2 & b_2 & & & \\ & c_3 & a_3 & b_3 & & \\ & & \ddots & \ddots & \ddots & \\ & & & c_{n-1} & a_{n-1} & b_{n-1} \\ & & & & c_n & a_n \end{bmatrix}$$

就是一个 n 阶的三对角矩阵.有很多应用问题,如三次样条插值以及一些二阶线性常微分方程的差分格式等所导出的方程组,其对应的系数矩阵(指系数按其在方程组的位置的顺序排列构成的矩阵)是三对角矩阵,可以用所谓的追赶法对方程组进行快速求解,非常方便.

定义 6 设 $\boldsymbol{A}=(a_{ij})_{n\times n}$ 是 n 阶方阵,如果有

$$|a_{ii}|\geqslant\sum_{j\neq i}|a_{ij}|\quad(i=1,2,\cdots,n),$$

则称矩阵 $\boldsymbol{A}$ 是**对角占优矩阵**;如果这 n 个不等式中每一个均为严格的不等式,则称 $\boldsymbol{A}$ 是**严格对角占优矩阵**.

例如,

$$\boldsymbol{A}=\begin{bmatrix} 5 & 0 & 1 & 2 \\ 1 & 6 & 2 & 3 \\ 0 & 2 & 4 & 2 \\ 1 & 1 & 2 & 5 \end{bmatrix},\quad \boldsymbol{B}=\begin{bmatrix} 5 & 0 & 1 & 2 \\ 1 & 6 & 2 & 1 \\ 0 & 1 & 5 & 2 \\ 1 & 1 & 1 & 4 \end{bmatrix},$$

矩阵 $\boldsymbol{A}$ 是对角占优的,而 $\boldsymbol{B}$ 是严格对角占优的.

二、矩阵的运算

1. 矩阵的加法

定义 7 设有两个 $m\times n$ 矩阵

$$\boldsymbol{A}=\begin{bmatrix} a_{11} & a_{12} & \cdots & a_{1n} \\ a_{21} & a_{22} & \cdots & a_{2n} \\ \vdots & \vdots & & \vdots \\ a_{m1} & a_{m2} & \cdots & a_{mn} \end{bmatrix},\quad \boldsymbol{B}=\begin{bmatrix} b_{11} & b_{12} & \cdots & b_{1n} \\ b_{21} & b_{22} & \cdots & b_{2n} \\ \vdots & \vdots & & \vdots \\ b_{m1} & b_{m2} & \cdots & b_{mn} \end{bmatrix},$$

则矩阵

$$C=\begin{bmatrix} a_{11}+b_{11} & a_{12}+b_{12} & \cdots & a_{1n}+b_{1n} \\ a_{21}+b_{21} & a_{22}+b_{22} & \cdots & a_{2n}+b_{2n} \\ \vdots & \vdots & & \vdots \\ a_{m1}+b_{m1} & a_{m2}+b_{m2} & \cdots & a_{mn}+b_{mn} \end{bmatrix}$$

称为矩阵 $\boldsymbol{A}$ 与矩阵 $\boldsymbol{B}$ 的**和**,记为 $\boldsymbol{C}=\boldsymbol{A}+\boldsymbol{B}=(a_{ij}+b_{ij})_{m\times n}$.

显然,按照定义,只有两个同型的矩阵才可以进行加法运算.

为了定义矩阵的减法运算,我们引入负矩阵的概念.定义一个矩阵 $\boldsymbol{A}=(a_{ij})_{m\times n}$ 的**负矩阵**为 $(-a_{ij})_{m\times n}$,记为 $-\boldsymbol{A}$,即

$$-\boldsymbol{A}=\begin{bmatrix} -a_{11} & -a_{12} & \cdots & -a_{1n} \\ -a_{21} & -a_{22} & \cdots & -a_{2n} \\ \vdots & \vdots & & \vdots \\ -a_{m1} & -a_{m2} & \cdots & -a_{mn} \end{bmatrix}.$$

这样,我们可以通过矩阵加法运算来定义矩阵的减法运算.设有两个 $m\times n$ 矩阵 $\boldsymbol{A}=(a_{ij})_{m\times n}$ 与 $\boldsymbol{B}=(b_{ij})_{m\times n}$,则矩阵 $\boldsymbol{A}$ 与矩阵 $\boldsymbol{B}$ 的**差**定义为

$$\boldsymbol{A}-\boldsymbol{B}=\boldsymbol{A}+(-\boldsymbol{B})=\begin{bmatrix} a_{11}-b_{11} & a_{12}-b_{12} & \cdots & a_{1n}-b_{1n} \\ a_{21}-b_{21} & a_{22}-b_{22} & \cdots & a_{2n}-b_{2n} \\ \vdots & \vdots & & \vdots \\ a_{m1}-b_{m1} & a_{m2}-b_{m2} & \cdots & a_{mn}-b_{mn} \end{bmatrix}.$$

例 1 设矩阵

$$\boldsymbol{A}=\begin{bmatrix} 1 & 2 & 3 \\ 4 & 5 & 6 \\ 7 & 8 & 9 \end{bmatrix},\quad \boldsymbol{B}=\begin{bmatrix} 9 & 8 & 7 \\ 6 & 5 & 4 \\ 3 & 2 & 1 \end{bmatrix},$$

试求 $\boldsymbol{A}+\boldsymbol{B}$ 和 $\boldsymbol{A}-\boldsymbol{B}$.

解 按照矩阵加法和减法的定义,可得

$$\boldsymbol{A}+\boldsymbol{B}=\begin{bmatrix} 1 & 2 & 3 \\ 4 & 5 & 6 \\ 7 & 8 & 9 \end{bmatrix}+\begin{bmatrix} 9 & 8 & 7 \\ 6 & 5 & 4 \\ 3 & 2 & 1 \end{bmatrix}=\begin{bmatrix} 10 & 10 & 10 \\ 10 & 10 & 10 \\ 10 & 10 & 10 \end{bmatrix},$$

$$\boldsymbol{A}-\boldsymbol{B}=\begin{bmatrix} 1 & 2 & 3 \\ 4 & 5 & 6 \\ 7 & 8 & 9 \end{bmatrix}-\begin{bmatrix} 9 & 8 & 7 \\ 6 & 5 & 4 \\ 3 & 2 & 1 \end{bmatrix}=\begin{bmatrix} -8 & -6 & -4 \\ -2 & 0 & 2 \\ 4 & 6 & 8 \end{bmatrix}.$$

容易直接验证,矩阵的加、减法运算满足下面的运算规律:

定理 1 设 $\mathbf{F}$ 是一个数域,$\boldsymbol{A},\boldsymbol{B},\boldsymbol{C},\boldsymbol{O}\in\mathbf{F}^{m\times n}$,则有

(1) **交换律**:$\boldsymbol{A}+\boldsymbol{B}=\boldsymbol{B}+\boldsymbol{A}$;

(2) **结合律**：$(\boldsymbol{A}+\boldsymbol{B})+\boldsymbol{C}=\boldsymbol{A}+(\boldsymbol{B}+\boldsymbol{C})$；

(3) **零矩阵的性质**：$\boldsymbol{A}+\boldsymbol{O}=\boldsymbol{O}+\boldsymbol{A}=\boldsymbol{A}$；

(4) **负矩阵的性质**：$\boldsymbol{A}+(-\boldsymbol{A})=\boldsymbol{A}-\boldsymbol{A}=\boldsymbol{O}$.

2. 矩阵的数量乘积

定义 8 设 $\mathbf{F}$ 是一个数域，$\boldsymbol{A}=(a_{ij})\in\mathbf{F}^{m\times n}$，$k\in\mathbf{F}$. 令 $\boldsymbol{B}=(ka_{ij})_{m\times n}$，则称矩阵 $\boldsymbol{B}$ 是数 k 与矩阵 $\boldsymbol{A}$ 的**数量乘积**，简称**数乘**，记为 $\boldsymbol{B}=k\boldsymbol{A}$.

容易看出，所谓矩阵的数乘运算，就是用一个数去乘以矩阵中的每一个元素，所得矩阵的维数不变. 也就是说，如果 $\boldsymbol{A}=(a_{ij})\in\mathbf{F}^{m\times n}$，$k\in\mathbf{F}$，则数量乘积 $\boldsymbol{B}=(b_{ij})=k\boldsymbol{A}\in\mathbf{F}^{m\times n}$，且 $b_{ij}=ka_{ij}$，即

$$(k\boldsymbol{A})(i;j)=k\boldsymbol{A}(i;j)\quad(1\leqslant i\leqslant m;\ 1\leqslant j\leqslant n).$$

易证，矩阵的数乘运算满足下面的运算规律：

定理 2 设 $\mathbf{F}$ 是一个数域，$\boldsymbol{A},\boldsymbol{B}\in\mathbf{F}^{m\times n}$，$k,l\in\mathbf{F}$，则有

(1) $k(\boldsymbol{A}+\boldsymbol{B})=k\boldsymbol{A}+k\boldsymbol{B}$；

(2) $(k+l)\boldsymbol{A}=k\boldsymbol{A}+l\boldsymbol{A}$；

(3) $k(l\boldsymbol{A})=(kl)\boldsymbol{A}$；

(4) $1\boldsymbol{A}=\boldsymbol{A}$，$0\boldsymbol{A}=\boldsymbol{O}$.

矩阵的加法运算和数乘运算，统称为矩阵的**线性运算**.

3. 矩阵的乘法

定义 9 设矩阵 $\boldsymbol{A}=(a_{ij})_{m\times s}$，$\boldsymbol{B}=(b_{ij})_{s\times n}$. 令 $\boldsymbol{C}=(c_{ij})_{m\times n}$，且

$$c_{ij}=\sum_{k=1}^{s}a_{ik}b_{kj}\quad(1\leqslant i\leqslant m;\ 1\leqslant j\leqslant n),$$

则称 $\boldsymbol{C}$ 是矩阵 $\boldsymbol{A}$ 与 $\boldsymbol{B}$ 的**乘积**，记为 $\boldsymbol{C}=\boldsymbol{A}\boldsymbol{B}$.

关于矩阵的乘法运算，应该注意以下几点：

(1) 两个矩阵 $\boldsymbol{A}$ 与 $\boldsymbol{B}$ 相乘，仅当 $\boldsymbol{A}$ 的列数与 $\boldsymbol{B}$ 的行数相等时才有意义；

(2) 乘积矩阵 $\boldsymbol{C}$ 的行数和列数分别等于矩阵 $\boldsymbol{A}$（左矩阵）的行数和矩阵 $\boldsymbol{B}$（右矩阵）的列数；

(3) 乘积矩阵 $\boldsymbol{C}$ 第 i 行第 j 列的元素，等于矩阵 $\boldsymbol{A}$（左矩阵）第 i 行元素与矩阵 $\boldsymbol{B}$（右矩阵）第 j 列的对应元素的乘积之和.

例 2 设矩阵

$$\boldsymbol{A}=\begin{bmatrix}2&3\\3&4\\4&5\end{bmatrix},\quad \boldsymbol{B}=\begin{bmatrix}1&2&3\\4&5&6\end{bmatrix},\quad \boldsymbol{C}=\begin{bmatrix}1&2&3\end{bmatrix},\quad \boldsymbol{D}=\begin{bmatrix}4\\5\\6\end{bmatrix},$$

试计算 $\boldsymbol{AB}$，$\boldsymbol{BA}$，$\boldsymbol{CD}$ 和 $\boldsymbol{DC}$.

解 根据矩阵乘法的定义，有

$$\boldsymbol{AB}=\begin{bmatrix}2&3\\3&4\\4&5\end{bmatrix}\begin{bmatrix}1&2&3\\4&5&6\end{bmatrix}=\begin{bmatrix}2\times1+3\times4&2\times2+3\times5&2\times3+3\times6\\3\times1+4\times4&3\times2+4\times5&3\times3+4\times6\\4\times1+5\times4&4\times2+5\times5&4\times3+5\times6\end{bmatrix}$$

$$=\begin{bmatrix}14&19&24\\19&26&33\\24&33&42\end{bmatrix},$$

$$\boldsymbol{BA}=\begin{bmatrix}1&2&3\\4&5&6\end{bmatrix}\begin{bmatrix}2&3\\3&4\\4&5\end{bmatrix}=\begin{bmatrix}1\times2+2\times3+3\times4&1\times3+2\times4+3\times5\\4\times2+5\times3+6\times4&4\times3+5\times4+6\times5\end{bmatrix}$$

$$=\begin{bmatrix}20&26\\47&62\end{bmatrix},$$

$$\boldsymbol{CD}=\begin{bmatrix}1&2&3\end{bmatrix}\begin{bmatrix}4\\5\\6\end{bmatrix}=\begin{bmatrix}1\times4+2\times5+3\times6\end{bmatrix}=\begin{bmatrix}32\end{bmatrix},$$

$$\boldsymbol{DC}=\begin{bmatrix}4\\5\\6\end{bmatrix}\begin{bmatrix}1&2&3\end{bmatrix}=\begin{bmatrix}4\times1&4\times2&4\times3\\5\times1&5\times2&5\times3\\6\times1&6\times2&6\times3\end{bmatrix}=\begin{bmatrix}4&8&12\\5&10&15\\6&12&18\end{bmatrix}.$$

从上面的例子可以看出，矩阵的乘法一般不满足交换律. 也就是说，$\boldsymbol{AB}$ 有意义时，$\boldsymbol{BA}$ 不一定有意义，同样 $\boldsymbol{BA}$ 有意义时，$\boldsymbol{AB}$ 也不一定有意义，即使 $\boldsymbol{AB}$ 与 $\boldsymbol{BA}$ 都有意义，也不一定就有 $\boldsymbol{AB}=\boldsymbol{BA}$. 当 $\boldsymbol{AB}$ 有意义时，称其为矩阵 $\boldsymbol{A}$ **右乘**矩阵 $\boldsymbol{B}$ 或矩阵 $\boldsymbol{B}$ **左乘**矩阵 $\boldsymbol{A}$.

下面我们来讨论矩阵乘法的运算规律.

定理 3 设 $\boldsymbol{A},\boldsymbol{B},\boldsymbol{C}$ 是数域 $\mathbf{F}$ 上使下列乘法运算有意义的适当维数的矩阵，$\boldsymbol{O}$ 是相应维数的零矩阵，$\boldsymbol{I}$ 是相应维数的单位矩阵，则有

(1) **结合律**：$(\boldsymbol{AB})\boldsymbol{C}=\boldsymbol{A}(\boldsymbol{BC})$；

(2) **左分配律**：$\boldsymbol{A}(\boldsymbol{B}+\boldsymbol{C})=\boldsymbol{AB}+\boldsymbol{AC}$；

　　右分配律：$(\boldsymbol{B}+\boldsymbol{C})\boldsymbol{A}=\boldsymbol{BA}+\boldsymbol{CA}$；

(3) 对任意 $k\in\mathbf{F}$ 满足：$k(\boldsymbol{AB})=(k\boldsymbol{A})\boldsymbol{B}=\boldsymbol{A}(k\boldsymbol{B})$；

(4) **零矩阵的性质**：$\boldsymbol{OA}=\boldsymbol{O},\boldsymbol{AO}=\boldsymbol{O}$；

(5) **单位阵的性质**：$\boldsymbol{IA}=\boldsymbol{A},\boldsymbol{AI}=\boldsymbol{A}$.

证 (3)，(4)，(5)很容易验证，下面我们只证(1)和(2).

(1) 首先，不妨设矩阵 $\boldsymbol{A}=(a_{ij})_{m\times p},\boldsymbol{B}=(b_{ij})_{p\times q},\boldsymbol{C}=(c_{ij})_{q\times n}$. 显然，矩阵$(\boldsymbol{AB})\boldsymbol{C}$ 与矩阵 $\boldsymbol{A}(\boldsymbol{BC})$都是 $m\times n$ 矩阵，要想证明它们相等，只需证明对于任意的 $i(i=1,2,\cdots,m)$和 $j(j=1,2,\cdots,n)$均有

$$[(\boldsymbol{AB})\boldsymbol{C}](i;j)=[\boldsymbol{A}(\boldsymbol{BC})](i;j)$$

即可. 按矩阵乘法的定义,一方面,有

$$\begin{aligned}[(\boldsymbol{A}\boldsymbol{B})\boldsymbol{C}](i;j) &= \sum_{l=1}^{q}(\boldsymbol{A}\boldsymbol{B})(i;l)\boldsymbol{C}(l;j)\\ &= \sum_{l=1}^{q}\Big[\sum_{k=1}^{p}\boldsymbol{A}(i;k)\boldsymbol{B}(k;l)\Big]\boldsymbol{C}(l;j) = \sum_{l=1}^{q}\sum_{k=1}^{p}a_{ik}b_{kl}c_{lj};\end{aligned}$$

另一方面,有

$$\begin{aligned}[\boldsymbol{A}(\boldsymbol{B}\boldsymbol{C})](i;j) &= \sum_{k=1}^{p}\boldsymbol{A}(i;k)(\boldsymbol{B}\boldsymbol{C})(k;j)\\ &= \sum_{k=1}^{p}\boldsymbol{A}(i;k)\sum_{l=1}^{q}\boldsymbol{B}(k;l)\boldsymbol{C}(l;j) = \sum_{k=1}^{p}\sum_{l=1}^{q}a_{ik}b_{kl}c_{lj}.\end{aligned}$$

容易看出,$[(\boldsymbol{AB})\boldsymbol{C}](i;j)=[\boldsymbol{A}(\boldsymbol{BC})](i;j)$,所以$(\boldsymbol{AB})\boldsymbol{C}=\boldsymbol{A}(\boldsymbol{BC})$.

(2) 只证 $\boldsymbol{A}(\boldsymbol{B}+\boldsymbol{C})=\boldsymbol{AB}+\boldsymbol{AC}$,$(\boldsymbol{B}+\boldsymbol{C})\boldsymbol{A}=\boldsymbol{BA}+\boldsymbol{CA}$ 的证明留作练习. 不妨设矩阵 $\boldsymbol{A}=(a_{ij})_{m\times p}$,$\boldsymbol{B}=(b_{ij})_{p\times n}$,$\boldsymbol{C}=(c_{ij})_{p\times n}$. 显然,矩阵 $\boldsymbol{A}(\boldsymbol{B}+\boldsymbol{C})$和矩阵 $\boldsymbol{AB}+\boldsymbol{AC}$ 都是 $m\times n$ 矩阵. 以下我们证明对于任意的 $i(i=1,2,\cdots,m)$和 $j(j=1,2,\cdots,n)$均有

$$[\boldsymbol{A}(\boldsymbol{B}+\boldsymbol{C})](i;j)=(\boldsymbol{AB}+\boldsymbol{AC})(i;j).$$

一方面,有

$$\begin{aligned}[\boldsymbol{A}(\boldsymbol{B}+\boldsymbol{C})](i;j) &= \sum_{k=1}^{p}\boldsymbol{A}(i;k)(\boldsymbol{B}+\boldsymbol{C})(k;j)\\ &= \sum_{k=1}^{p}\boldsymbol{A}(i;k)[\boldsymbol{B}(k;j)+\boldsymbol{C}(k;j)] = \sum_{k=1}^{p}a_{ik}(b_{kj}+c_{kj});\end{aligned}$$

另一方面,有

$$\begin{aligned}(\boldsymbol{AB}+\boldsymbol{AC})(i;j) &= (\boldsymbol{AB})(i;j)+(\boldsymbol{AC})(i;j)\\ &= \sum_{k=1}^{p}\boldsymbol{A}(i;k)\boldsymbol{B}(k;j)+\sum_{k=1}^{p}\boldsymbol{A}(i;k)\boldsymbol{C}(k;j)\\ &= \sum_{k=1}^{p}\boldsymbol{A}(i;k)[\boldsymbol{B}(k;j)+\boldsymbol{C}(k;j)] = \sum_{k=1}^{p}a_{ik}(b_{kj}+c_{kj}).\end{aligned}$$

显然$[\boldsymbol{A}(\boldsymbol{B}+\boldsymbol{C})](i;j)=(\boldsymbol{AB}+\boldsymbol{AC})(i;j)$,因此 $\boldsymbol{A}(\boldsymbol{B}+\boldsymbol{C})=\boldsymbol{AB}+\boldsymbol{AC}$.

如前所述,矩阵的乘法一般不满足交换律,即 $\boldsymbol{AB}=\boldsymbol{BA}$ 一般不成立. 如果 $\boldsymbol{AB}=\boldsymbol{BA}$,我们称矩阵 $\boldsymbol{A}$ 与矩阵 $\boldsymbol{B}$ 关于乘法**可交换**. 显然,两个矩阵 $\boldsymbol{A}$ 与 $\boldsymbol{B}$ 关于乘法可交换的一个必要条件是矩阵 $\boldsymbol{A}$ 与矩阵 $\boldsymbol{B}$ 是同阶的方阵.

定理 4 任意的 n 阶数量矩阵与其同阶的方阵关于矩阵乘法可交换.

定理 4 的结论可直接验证,此处从略.

因为矩阵的乘法满足结合律,所以如果矩阵 $\boldsymbol{A}$ 是 n 阶方阵,可以按如下方式定义方阵的**幂运算**:

$$\boldsymbol{A}^1=\boldsymbol{A},\quad \boldsymbol{A}^2=\boldsymbol{AA},\quad \cdots,\quad \boldsymbol{A}^m=\underbrace{\boldsymbol{AA}\cdots\boldsymbol{A}}_{m个},$$

并称 $\boldsymbol{A}^m$ 为矩阵 $\boldsymbol{A}$ 的 m 次幂. 通常规定：当 $\boldsymbol{A}=\boldsymbol{O}$ 时，$\boldsymbol{A}^0=\boldsymbol{I}$. 如果 $\boldsymbol{A}^2=\boldsymbol{A}$，则称 $\boldsymbol{A}$ 是一个**幂等方阵**，简称**幂等阵**. 容易验证，对于任意的非负整数 k,l，方阵的幂运算满足下列运算规律：

(1) $\boldsymbol{A}^k\boldsymbol{A}^l=\boldsymbol{A}^{k+l}$；

(2) $(\boldsymbol{A}^k)^l=\boldsymbol{A}^{kl}$.

值得注意的是，由于矩阵的乘法运算不满足交换律，所以一般情况下等式 $(\boldsymbol{AB})^k=\boldsymbol{A}^k\boldsymbol{B}^k$ 不成立；等式 $(\boldsymbol{A}-\boldsymbol{B})(\boldsymbol{A}+\boldsymbol{B})=\boldsymbol{A}^2-\boldsymbol{B}^2$，$(\boldsymbol{A}\pm\boldsymbol{B})^2=\boldsymbol{A}^2\pm 2\boldsymbol{AB}+\boldsymbol{B}^2$ 也不能想当然地认为是正确的. 但是，容易验证下面结论的正确性.

定理 5 如果矩阵 $\boldsymbol{A}$ 与矩阵 $\boldsymbol{B}$ 关于乘法运算可交换，即 $\boldsymbol{AB}=\boldsymbol{BA}$，则

(1) $(\boldsymbol{AB})^k=\boldsymbol{A}^k\boldsymbol{B}^k$；

(2) $(\boldsymbol{A}-\boldsymbol{B})(\boldsymbol{A}+\boldsymbol{B})=\boldsymbol{A}^2-\boldsymbol{B}^2$；

(3) $(\boldsymbol{A}+\boldsymbol{B})^m=\mathrm{C}_m^0\boldsymbol{A}^m+\mathrm{C}_m^1\boldsymbol{A}^{m-1}\boldsymbol{B}+\mathrm{C}_m^2\boldsymbol{A}^{m-2}\boldsymbol{B}^2+\cdots+\mathrm{C}_m^m\boldsymbol{B}^m$.

另外一个值得注意的是，一般不能由 $\boldsymbol{A}^m=\boldsymbol{O}$ 推出 $\boldsymbol{A}=\boldsymbol{O}$. 例如，设矩阵 $\boldsymbol{A}=\begin{bmatrix}0&1\\0&0\end{bmatrix}$，显然 $\boldsymbol{A}\neq\boldsymbol{O}$，但 $\boldsymbol{A}^2=\boldsymbol{O}$.

例 3 设矩阵 $\boldsymbol{A}=\begin{bmatrix}\lambda&1&0\\0&\lambda&1\\0&0&\lambda\end{bmatrix}$，试求 $\boldsymbol{A}^n$，其中 $n\geqslant 2$.

解 因为

$$\boldsymbol{A}=\begin{bmatrix}\lambda&1&0\\0&\lambda&1\\0&0&\lambda\end{bmatrix}=\begin{bmatrix}\lambda&0&0\\0&\lambda&0\\0&0&\lambda\end{bmatrix}+\begin{bmatrix}0&1&0\\0&0&1\\0&0&0\end{bmatrix}=\lambda\boldsymbol{I}+\boldsymbol{B},$$

其中 $\boldsymbol{B}=\begin{bmatrix}0&1&0\\0&0&1\\0&0&0\end{bmatrix}$，且显然有

$$\boldsymbol{B}^2=\begin{bmatrix}0&1&0\\0&0&1\\0&0&0\end{bmatrix}\begin{bmatrix}0&1&0\\0&0&1\\0&0&0\end{bmatrix}=\begin{bmatrix}0&0&1\\0&0&0\\0&0&0\end{bmatrix},\quad \boldsymbol{B}^3=\boldsymbol{B}^4=\cdots=\boldsymbol{O},$$

所以利用单位矩阵 $\boldsymbol{I}$ 与矩阵 $\boldsymbol{B}$ 可交换可得

$$\begin{aligned}\boldsymbol{A}^n&=(\lambda\boldsymbol{I}+\boldsymbol{B})^n=\sum_{i=0}^{n}\mathrm{C}_n^i\lambda^{n-i}\boldsymbol{B}^i\boldsymbol{I}^{n-i}=\lambda^n\boldsymbol{I}+\mathrm{C}_n^1\lambda^{n-1}\boldsymbol{B}+\mathrm{C}_n^2\lambda^{n-2}\boldsymbol{B}^2\\&=\begin{bmatrix}\lambda^n&0&0\\0&\lambda^n&0\\0&0&\lambda^n\end{bmatrix}+n\begin{bmatrix}0&\lambda^{n-1}&0\\0&0&\lambda^{n-1}\\0&0&0\end{bmatrix}+\frac{n(n-1)}{2}\begin{bmatrix}0&0&\lambda^{n-2}\\0&0&0\\0&0&0\end{bmatrix}\end{aligned}$$

$$=\begin{bmatrix}\lambda^n & n\lambda^{n-1} & \frac{n(n-1)}{2}\lambda^{n-2}\\ 0 & \lambda^n & n\lambda^{n-1}\\ 0 & 0 & \lambda^n\end{bmatrix}.$$

定义 10 设 $f(x)=a_0x^m+a_1x^{m-1}+\cdots+a_{m-1}x+a_m$ 是一个关于 x 的 m 次多项式,$\boldsymbol{A}$ 为 n 阶方阵,则

$$f(\boldsymbol{A})=a_0\boldsymbol{A}^m+a_1\boldsymbol{A}^{m-1}+\cdots+a_{m-1}\boldsymbol{A}+a_m\boldsymbol{I}$$

仍然是一个 n 阶方阵,并称 $f(\boldsymbol{A})$ 为**方阵 $\boldsymbol{A}$ 的 m 次多项式**.

例 4 设多项式 $f(x)=x^n+3x^2+1$,矩阵 $\boldsymbol{A}=\begin{bmatrix}1&1\\1&1\end{bmatrix}$,求 $f(\boldsymbol{A})$.

解 因为 $\boldsymbol{A}^2=\begin{bmatrix}1&1\\1&1\end{bmatrix}\begin{bmatrix}1&1\\1&1\end{bmatrix}=\begin{bmatrix}2&2\\2&2\end{bmatrix}=2\boldsymbol{A}$,$\boldsymbol{A}^3=\boldsymbol{A}^2\boldsymbol{A}=4\boldsymbol{A}$,所以容易推得 $\boldsymbol{A}^n=2^{n-1}\boldsymbol{A}(n\geqslant 1)$. 于是有

$$f(\boldsymbol{A})=\boldsymbol{A}^n+3\boldsymbol{A}^2+\boldsymbol{I}=2^{n-1}\boldsymbol{A}+6\boldsymbol{A}+\boldsymbol{I}=\begin{bmatrix}2^{n-1}+7 & 2^{n-1}+6\\ 2^{n-1}+6 & 2^{n-1}+7\end{bmatrix}.$$

4. 矩阵的转置

定义 11 设 $m\times n$ 矩阵

$$\boldsymbol{A}=\begin{bmatrix}a_{11} & a_{12} & \cdots & a_{1n}\\ a_{21} & a_{22} & \cdots & a_{2n}\\ \vdots & \vdots & & \vdots\\ a_{m1} & a_{m2} & \cdots & a_{mn}\end{bmatrix},$$

将 $\boldsymbol{A}$ 的行与列互换得到 $n\times m$ 矩阵

$$\boldsymbol{B}=\begin{bmatrix}a_{11} & a_{21} & \cdots & a_{m1}\\ a_{12} & a_{22} & \cdots & a_{m2}\\ \vdots & \vdots & & \vdots\\ a_{1n} & a_{2n} & \cdots & a_{mn}\end{bmatrix},$$

则称矩阵 $\boldsymbol{B}$ 是矩阵 $\boldsymbol{A}$ 的**转置矩阵**,记为 $\boldsymbol{B}=\boldsymbol{A}^{\mathrm{T}}$.

转置运算是作用在矩阵上的一种非常重要的运算. 下面的定理概括了转置运算的性质.

定理 6 设 $\boldsymbol{A},\boldsymbol{B}$ 是数域 $\mathbf{F}$ 上使下列加法或乘法运算有意义的适当维数的矩阵,则

(1) $(\boldsymbol{A}^{\mathrm{T}})^{\mathrm{T}}=\boldsymbol{A}$;

(2) $(\boldsymbol{A}+\boldsymbol{B})^{\mathrm{T}}=\boldsymbol{A}^{\mathrm{T}}+\boldsymbol{B}^{\mathrm{T}}$;

(3) 对任意 $k\in\mathbf{F}$,有 $(k\boldsymbol{A})^{\mathrm{T}}=k\boldsymbol{A}^{\mathrm{T}}$;

(4) $(\boldsymbol{A}\boldsymbol{B})^{\mathrm{T}}=\boldsymbol{B}^{\mathrm{T}}\boldsymbol{A}^{\mathrm{T}}$.

证 (1),(2),(3)很容易直接验证,以下只证(4). 不妨设 $\boldsymbol{A}=(a_{ij})_{m\times p}$,$\boldsymbol{B}=(b_{ij})_{p\times n}$. 显

然，$(\boldsymbol{AB})^{\mathrm{T}}$ 与 $\boldsymbol{B}^{\mathrm{T}}\boldsymbol{A}^{\mathrm{T}}$ 都是 $n\times m$ 矩阵，并且

$$[(\boldsymbol{AB})^{\mathrm{T}}](i;j)=(\boldsymbol{AB})(j;i)=\sum_{k=1}^{p}\boldsymbol{A}(j;k)\boldsymbol{B}(k;i)$$

$$=\sum_{k=1}^{p}\boldsymbol{B}^{\mathrm{T}}(i;k)\boldsymbol{A}^{\mathrm{T}}(k;j)=(\boldsymbol{B}^{\mathrm{T}}\boldsymbol{A}^{\mathrm{T}})(i;j),$$

所以有 $(\boldsymbol{AB})^{\mathrm{T}}=\boldsymbol{B}^{\mathrm{T}}\boldsymbol{A}^{\mathrm{T}}$.

上述定理中的结论(4)，很容易推广到任意有限个矩阵相乘的情况，即有

(4′) $(\boldsymbol{A}_1\boldsymbol{A}_2\cdots\boldsymbol{A}_m)^{\mathrm{T}}=\boldsymbol{A}_m^{\mathrm{T}}\boldsymbol{A}_{m-1}^{\mathrm{T}}\cdots\boldsymbol{A}_1^{\mathrm{T}}$.

例 5 设矩阵 $\boldsymbol{A}=[1\quad 2\quad 3]$，$\boldsymbol{B}=[3\quad 2\quad 1]$，试求 $\boldsymbol{C}=\boldsymbol{A}^{\mathrm{T}}\boldsymbol{B}$ 和 $\boldsymbol{C}^n$.

解 根据矩阵乘法的定义得

$$\boldsymbol{C}=\boldsymbol{A}^{\mathrm{T}}\boldsymbol{B}=\begin{bmatrix}1\\2\\3\end{bmatrix}[3\quad 2\quad 1]=\begin{bmatrix}3&2&1\\6&4&2\\9&6&3\end{bmatrix},$$

$$\boldsymbol{BA}^{\mathrm{T}}=[3\quad 2\quad 1]\begin{bmatrix}1\\2\\3\end{bmatrix}=[3\times1+2\times2+1\times3]=10,$$

于是可得

$$\boldsymbol{C}^n=\underbrace{(\boldsymbol{A}^{\mathrm{T}}\boldsymbol{B})(\boldsymbol{A}^{\mathrm{T}}\boldsymbol{B})\cdots(\boldsymbol{A}^{\mathrm{T}}\boldsymbol{B})}_{n\text{个}}=\boldsymbol{A}^{\mathrm{T}}\underbrace{(\boldsymbol{BA}^{\mathrm{T}})(\boldsymbol{BA}^{\mathrm{T}})\cdots(\boldsymbol{BA}^{\mathrm{T}})}_{n-1\text{个}}\boldsymbol{B}$$

$$=10^{n-1}\boldsymbol{A}^{\mathrm{T}}\boldsymbol{B}=10^{n-1}\begin{bmatrix}3&2&1\\6&4&2\\9&6&3\end{bmatrix}.$$

定义 12 设 $\boldsymbol{A}=(a_{ij})_{n\times n}$ 是一个 n 阶方阵，如果有 $\boldsymbol{A}^{\mathrm{T}}=\boldsymbol{A}$，即对任意的 $i,j\,(i,j=1,2,\cdots,n)$ 有 $a_{ij}=a_{ji}$，则称 $\boldsymbol{A}$ 是 **n 阶对称矩阵**，简称**对称阵**.

显然，对于行数和列数不同的长方形矩阵，不可能有 $\boldsymbol{A}^{\mathrm{T}}=\boldsymbol{A}$. 因此，对称矩阵只对方阵有意义.

容易验证，对称矩阵具有如下**性质**：

(1) 若 $\boldsymbol{A},\boldsymbol{B}$ 是同阶的对称阵，则 $\boldsymbol{A}\pm\boldsymbol{B}$ 也是对称阵；

(2) 若 $\boldsymbol{A}$ 是对称阵，k 为常数，则 $k\boldsymbol{A}$ 也是对称阵；

(3) 若 $\boldsymbol{A},\boldsymbol{B}$ 是同阶对称阵，则 $\boldsymbol{AB}$ 是对称阵的充要条件是 $\boldsymbol{AB}=\boldsymbol{BA}$；

(4) 对任意的 $m\times n$ 矩阵 $\boldsymbol{A}$，$\boldsymbol{A}^{\mathrm{T}}\boldsymbol{A}$ 与 $\boldsymbol{AA}^{\mathrm{T}}$ 都是对称阵；

(5) 对任意的 n 阶方阵 $\boldsymbol{A}$，$\boldsymbol{A}+\boldsymbol{A}^{\mathrm{T}}$ 是对称阵.

定义 13 设 $\boldsymbol{A}=(a_{ij})_{n\times n}$ 是一个 n 阶方阵，如果有 $\boldsymbol{A}^{\mathrm{T}}=-\boldsymbol{A}$，即对任意的 $i,j\,(i,j=1,2,\cdots,n)$ 有 $a_{ij}=-a_{ji}$，则称 $\boldsymbol{A}$ 是 **n 阶反对称矩阵**，简称**反对称阵**.

同样，反对称矩阵也只对方阵有意义.反对称矩阵具有如下**性质**：

(1) 若 $\boldsymbol{A},\boldsymbol{B}$ 是同阶的反对称阵，则 $\boldsymbol{A}\pm\boldsymbol{B}$ 也是反对称阵；

(2) 若 $\boldsymbol{A}$ 是反对称阵，k 为常数，则 $k\boldsymbol{A}$ 也是反对称阵；

(3) 若 $\boldsymbol{A},\boldsymbol{B}$ 是反对称阵，且 $\boldsymbol{AB}=\boldsymbol{BA}$，则 $\boldsymbol{AB}$ 是对称阵；

(4) 反对称阵主对角线上的元素均为零；

(5) 对任意的 n 阶方阵 $\boldsymbol{A}$，$\boldsymbol{A}-\boldsymbol{A}^{\mathrm{T}}$ 是反对称阵；

(6) 任意的 n 阶方阵 $\boldsymbol{A}$，均可表示为一个对称阵与一个反对称阵之和.

5. 矩阵的行列式和子式

定义 14 设 $\boldsymbol{A}$ 是 n 阶方阵，$\boldsymbol{A}$ 中的元素按原有位置排列所构成的行列式，称为**方阵 $\boldsymbol{A}$ 的行列式**，记为 $|\boldsymbol{A}|$ 或 $\det\boldsymbol{A}$.

注意，不要将方阵 $\boldsymbol{A}$ 与 $\boldsymbol{A}$ 的行列式等同起来！方阵 $\boldsymbol{A}$ 是一个正方形的数表，而 $\boldsymbol{A}$ 的行列式 $|\boldsymbol{A}|$ 则是一个数值.

利用行列式和矩阵的性质，可以证明如下关于 n 阶方阵的行列式的结论：

(1) $|\boldsymbol{A}|=|\boldsymbol{A}^{\mathrm{T}}|$；

(2) $|k\boldsymbol{A}|=k^n|\boldsymbol{A}|$；

(3) $|\boldsymbol{AB}|=|\boldsymbol{A}|\cdot|\boldsymbol{B}|$；

(4) $|\boldsymbol{A}_1\boldsymbol{A}_2\cdots\boldsymbol{A}_m|=|\boldsymbol{A}_1|\cdot|\boldsymbol{A}_2|\cdot\cdots\cdot|\boldsymbol{A}_m|$；

(5) 设 $\boldsymbol{A}$ 是 n 阶上(下)三角阵，其对角线上元素为 $\lambda_1,\lambda_2,\cdots,\lambda_n$，则 $\boldsymbol{A}$ 的行列式的值

$$|\boldsymbol{A}|=\lambda_1\lambda_2\cdots\lambda_n.$$

性质(3)，(4)中所涉及的矩阵均为同阶的方阵.对于不是方阵的情况，即使 $\boldsymbol{AB}$ 和 $\boldsymbol{BA}$ 都是有意义的方阵，也不一定就有 $|\boldsymbol{AB}|=|\boldsymbol{BA}|$.关于这一点，应该特别引起注意！

在第一章我们曾经介绍过行列式的 k 阶子式的概念，对于任意的一个 $m\times n$ 矩阵，也有 k 阶子式的概念.

定义 15 设 $\boldsymbol{A}$ 是 $m\times n$ 矩阵，任选矩阵 $\boldsymbol{A}$ 的 k 行和 k 列($k\leqslant\min\{m,n\}$)，$\boldsymbol{A}$ 中位于这 k 行 k 列交叉位置处的 k^2 个元素按它们原来的次序排列所构成的 k 阶行列式，称为矩阵 $\boldsymbol{A}$ 的一个 **k 阶子式**.

显然，对于一个 $m\times n$ 矩阵，共有 $\mathrm{C}_m^k\mathrm{C}_n^k$ 个 k 阶子式.

定义 16 设 $\boldsymbol{A}$ 是 $m\times n$ 矩阵，r 是其非零子式的最高阶数，则称数 r 为矩阵 $\boldsymbol{A}$ 的**秩**，记为 $\mathrm{r}(\boldsymbol{A})=r$.若 $\mathrm{r}(\boldsymbol{A})=m$，则称矩阵 $\boldsymbol{A}$ 为**行满秩矩阵**；若 $\mathrm{r}(\boldsymbol{A})=n$，则称矩阵 $\boldsymbol{A}$ 为**列满秩矩阵**；若 $m=n$，且 $\mathrm{r}(\boldsymbol{A})=n$，则称矩阵 $\boldsymbol{A}$ 为**满秩矩阵或满秩方阵**；如果 n 阶方阵 $\boldsymbol{A}$ 的秩 $\mathrm{r}(\boldsymbol{A})<n$，则称 $\boldsymbol{A}$ 为**不满秩的或退化的**.

由矩阵秩的定义，对于任何矩阵 $\boldsymbol{A}$，显然有 $\mathrm{r}(\boldsymbol{A})\geqslant 0$，并且 $\mathrm{r}(\boldsymbol{A})=0$ 当且仅当 $\boldsymbol{A}=\boldsymbol{O}$.也就是说，只有零矩阵的秩才是零.如果 $\mathrm{r}(\boldsymbol{A})=r$，则 $\boldsymbol{A}$ 中所有阶数高于 r 阶的子式均为零.

显然，对于一个 $m\times n$ 矩阵 $\boldsymbol{A}$，有 $\mathrm{r}(\boldsymbol{A})\leqslant\min\{m,n\}$，$\mathrm{r}(\boldsymbol{A})=\mathrm{r}(\boldsymbol{A}^{\mathrm{T}})$；如果 $\boldsymbol{A}$ 是一个 n 阶方

阵,则 $\boldsymbol{A}$ 是满秩的充要条件是 $|\boldsymbol{A}|\neq 0$. 因此,n 阶单位矩阵 $\boldsymbol{I}$ 的秩 $r(\boldsymbol{I})=n$.

6. 方阵的迹

定义 17 设 n 阶方阵 $\boldsymbol{A}=(a_{ij})_{n\times n}$,则称 $\boldsymbol{A}$ 的主对角线上的元素之和为方阵 $\boldsymbol{A}$ 的**迹**,记为 $\mathrm{tr}(\boldsymbol{A})$,即 $\mathrm{tr}(\boldsymbol{A})=a_{11}+a_{22}+\cdots+a_{nn}$.

下面的定理描述了关于方阵的迹的一些简单性质.

定理 7 设 $\boldsymbol{A},\boldsymbol{B}\in\mathbf{R}^{n\times n}$,$k\in\mathbf{R}$,则

(1) $\mathrm{tr}(\boldsymbol{A}\pm\boldsymbol{B})=\mathrm{tr}(\boldsymbol{A})\pm\mathrm{tr}(\boldsymbol{B})$;

(2) $\mathrm{tr}(k\boldsymbol{A})=k\mathrm{tr}(\boldsymbol{A})$;

(3) $\mathrm{tr}(\boldsymbol{A}^{\mathrm{T}})=\mathrm{tr}(\boldsymbol{A})$;

(4) $\mathrm{tr}(\boldsymbol{AB})=\mathrm{tr}(\boldsymbol{BA})$.

证 (1),(2),(3)很容易验证,下面我们只证明(4):

$$\begin{aligned}\mathrm{tr}(\boldsymbol{AB}) &= \sum_{i=1}^{n}(\boldsymbol{AB})(i;i)=\sum_{i=1}^{n}\sum_{k=1}^{n}a_{ik}b_{ki}\\ &=\sum_{k=1}^{n}\sum_{i=1}^{n}b_{ki}a_{ik}=\sum_{k=1}^{n}(\boldsymbol{BA})(k;k)=\mathrm{tr}(\boldsymbol{BA}).\end{aligned}$$

例 6 证明:对于任意的二阶方阵 $\boldsymbol{A}$,有 $\boldsymbol{A}^2-\mathrm{tr}(\boldsymbol{A})\boldsymbol{A}+|\boldsymbol{A}|\boldsymbol{I}=\boldsymbol{O}$.

证 设 $\boldsymbol{A}=\begin{bmatrix}a_{11} & a_{12}\\ a_{21} & a_{22}\end{bmatrix}$,则

$$\boldsymbol{A}^2=\begin{bmatrix}a_{11}^2+a_{12}a_{21} & a_{11}a_{12}+a_{12}a_{22}\\ a_{21}a_{11}+a_{22}a_{21} & a_{21}a_{12}+a_{22}^2\end{bmatrix},$$

$$\mathrm{tr}(\boldsymbol{A})\boldsymbol{A}=(a_{11}+a_{22})\begin{bmatrix}a_{11} & a_{12}\\ a_{21} & a_{22}\end{bmatrix}=\begin{bmatrix}a_{11}^2+a_{11}a_{22} & a_{11}a_{12}+a_{22}a_{12}\\ a_{11}a_{21}+a_{22}a_{21} & a_{11}a_{22}+a_{22}^2\end{bmatrix},$$

$$|\boldsymbol{A}|\boldsymbol{I}=(a_{11}a_{22}-a_{12}a_{21})\boldsymbol{I}=\begin{bmatrix}a_{11}a_{22}-a_{12}a_{21} & 0\\ 0 & a_{11}a_{22}-a_{12}a_{21}\end{bmatrix}.$$

于是可得 $\boldsymbol{A}^2-\mathrm{tr}(\boldsymbol{A})\boldsymbol{A}+|\boldsymbol{A}|\boldsymbol{I}=\boldsymbol{O}$.

例 7 证明:对于任意的 n 阶方阵 $\boldsymbol{A},\boldsymbol{B}$,都不可能成立 $\boldsymbol{AB}-\boldsymbol{BA}=\boldsymbol{I}$.

证 因为

$$\mathrm{tr}(\boldsymbol{AB}-\boldsymbol{BA})=\mathrm{tr}(\boldsymbol{AB})-\mathrm{tr}(\boldsymbol{BA})=0\neq n=\mathrm{tr}(\boldsymbol{I}),$$

所以不可能有 $\boldsymbol{AB}-\boldsymbol{BA}=\boldsymbol{I}$.

习 题 2.1

1. 设矩阵 $\boldsymbol{A}=\begin{bmatrix}2 & 0 & -1\\ 4 & -5 & 2\end{bmatrix}$,$\boldsymbol{B}=\begin{bmatrix}7 & -5 & 1\\ 1 & -4 & -3\end{bmatrix}$,试求 $\boldsymbol{B}-2\boldsymbol{A}$,$\boldsymbol{A}+2\boldsymbol{B}$.

2. 设矩阵 $\boldsymbol{A}=\begin{bmatrix} 2a+3b & 2a-c-1 \\ 2b+c-1 & -a+b+c \end{bmatrix}$，且 $\boldsymbol{A}=\boldsymbol{O}$，求 a,b,c 的值.

3. 设矩阵 $\boldsymbol{A}=\begin{bmatrix} 2 & 5 \\ -3 & 1 \end{bmatrix}$，$\boldsymbol{B}=\begin{bmatrix} 4 & -5 \\ 3 & k \end{bmatrix}$，$k$ 取何值时有 $\boldsymbol{AB}=\boldsymbol{BA}$？

4. 计算下列矩阵乘积：

(1) $\begin{bmatrix} 7 & -1 \\ -2 & 5 \\ 3 & -4 \end{bmatrix}\begin{bmatrix} 1 & 4 \\ -5 & 2 \end{bmatrix}$；　　(2) $\begin{bmatrix} 3 & -6 & 7 \\ 2 & -1 & 5 \end{bmatrix}\begin{bmatrix} 3 & -1 \\ -4 & 8 \\ 4 & 5 \end{bmatrix}$；

(3) $\begin{bmatrix} -1 & 3 & 2 \end{bmatrix}\begin{bmatrix} 2 \\ 5 \\ 7 \end{bmatrix}$；　　(4) $\begin{bmatrix} 3 \\ -2 \\ 1 \end{bmatrix}\begin{bmatrix} 2 & 3 & -4 \end{bmatrix}$.

5. 设 n,m 为正整数，且 $n\geqslant m$，对下列方阵 $\boldsymbol{A}$，计算 $\boldsymbol{A}^n$：

(1) $\boldsymbol{A}=\begin{bmatrix} \cos\theta & -\sin\theta \\ \sin\theta & \cos\theta \end{bmatrix}$；　　(2) $\boldsymbol{A}=\begin{bmatrix} a & c \\ 0 & b \end{bmatrix}$；

(3) $\boldsymbol{A}=\begin{bmatrix} \lambda & 1 & 0 & \cdots & 0 \\ 0 & \lambda & 1 & \cdots & 0 \\ \vdots & \vdots & \vdots & & \vdots \\ 0 & 0 & 0 & \cdots & 1 \\ 0 & 0 & 0 & \cdots & \lambda \end{bmatrix}$（$m$ 阶）；　(4) $\boldsymbol{A}=\begin{bmatrix} 0 & 1 & 0 & \cdots & 0 \\ 0 & 0 & 1 & \cdots & 0 \\ \vdots & \vdots & \vdots & & \vdots \\ 0 & 0 & 0 & \cdots & 1 \\ 0 & 0 & 0 & \cdots & 0 \end{bmatrix}$（$m$ 阶）.

6. 设矩阵 $\boldsymbol{A}=\begin{bmatrix} 2 & 1 & 1 \\ 3 & 1 & 2 \\ 1 & -1 & 0 \end{bmatrix}$，$\boldsymbol{B}=\begin{bmatrix} 2 & -1 \\ -3 & 3 \end{bmatrix}$，多项式 $f(x)=x^2-x+1$，$g(x)=x^2-5x+3$，试求 $f(\boldsymbol{A})$ 和 $g(\boldsymbol{B})$.

7. 设矩阵 $\boldsymbol{A}=\begin{bmatrix} 5 & -2 & 1 \\ 3 & 4 & -1 \end{bmatrix}$，$\boldsymbol{B}=\begin{bmatrix} -3 & 2 & 0 \\ -2 & 0 & 1 \end{bmatrix}$，计算 $\boldsymbol{AB}^{\mathrm{T}}$，$\boldsymbol{B}^{\mathrm{T}}\boldsymbol{A}$，$\boldsymbol{A}^{\mathrm{T}}\boldsymbol{A}$.

8. 求所有与如下矩阵 $\boldsymbol{A}$ 可交换的矩阵：

(1) $\boldsymbol{A}=\begin{bmatrix} \lambda & 0 & 0 \\ 0 & \lambda & 0 \\ 0 & 0 & \lambda \end{bmatrix}$；　(2) $\boldsymbol{A}=\begin{bmatrix} 2 & 1 & 0 \\ 0 & 2 & 1 \\ 0 & 0 & 2 \end{bmatrix}$；　(3) $\boldsymbol{A}=\begin{bmatrix} 1 & 0 & 4 \\ 0 & 1 & 0 \\ 0 & 1 & 2 \end{bmatrix}$.

9. 设 $\boldsymbol{A}$ 是 n 阶方阵，$f(x)$ 和 $g(x)$ 分别为 p 次多项式和 q 次多项式，$f(\boldsymbol{A})$ 和 $g(\boldsymbol{A})$ 是相应的方阵多项式，证明：$f(\boldsymbol{A})g(\boldsymbol{A})=g(\boldsymbol{A})f(\boldsymbol{A})$.

10. 证明：任意的 n 阶方阵 $\boldsymbol{A}$，均可表示为一个对称阵 $\boldsymbol{B}$ 与一个反对称阵 $\boldsymbol{C}$ 之和.

§2.2 逆 矩 阵

前面我们介绍了矩阵的概念及其相关的运算. 下面将要介绍的逆矩阵的概念,可以看成是矩阵乘法运算的逆运算,就像数的乘法运算有逆运算一样.

定义 设 $\boldsymbol{A}$ 是 n 阶方阵,$\boldsymbol{I}_n$ 是 n 阶单位阵,如果存在一个 n 阶方阵 $\boldsymbol{B}$,使得 $\boldsymbol{AB}=\boldsymbol{BA}=\boldsymbol{I}_n$,则称矩阵 $\boldsymbol{A}$ 是**可逆的**(或称**非奇异的**、**非退化的**),方阵 $\boldsymbol{B}$ 称为方阵 $\boldsymbol{A}$ 的**逆矩阵**,记为

$$\boldsymbol{B}=\boldsymbol{A}^{-1}.$$

根据定义,单位矩阵 $\boldsymbol{I}$ 显然是可逆的,且其逆矩阵就是它自身,即 $\boldsymbol{I}^{-1}=\boldsymbol{I}$. 逆矩阵的概念只针对方阵定义.

定理 1 若方阵 $\boldsymbol{A}$ 是可逆的,则其逆矩阵必唯一.

证 假设方阵 $\boldsymbol{A}$ 有两个逆矩阵 $\boldsymbol{B}_1$ 和 $\boldsymbol{B}_2$,只需证明它们相等即可. 由逆矩阵的定义知

$$\boldsymbol{AB}_1=\boldsymbol{B}_1\boldsymbol{A}=\boldsymbol{I},\quad \boldsymbol{AB}_2=\boldsymbol{B}_2\boldsymbol{A}=\boldsymbol{I},$$

于是,由矩阵乘法乘法的结合律有

$$\boldsymbol{B}_1=\boldsymbol{B}_1\boldsymbol{I}=\boldsymbol{B}_1(\boldsymbol{AB}_2)=(\boldsymbol{B}_1\boldsymbol{A})\boldsymbol{B}_2=\boldsymbol{IB}_2=\boldsymbol{B}_2,$$

得证.

定理 2 方阵 $\boldsymbol{A}$ 可逆的充分必要条件是 $|\boldsymbol{A}|\neq 0$.

证 *必要性* 若 $\boldsymbol{A}$ 可逆,设其逆为 $\boldsymbol{A}^{-1}$,则由于 $\boldsymbol{AA}^{-1}=\boldsymbol{I}$,所以由行列式的性质,$|\boldsymbol{AA}^{-1}|=|\boldsymbol{A}|\cdot|\boldsymbol{A}^{-1}|=|\boldsymbol{I}|=1$,故 $|\boldsymbol{A}|\neq 0$.

充分性 设 $|\boldsymbol{A}|\neq 0$,下证 $\boldsymbol{A}$ 可逆. 设 A_{ij} 是行列式 $|\boldsymbol{A}|$ 中元素 $\boldsymbol{A}(i;j)$ 的代数余子式,并令

$$\boldsymbol{A}^*=\begin{bmatrix} A_{11} & A_{21} & \cdots & A_{n1} \\ A_{12} & A_{22} & \cdots & A_{n2} \\ \vdots & \vdots & & \vdots \\ A_{1n} & A_{2n} & \cdots & A_{nn} \end{bmatrix},$$

称 $\boldsymbol{A}^*$ 是矩阵 $\boldsymbol{A}$ 的**伴随矩阵**. 根据行列式按行展开式的性质,可得

$$\boldsymbol{AA}^*=\begin{bmatrix} |\boldsymbol{A}| & 0 & \cdots & 0 \\ 0 & |\boldsymbol{A}| & \cdots & 0 \\ \vdots & \vdots & \ddots & \vdots \\ 0 & 0 & \cdots & |\boldsymbol{A}| \end{bmatrix}=|\boldsymbol{A}|\boldsymbol{I}.$$

类似地,若按列展开可得 $\boldsymbol{A}^*\boldsymbol{A}=|\boldsymbol{A}|\boldsymbol{I}$. 由此我们得到

$$\boldsymbol{A}\frac{1}{|\boldsymbol{A}|}\boldsymbol{A}^*=\frac{1}{|\boldsymbol{A}|}\boldsymbol{A}^*\boldsymbol{A}=\boldsymbol{I}.$$

根据逆矩阵的定义,从上式立即得到 $\boldsymbol{A}$ 可逆,且

$$\boldsymbol{A}^{-1}=\frac{1}{|\boldsymbol{A}|}\boldsymbol{A}^*.$$

显然,上面的证明过程提供了一种求给定矩阵 $\boldsymbol{A}$ 的逆矩阵的方法：先求给定矩阵 $\boldsymbol{A}$ 的伴随矩阵 $\boldsymbol{A}^*$,再求 $\boldsymbol{A}$ 的行列式的值 $|\boldsymbol{A}|$,即可得到 $\boldsymbol{A}$ 的逆矩阵 $\boldsymbol{A}^{-1}=\frac{1}{|\boldsymbol{A}|}\boldsymbol{A}^*$. 我们称这种求逆矩阵的方法为**伴随矩阵法**.

根据定理 2,方阵 $\boldsymbol{A}$ 可逆的充分必要条件是 $|\boldsymbol{A}|\neq 0$,所以当 $|\boldsymbol{A}|=0$ 时方阵 $\boldsymbol{A}$ 不可逆. 因此,可逆矩阵一定是满秩方阵. 通常称 $|\boldsymbol{A}|=0$ 的矩阵 $\boldsymbol{A}$ 为**奇异矩阵**.

显然,下面的几个推论是正确的.

推论 1 n 阶数量矩阵 $k\boldsymbol{I}_n$ 可逆的充分必要条件是 $k\neq 0$.

推论 2 设 $\boldsymbol{A}$ 是 n 阶对角矩阵 $\mathrm{diag}(\lambda_1,\lambda_2,\cdots,\lambda_n)$,则 $\boldsymbol{A}$ 可逆的充分必要条件是 $\lambda_1\lambda_2\cdots\lambda_n\neq 0$,且 $\boldsymbol{A}^{-1}=\mathrm{diag}\,(\lambda_1^{-1},\lambda_2^{-1},\cdots,\lambda_n^{-1})$.

推论 3 设 $\boldsymbol{A}$ 是 n 阶上(下)三角矩阵,其对角线上的元素为 $\lambda_1,\lambda_2,\cdots,\lambda_n$,则 $\boldsymbol{A}$ 可逆的充分必要条件是 $\lambda_1\lambda_2\cdots\lambda_n\neq 0$;并且当 $\boldsymbol{A}$ 可逆时,$\boldsymbol{A}$ 的逆矩阵也是上(下)三角矩阵.

例 1 试用伴随矩阵法求方阵 $\boldsymbol{A}=\begin{bmatrix}3 & 7 & -3\\ -2 & -5 & 2\\ -4 & -10 & 3\end{bmatrix}$ 的逆矩阵.

解 因为 $|\boldsymbol{A}|=\begin{vmatrix}3 & 7 & -3\\ -2 & -5 & 2\\ -4 & -10 & 3\end{vmatrix}=1\neq 0$,所以 $\boldsymbol{A}^{-1}$ 存在,且 $\boldsymbol{A}^{-1}=\frac{1}{|\boldsymbol{A}|}\boldsymbol{A}^*$. 又

$$A_{11}=(-1)^{1+1}\begin{vmatrix}-5 & 2\\ -10 & 3\end{vmatrix}=5,\qquad A_{21}=(-1)^{2+1}\begin{vmatrix}7 & -3\\ -10 & 3\end{vmatrix}=9,$$

$$A_{31}=(-1)^{3+1}\begin{vmatrix}7 & -3\\ -5 & 2\end{vmatrix}=-1,\qquad A_{12}=(-1)^{1+2}\begin{vmatrix}-2 & 2\\ -4 & 3\end{vmatrix}=-2,$$

$$A_{22}=(-1)^{2+2}\begin{vmatrix}3 & -3\\ -4 & 3\end{vmatrix}=-3,\qquad A_{32}=(-1)^{3+2}\begin{vmatrix}3 & -3\\ -2 & 2\end{vmatrix}=0,$$

$$A_{13}=(-1)^{1+3}\begin{vmatrix}-2 & -5\\ -4 & -10\end{vmatrix}=0,\qquad A_{23}=(-1)^{2+3}\begin{vmatrix}3 & 7\\ -4 & -10\end{vmatrix}=2,$$

$$A_{33}=(-1)^{3+3}\begin{vmatrix}3 & 7\\ -2 & -5\end{vmatrix}=-1,$$

从而

$$\boldsymbol{A}^*=\begin{bmatrix}A_{11} & A_{21} & A_{31}\\ A_{12} & A_{22} & A_{32}\\ A_{13} & A_{23} & A_{33}\end{bmatrix}=\begin{bmatrix}5 & 9 & -1\\ -2 & -3 & 0\\ 0 & 2 & -1\end{bmatrix},$$

于是

$$A^{-1}=\frac{1}{|A|}A^*=\begin{bmatrix}5 & 9 & -1\\-2 & -3 & 0\\0 & 2 & -1\end{bmatrix}.$$

例 2 试用伴随矩阵法求 n 阶反对角矩阵

$$A=\begin{bmatrix} & & & \lambda_1\\ & & \iddots & \\ & \lambda_{n-1} & & \\ \lambda_n & & & \end{bmatrix}$$

的逆矩阵,这里假定 $\lambda_1\lambda_2\cdots\lambda_n\neq0$.

解 因为 $|A|=(-1)^{\frac{n(n-1)}{2}}\lambda_1\lambda_2\cdots\lambda_n\neq0$,所以 A 可逆. 又因为 $|A|$ 的所有元素的代数余子式除了 $A_{1n},A_{2,n-1},\cdots,A_{n1}$ 之外都等于零,并且有

$$\begin{aligned}A_{j,n-j+1}&=(-1)^{\frac{(n-1)(n-2)}{2}}\cdot(-1)^{j+(n-j+1)}\lambda_1\lambda_2\cdots\lambda_{j-1}\lambda_{j+1}\cdots\lambda_n\\&=\left[(-1)^{\frac{n(n-1)}{2}}\lambda_1\lambda_2\cdots\lambda_n\right]\frac{1}{\lambda_j}\quad(j=1,2,\cdots,n),\end{aligned}$$

所以

$$A^*=(-1)^{\frac{n(n-1)}{2}}\lambda_1\lambda_2\cdots\lambda_n\begin{bmatrix} & & & \lambda_n^{-1}\\ & & \iddots & \\ & \lambda_2^{-1} & & \\ \lambda_1^{-1} & & & \end{bmatrix}.$$

由此可得

$$A^{-1}=\frac{1}{|A|}A^*=\begin{bmatrix} & & & \lambda_n^{-1}\\ & & \iddots & \\ & \lambda_2^{-1} & & \\ \lambda_1^{-1} & & & \end{bmatrix}.$$

定理 3 设 A 是 n 阶方阵,则有

(1) 若 A 可逆,则 A^{-1} 也可逆,且 $(A^{-1})^{-1}=A$;

(2) 若 A 可逆,则 A^{T} 也可逆,且 $(A^{\mathrm{T}})^{-1}=(A^{-1})^{\mathrm{T}}$;

(3) 若 A 可逆,k 为非零常数,则 kA 也可逆,且 $(kA)^{-1}=\frac{1}{k}A^{-1}$;

(4) 若 A,B 可逆,则 AB 也可逆,且 $(AB)^{-1}=B^{-1}A^{-1}$;

(5) 若 A 可逆,k 为正整数,则 A^k 可逆,且 $(A^k)^{-1}=(A^{-1})^k$.

证 (1),(2),(3),(5)留作练习,我们只证(4). 因为按照结合律,有

$$(AB)(B^{-1}A^{-1})=A(BB^{-1})A^{-1}=AIA^{-1}=AA^{-1}=I,$$
$$(B^{-1}A^{-1})(AB)=B^{-1}(A^{-1}A)B=B^{-1}IB=B^{-1}B=I,$$

所以，有$(\boldsymbol{AB})^{-1}=\boldsymbol{B}^{-1}\boldsymbol{A}^{-1}$.

显然，结论(4)可推广到任意有限个矩阵相乘的情况，即：

(4′) 若 n 阶方阵 $\boldsymbol{A}_1,\boldsymbol{A}_2,\cdots,\boldsymbol{A}_m$ 可逆，则 $\boldsymbol{A}_1\boldsymbol{A}_2\cdots\boldsymbol{A}_m$ 也可逆，且

$$(\boldsymbol{A}_1\boldsymbol{A}_2\cdots\boldsymbol{A}_m)^{-1}=\boldsymbol{A}_m^{-1}\boldsymbol{A}_{m-1}^{-1}\cdots\boldsymbol{A}_1^{-1}.$$

结论(5)表明，可逆方阵 $\boldsymbol{A}$ 的正整数次幂 $\boldsymbol{A}^k$ 仍然是可逆方阵，且其逆矩阵是 $\boldsymbol{A}^{-1}$ 的正整数次幂，即$(\boldsymbol{A}^{-1})^k$. 因此，对于可逆方阵 $\boldsymbol{A}$ 来说，我们可以定义其负整数次幂为 $\boldsymbol{A}^{-1}$ 的正整数次幂，即 $\boldsymbol{A}^{-k}=(\boldsymbol{A}^{-1})^k$. 这样就有

$$(\boldsymbol{A}^k)^{-1}=\boldsymbol{A}^{-k},\quad (\boldsymbol{A}^{-k})^{-1}=\boldsymbol{A}^k.$$

定理 4 设 $\boldsymbol{A},\boldsymbol{B}$ 为 n 阶方阵，若 $\boldsymbol{AB}=\boldsymbol{I}$(或 $\boldsymbol{BA}=\boldsymbol{I}$)，则 $\boldsymbol{A}$ 与 $\boldsymbol{B}$ 都可逆，且 $\boldsymbol{A}^{-1}=\boldsymbol{B},\boldsymbol{B}^{-1}=\boldsymbol{A}$.

此定理的证明留作练习. 它说明要验证矩阵 $\boldsymbol{B}$ 是矩阵 $\boldsymbol{A}$ 的逆矩阵，只要验证一个等式 $\boldsymbol{AB}=\boldsymbol{I}$ 或 $\boldsymbol{BA}=\boldsymbol{I}$ 即可，其中一个矩阵是另一个矩阵的逆矩阵.

例 3 设 $\boldsymbol{A}$ 为四阶方阵，$|\boldsymbol{A}|=\frac{1}{16}$，求行列式$|(4\boldsymbol{A})^{-1}-2\boldsymbol{A}^*|$的值.

解 因为$|\boldsymbol{A}|=\frac{1}{16}\neq 0$，所以 $\boldsymbol{A}$ 可逆，且有

$$(4\boldsymbol{A})^{-1}=\frac{1}{4}\boldsymbol{A}^{-1}=\frac{1}{4}\cdot\frac{1}{|\boldsymbol{A}|}\boldsymbol{A}^*=4\boldsymbol{A}^*.$$

所以$|(4\boldsymbol{A})^{-1}-2\boldsymbol{A}^*|=|2\boldsymbol{A}^*|=2^4|\boldsymbol{A}^*|$，而$|\boldsymbol{A}^*|=|\boldsymbol{A}|^{4-1}=\frac{1}{4096}$(参见总复习题二第 12 题)，从而可得

$$|(4\boldsymbol{A})^{-1}-2\boldsymbol{A}^*|=2^4\times\frac{1}{4096}=\frac{1}{256}.$$

例 4 设 $\boldsymbol{A}$ 是 $m\times n$ 矩阵，$\boldsymbol{B}$ 是 $n\times m$ 矩阵，证明：若矩阵 $\boldsymbol{I}_m-\boldsymbol{AB}$ 可逆，则矩阵 $\boldsymbol{I}_n-\boldsymbol{BA}$ 也可逆，并求$(\boldsymbol{I}_n-\boldsymbol{BA})^{-1}$.

证 因为 $\boldsymbol{A}(\boldsymbol{I}_n-\boldsymbol{BA})=(\boldsymbol{I}_m-\boldsymbol{AB})\boldsymbol{A}$，所以由 $\boldsymbol{I}_m-\boldsymbol{AB}$ 可逆得

$$(\boldsymbol{I}_m-\boldsymbol{AB})^{-1}\boldsymbol{A}(\boldsymbol{I}_n-\boldsymbol{BA})=\boldsymbol{A}.$$

上式两边左乘矩阵 $\boldsymbol{B}$，得

$$\boldsymbol{B}(\boldsymbol{I}_m-\boldsymbol{AB})^{-1}\boldsymbol{A}(\boldsymbol{I}_n-\boldsymbol{BA})=\boldsymbol{BA}=\boldsymbol{I}_n-(\boldsymbol{I}_n-\boldsymbol{BA}),$$

即

$$[\boldsymbol{B}(\boldsymbol{I}_m-\boldsymbol{AB})^{-1}\boldsymbol{A}+\boldsymbol{I}_n](\boldsymbol{I}_n-\boldsymbol{BA})=\boldsymbol{I}_n,$$

所以 $\boldsymbol{I}_n-\boldsymbol{BA}$ 也可逆，并且

$$(\boldsymbol{I}_n-\boldsymbol{BA})^{-1}=\boldsymbol{B}(\boldsymbol{I}_m-\boldsymbol{AB})^{-1}\boldsymbol{A}+\boldsymbol{I}_n.$$

例 5 已知 n 阶方阵 $\boldsymbol{A}$ 满足 $\boldsymbol{A}^2+2\boldsymbol{A}-3\boldsymbol{I}=\boldsymbol{O}$，试求 $\boldsymbol{A}^{-1}$，$(\boldsymbol{A}+2\boldsymbol{I})^{-1}$，$(\boldsymbol{A}+4\boldsymbol{I})^{-1}$.

解 由 $\boldsymbol{A}^2+2\boldsymbol{A}-3\boldsymbol{I}=\boldsymbol{O}$ 可得 $\boldsymbol{A}(\boldsymbol{A}+2\boldsymbol{I})=3\boldsymbol{I}$，因此有

$$\boldsymbol{A}^{-1}=\frac{1}{3}(\boldsymbol{A}+2\boldsymbol{I}),\quad (\boldsymbol{A}+2\boldsymbol{I})^{-1}=\frac{1}{3}\boldsymbol{A}.$$

再由 $\boldsymbol{O}=\boldsymbol{A}^2+2\boldsymbol{A}-3\boldsymbol{I}=(\boldsymbol{A}-2\boldsymbol{I})(\boldsymbol{A}+4\boldsymbol{I})+5\boldsymbol{I}$ 可得

$$(\boldsymbol{A}+4\boldsymbol{I})^{-1}=-\frac{1}{5}(\boldsymbol{A}-2\boldsymbol{I}).$$

注 以上两题的解题方法是类似的，都是采用“拼凑”的办法. 这是一种常见的技巧，不仅可以用来求矩阵的逆，有时也用来计算行列式.

习 题 2.2

1\. 设矩阵 $\boldsymbol{A}=\begin{bmatrix}0 & a_1 & 0 & \cdots & 0 & 0\\ 0 & 0 & a_2 & \cdots & 0 & 0\\ \vdots & \vdots & \vdots & & \vdots & \vdots\\ 0 & 0 & 0 & \cdots & 0 & a_{n-1}\\ a_n & 0 & 0 & \cdots & 0 & 0\end{bmatrix}$，其中 $a_1a_2\cdots a_n\neq 0$，求 $\boldsymbol{A}^{-1}$.

2\. 设 $\boldsymbol{A}$ 为三阶方阵，$|\boldsymbol{A}|=-1$，求行列式 $|(2\boldsymbol{A})^{-1}+2\boldsymbol{A}^*|$ 的值.

3\. 设 $\boldsymbol{A}$ 为三阶方阵，且 $\boldsymbol{A}^{-1}=\begin{bmatrix}1 & 1 & 1\\ 1 & 2 & 1\\ 1 & 1 & 3\end{bmatrix}$，试求伴随矩阵 $\boldsymbol{A}^*$ 的逆矩阵 $(\boldsymbol{A}^*)^{-1}$.

4\. 求下列矩阵的逆矩阵：

(1) $\boldsymbol{A}=\begin{bmatrix}1 & -1 & 1\\ 1 & 1 & 0\\ 2 & 1 & 1\end{bmatrix}$； (2) $\boldsymbol{A}=\begin{bmatrix}1 & 2 & 3\\ 2 & 2 & 1\\ 3 & 4 & 3\end{bmatrix}$； (3) $\boldsymbol{A}=\begin{bmatrix}1 & 0 & 1\\ 2 & 1 & 0\\ -3 & 2 & -5\end{bmatrix}$；

(4) $\boldsymbol{A}=\begin{bmatrix}-5 & 0 & 0\\ 0 & 3 & 1\\ 0 & 2 & 1\end{bmatrix}$； (5) $\boldsymbol{A}=\begin{bmatrix}1 & 2 & 3\\ 2 & 1 & 2\\ 1 & 3 & 4\end{bmatrix}$； (6) $\boldsymbol{A}=\begin{bmatrix}2 & 2 & 3\\ 1 & -1 & 0\\ -1 & 2 & 1\end{bmatrix}$.

5\. 已知 n 阶方阵 $\boldsymbol{A}$ 满足 $\boldsymbol{A}^2-3\boldsymbol{A}-2\boldsymbol{I}=\boldsymbol{O}$，证明：$\boldsymbol{A}$ 可逆，并求 $\boldsymbol{A}^{-1}$.

6\. 设 n 阶方阵 $\boldsymbol{A},\boldsymbol{B}$ 满足条件 $\boldsymbol{A}+\boldsymbol{B}=\boldsymbol{AB}$.

(1) 证明：$\boldsymbol{A}-\boldsymbol{I}$ 可逆；

(2) 如果已知矩阵 $\boldsymbol{B}=\begin{bmatrix}1 & -3 & 0\\ 2 & 1 & 0\\ 0 & 0 & 2\end{bmatrix}$，试求矩阵 $\boldsymbol{A}$.

7\. 证明：如果 $\boldsymbol{A}^3=\boldsymbol{O}$，则 $\boldsymbol{I}-\boldsymbol{A}$ 可逆，并求 $(\boldsymbol{I}-\boldsymbol{A})^{-1}$.

8\. 证明：对任意的正整数 k，如果 $\boldsymbol{A}^k=\boldsymbol{O}$，则 $\boldsymbol{I}-\boldsymbol{A}$ 可逆，并求 $(\boldsymbol{I}-\boldsymbol{A})^{-1}$.

§2.3 分 块 矩 阵

矩阵分块的思想源于对矩阵运算复杂度以及存储空间的考虑. 特别是当矩阵太大，不适合存储在计算机内存中时，通过分块允许计算机每次只处理存储在内存中的几个子矩阵，可以显著地提高运算的效率. 因此，分块具有重要的理论意义和实用价值. 本节介绍分块矩阵的概念、运算及其性质.

一、分块矩阵的概念

定义 设 $\boldsymbol{A}$ 是 $m\times n$ 矩阵，如果将 $\boldsymbol{A}$ 用 k 条横线和 l 条竖线分成 $(k+1)(l+1)$ 个小矩阵，则每一个小矩阵称为 $\boldsymbol{A}$ 的一个**子块或子矩阵**，以这些子块作为元素构成的 $k+1$ 行 $l+1$ 列的矩形表，称为矩阵 $\boldsymbol{A}$ 的**分块矩阵**，也称矩阵 $\boldsymbol{A}$ 是一个 $(k+1)\times(l+1)$ **块矩阵**.

例如，矩阵

$$\boldsymbol{A}=\left[\begin{array}{ccc:cc:c} 3 & 1 & 2 & 5 & 9 & -2 \\ -7 & 4 & 5 & 0 & -3 & 1 \\ \hdashline -3 & 6 & 0 & 2 & 8 & -4 \end{array}\right]$$

就是一个 2×3 块矩阵，可以表示为

$$\boldsymbol{A}=\begin{bmatrix} \boldsymbol{A}_{11} & \boldsymbol{A}_{12} & \boldsymbol{A}_{13} \\ \boldsymbol{A}_{21} & \boldsymbol{A}_{22} & \boldsymbol{A}_{23} \end{bmatrix},$$

其中的元素 $\boldsymbol{A}_{ij}$ 是如下子矩阵：

$$\boldsymbol{A}_{11}=\begin{bmatrix} 3 & 1 & 2 \\ -7 & 4 & 5 \end{bmatrix},\quad \boldsymbol{A}_{12}=\begin{bmatrix} 5 & 9 \\ 0 & -3 \end{bmatrix},\quad \boldsymbol{A}_{13}=\begin{bmatrix} -2 \\ 1 \end{bmatrix},$$

$$\boldsymbol{A}_{21}=\begin{bmatrix} -3 & 6 & 0 \end{bmatrix},\quad \boldsymbol{A}_{22}=\begin{bmatrix} 2 & 8 \end{bmatrix},\quad \boldsymbol{A}_{23}=\begin{bmatrix} -4 \end{bmatrix}.$$

注意，这里的 $\boldsymbol{A}_{ij}$ 表示子矩阵(以下同)，而不是代数余子式. 我们采用这样的符号，主要是为了描述方便，相信不至于发生混淆.

又如，假设我们要在城市 1，城市 2，城市 3 三个城市之间铺设一个可以互通的城际网络，并用一个矩阵 $\boldsymbol{A}$ 表示城内各节点以及城际各节点之间的连接，则 $\boldsymbol{A}$ 可以很自然地看成一个分块矩阵，表示如下：

$$\boldsymbol{A}=\begin{bmatrix} \boldsymbol{A}_{11} & \boldsymbol{A}_{12} & \boldsymbol{A}_{13} \\ \boldsymbol{A}_{21} & \boldsymbol{A}_{22} & \boldsymbol{A}_{23} \\ \boldsymbol{A}_{31} & \boldsymbol{A}_{32} & \boldsymbol{A}_{33} \end{bmatrix},$$

其中 $\boldsymbol{A}_{11}$，$\boldsymbol{A}_{22}$，$\boldsymbol{A}_{33}$ 分别表示在城市 1，城市 2，城市 3 三个城市内各节点之间的连接矩阵，而其他的 $\boldsymbol{A}_{ij}$ 则表示城市 i 与城市 j 各节点之间的连接.

每一个 $m\times n$ 矩阵 $\boldsymbol{A}$ 都有两种自然的分块方式：一种是将矩阵的每行看成一个块，每一个子块是一个 $1\times n$ 子矩阵，从而将矩阵 $\boldsymbol{A}$ 分成了一个 $m\times 1$ 块矩阵(**列块矩阵**)；另一种分块方式是将矩阵的每列看成一个块，每一个子块是一个 $m\times 1$ 子矩阵，从而将矩阵 $\boldsymbol{A}$ 分成了一个 $1\times n$ 块矩阵(**行块矩阵**). 例如，

$$A=\begin{bmatrix} a_{11} & a_{12} & \cdots & a_{1n} \\ a_{21} & a_{22} & \cdots & a_{2n} \\ \vdots & \vdots & & \vdots \\ a_{m1} & a_{m2} & \cdots & a_{mn} \end{bmatrix}=\begin{bmatrix} \boldsymbol{\alpha}_1 \\ \boldsymbol{\alpha}_2 \\ \vdots \\ \boldsymbol{\alpha}_m \end{bmatrix}=[\boldsymbol{\beta}_1 \quad \boldsymbol{\beta}_2 \quad \cdots \quad \boldsymbol{\beta}_n],$$

其中 $\boldsymbol{\alpha}_i,\boldsymbol{\beta}_j$ 分别表示矩阵 $\boldsymbol{A}$ 第 i 行元素构成的子块和第 j 列元素构成的子块.

形如

$$\boldsymbol{A}=\begin{bmatrix} \boldsymbol{A}_{11} & \boldsymbol{O} & \cdots & \boldsymbol{O} \\ \boldsymbol{O} & \boldsymbol{A}_{22} & \cdots & \boldsymbol{O} \\ \vdots & \vdots & \ddots & \vdots \\ \boldsymbol{O} & \boldsymbol{O} & \cdots & \boldsymbol{A}_{kk} \end{bmatrix}, \quad \boldsymbol{B}=\begin{bmatrix} \boldsymbol{O} & \cdots & \boldsymbol{O} & \boldsymbol{B}_{11} \\ \boldsymbol{O} & \cdots & \boldsymbol{B}_{22} & \boldsymbol{O} \\ \vdots & ⋰ & \vdots & \vdots \\ \boldsymbol{B}_{kk} & \cdots & \boldsymbol{O} & \boldsymbol{O} \end{bmatrix}$$

的矩阵分别称为**块对角矩阵**和**块反对角矩阵**，简称**块对角阵**和**块反对角阵**，分别记为 $\mathrm{diag}(\boldsymbol{A}_{11},\boldsymbol{A}_{22},\cdots,\boldsymbol{A}_{kk})$ 和 $\mathrm{mdiag}(\boldsymbol{B}_{11},\boldsymbol{B}_{22},\cdots,\boldsymbol{B}_{kk})$，其中 $\boldsymbol{A}_{ii},\boldsymbol{B}_{jj}\,(i,j=1,2,\cdots,k)$ 为方阵.

类似地，我们也有所谓的块上三角阵和块下三角阵. 形如下面的分块矩阵 $\boldsymbol{A}$ 和 $\boldsymbol{B}$ 分别为**块上三角阵**和**块下三角阵**：

$$\boldsymbol{A}=\begin{bmatrix} \boldsymbol{A}_{11} & \boldsymbol{A}_{12} & \cdots & \boldsymbol{A}_{1k} \\ \boldsymbol{O} & \boldsymbol{A}_{22} & \cdots & \boldsymbol{A}_{2k} \\ \vdots & \vdots & \ddots & \vdots \\ \boldsymbol{O} & \boldsymbol{O} & \cdots & \boldsymbol{A}_{kk} \end{bmatrix}, \quad \boldsymbol{B}=\begin{bmatrix} \boldsymbol{B}_{11} & \boldsymbol{O} & \cdots & \boldsymbol{O} \\ \boldsymbol{B}_{21} & \boldsymbol{B}_{22} & \cdots & \boldsymbol{O} \\ \vdots & \vdots & \ddots & \vdots \\ \boldsymbol{B}_{k1} & \boldsymbol{B}_{k2} & \cdots & \boldsymbol{B}_{kk} \end{bmatrix}.$$

显然，块对角阵、块反对角阵、块上三角阵、块下三角阵都是方阵.

二、分块矩阵的运算

1. 加法运算

两个同型的矩阵，如果其分块方式完全一样，也就是对应的各个子块也是同型的矩阵，则可以进行加减法运算. 具体说来，设 $\boldsymbol{A},\boldsymbol{B}$ 是两个 $m\times n$ 矩阵，其分块方式如下：

$$\boldsymbol{A}=\begin{bmatrix} \boldsymbol{A}_{11} & \boldsymbol{A}_{12} & \cdots & \boldsymbol{A}_{1q} \\ \boldsymbol{A}_{21} & \boldsymbol{A}_{22} & \cdots & \boldsymbol{A}_{2q} \\ \vdots & \vdots & & \vdots \\ \boldsymbol{A}_{p1} & \boldsymbol{A}_{p2} & \cdots & \boldsymbol{A}_{pq} \end{bmatrix}, \quad \boldsymbol{B}=\begin{bmatrix} \boldsymbol{B}_{11} & \boldsymbol{B}_{12} & \cdots & \boldsymbol{B}_{1q} \\ \boldsymbol{B}_{21} & \boldsymbol{B}_{22} & \cdots & \boldsymbol{B}_{2q} \\ \vdots & \vdots & & \vdots \\ \boldsymbol{B}_{p1} & \boldsymbol{B}_{p2} & \cdots & \boldsymbol{B}_{pq} \end{bmatrix},$$

其中 $\boldsymbol{A}_{ij},\boldsymbol{B}_{ij}$ 都是 $m_i\times n_j$ 矩阵，且 $\sum_{i=1}^{p}m_i=m,\ \sum_{j=1}^{q}n_j=n$，则有

$$\boldsymbol{A}\pm\boldsymbol{B}=\begin{bmatrix} \boldsymbol{A}_{11}\pm\boldsymbol{B}_{11} & \boldsymbol{A}_{12}\pm\boldsymbol{B}_{12} & \cdots & \boldsymbol{A}_{1q}\pm\boldsymbol{B}_{1q} \\ \boldsymbol{A}_{21}\pm\boldsymbol{B}_{21} & \boldsymbol{A}_{22}\pm\boldsymbol{B}_{22} & \cdots & \boldsymbol{A}_{2q}\pm\boldsymbol{B}_{2q} \\ \vdots & \vdots & & \vdots \\ \boldsymbol{A}_{p1}\pm\boldsymbol{B}_{p1} & \boldsymbol{A}_{p2}\pm\boldsymbol{B}_{p2} & \cdots & \boldsymbol{A}_{pq}\pm\boldsymbol{B}_{pq} \end{bmatrix}.$$

2. 数量乘积运算

由矩阵的数乘运算知道，一个数 k 乘以一个分块矩阵 $\boldsymbol{A}$，等于用数 k 乘以 $\boldsymbol{A}$ 中的每个子矩阵，即：若

$$\boldsymbol{A}=\begin{bmatrix}\boldsymbol{A}_{11} & \boldsymbol{A}_{12} & \cdots & \boldsymbol{A}_{1q}\\ \boldsymbol{A}_{21} & \boldsymbol{A}_{22} & \cdots & \boldsymbol{A}_{2q}\\ \vdots & \vdots & & \vdots\\ \boldsymbol{A}_{p1} & \boldsymbol{A}_{p2} & \cdots & \boldsymbol{A}_{pq}\end{bmatrix},$$

则

$$k\boldsymbol{A}=\begin{bmatrix}k\boldsymbol{A}_{11} & k\boldsymbol{A}_{12} & \cdots & k\boldsymbol{A}_{1q}\\ k\boldsymbol{A}_{21} & kA_{22} & \cdots & k\boldsymbol{A}_{2q}\\ \vdots & \vdots & & \vdots\\ k\boldsymbol{A}_{p1} & k\boldsymbol{A}_{p2} & \cdots & k\boldsymbol{A}_{pq}\end{bmatrix}.$$

3. 乘法运算

分块矩阵的乘法，遵循普通矩阵乘法的行列规则，即左矩阵的列分块方式必须与右矩阵的行分块方式一致. 具体说来，设 $\boldsymbol{A}=(a_{ij})_{m\times s}$，$\boldsymbol{B}=(b_{ij})_{s\times n}$，其分块方式为 $\boldsymbol{A}$ 是 $p\times q$ 块矩阵，$\boldsymbol{B}$ 是 $q\times r$ 块矩阵，即

$$\boldsymbol{A}=\begin{bmatrix}\boldsymbol{A}_{11} & \boldsymbol{A}_{12} & \cdots & \boldsymbol{A}_{1q}\\ \boldsymbol{A}_{21} & \boldsymbol{A}_{22} & \cdots & \boldsymbol{A}_{2q}\\ \vdots & \vdots & & \vdots\\ \boldsymbol{A}_{p1} & \boldsymbol{A}_{p2} & \cdots & \boldsymbol{A}_{pq}\end{bmatrix}\begin{matrix}m_1\\ m_2\\ \vdots\\ m_p\end{matrix},\quad \boldsymbol{B}=\begin{bmatrix}\boldsymbol{B}_{11} & \boldsymbol{B}_{12} & \cdots & \boldsymbol{B}_{1r}\\ \boldsymbol{B}_{21} & \boldsymbol{B}_{22} & \cdots & \boldsymbol{B}_{2r}\\ \vdots & \vdots & & \vdots\\ \boldsymbol{B}_{q1} & \boldsymbol{B}_{q2} & \cdots & \boldsymbol{B}_{qr}\end{bmatrix}\begin{matrix}s_1\\ s_2\\ \vdots\\ s_q\end{matrix},$$
$$\qquad\begin{matrix}s_1 & s_2 & \cdots & s_q\end{matrix}\qquad\qquad\qquad\begin{matrix}n_1 & n_2 & \cdots & n_r\end{matrix}$$

其中 $\boldsymbol{A}_{kl}$ 是 $m_k\times s_l$ 矩阵，$\boldsymbol{B}_{kl}$ 是 $s_k\times n_l$ 矩阵，满足

$$\sum_{k=1}^{p}m_k=m,\quad \sum_{k=1}^{q}s_k=s,\quad \sum_{k=1}^{r}n_k=n,$$

则 $\boldsymbol{C}=\boldsymbol{AB}$ 是 $p\times r$ 块矩阵，即

$$\boldsymbol{C}=\begin{bmatrix}\boldsymbol{C}_{11} & \boldsymbol{C}_{12} & \cdots & \boldsymbol{C}_{1r}\\ \boldsymbol{C}_{21} & \boldsymbol{C}_{22} & \cdots & \boldsymbol{C}_{2r}\\ \vdots & \vdots & & \vdots\\ \boldsymbol{C}_{p1} & \boldsymbol{C}_{p2} & \cdots & \boldsymbol{C}_{pr}\end{bmatrix},\quad 其中\quad \boldsymbol{C}_{kl}=\sum_{t=1}^{q}\boldsymbol{A}_{kt}\boldsymbol{B}_{tl}.$$

两个分块矩阵做乘法运算时，最值得关注的一点就是它们的分块方式，即左矩阵的列分块方式必须与右矩阵的行分块方式一致，具体的含义如下：

(1) 左矩阵的列块数等于右矩阵的行块数；

(2) 左矩阵每一列块所含的列数等于右矩阵对应行块所含的行数.

例 1 设矩阵

$$A=\begin{bmatrix}1&0&0&0\\0&1&0&0\\1&0&2&1\\0&1&3&2\end{bmatrix},\quad B=\begin{bmatrix}1&0&1&2\\2&1&0&0\\0&0&1&0\\1&1&1&1\end{bmatrix},$$

试用分块矩阵乘法计算 AB.

解 将 A,B 按如下方式分块:

$$A=\left[\begin{array}{cc:cc}1&0&0&0\\0&1&0&0\\\hdashline 1&0&2&1\\0&1&3&2\end{array}\right]=\begin{bmatrix}I_2&O\\I_2&A_{22}\end{bmatrix},\quad B=\left[\begin{array}{cc:cc}1&0&1&2\\2&1&0&0\\\hdashline 0&0&1&0\\1&1&1&1\end{array}\right]=\begin{bmatrix}B_{11}&B_{12}\\B_{21}&B_{22}\end{bmatrix},$$

其中 $A_{22}=\begin{bmatrix}2&1\\3&2\end{bmatrix}$, $B_{11}=\begin{bmatrix}1&0\\2&1\end{bmatrix}$, $B_{12}=\begin{bmatrix}1&2\\0&0\end{bmatrix}$, $B_{21}=\begin{bmatrix}0&0\\1&1\end{bmatrix}$, $B_{22}=\begin{bmatrix}1&0\\1&1\end{bmatrix}$, 于是

$$AB=\begin{bmatrix}I_2&O\\I_2&A_{22}\end{bmatrix}\begin{bmatrix}B_{11}&B_{12}\\B_{21}&B_{22}\end{bmatrix}=\begin{bmatrix}B_{11}&B_{12}\\B_{11}+A_{22}B_{21}&B_{12}+A_{22}B_{22}\end{bmatrix},$$

而

$$B_{11}+A_{22}B_{21}=\begin{bmatrix}1&0\\2&1\end{bmatrix}+\begin{bmatrix}2&1\\3&2\end{bmatrix}\begin{bmatrix}0&0\\1&1\end{bmatrix}=\begin{bmatrix}2&1\\4&3\end{bmatrix},$$

$$B_{12}+A_{22}B_{22}=\begin{bmatrix}1&2\\0&0\end{bmatrix}+\begin{bmatrix}2&1\\3&2\end{bmatrix}\begin{bmatrix}1&0\\1&1\end{bmatrix}=\begin{bmatrix}4&3\\5&2\end{bmatrix},$$

所以

$$AB=\begin{bmatrix}1&0&1&2\\2&1&0&0\\2&1&4&3\\4&3&5&2\end{bmatrix}.$$

4. 转置运算

根据矩阵转置的定义,分块矩阵的转置不仅要将行列互换,还要将各个子矩阵进行转置. 设 A 是一个 $m\times n$ 矩阵,并且被分成了一个 $p\times q$ 块矩阵,即

$$A=\begin{bmatrix}A_{11}&A_{12}&\cdots&A_{1q}\\A_{21}&A_{22}&\cdots&A_{2q}\\\vdots&\vdots&&\vdots\\A_{p1}&A_{p2}&\cdots&A_{pq}\end{bmatrix},$$

其中 A_{ij} 是一个 $m_i\times n_j\left(i=1,2,\cdots,p;j=1,2,\cdots,q;\ \sum_{i=1}^{p}m_i=m,\sum_{i=1}^{q}n_j=n\right)$ 的子矩阵,则 A

的转置为

$$\boldsymbol{A}^{\mathrm{T}}=\begin{bmatrix}\boldsymbol{A}_{11}^{\mathrm{T}} & \boldsymbol{A}_{21}^{\mathrm{T}} & \cdots & \boldsymbol{A}_{p1}^{\mathrm{T}}\\ \boldsymbol{A}_{12}^{\mathrm{T}} & \boldsymbol{A}_{22}^{\mathrm{T}} & \cdots & \boldsymbol{A}_{p2}^{\mathrm{T}}\\ \vdots & \vdots & & \vdots\\ \boldsymbol{A}_{1q}^{\mathrm{T}} & \boldsymbol{A}_{2q}^{\mathrm{T}} & \cdots & \boldsymbol{A}_{pq}^{\mathrm{T}}\end{bmatrix}.$$

例 2 设矩阵 $\boldsymbol{A}$ 是 $m\times n$ 矩阵，将 $\boldsymbol{A}$ 按其行和列进行自然分块，并设 $\boldsymbol{\alpha}_i$ 表示 $\boldsymbol{A}$ 的第 i 行构成的子矩阵，$\boldsymbol{\beta}_j$ 表示 $\boldsymbol{A}$ 的第 j 列构成的子矩阵. 试分别用 $\boldsymbol{\alpha}_i\ (i=1,2,\cdots,m)$ 和 $\boldsymbol{\beta}_j\ (j=1,2,\cdots,n)$ 表示矩阵乘积 $\boldsymbol{A}^{\mathrm{T}}\boldsymbol{A}$ 和 $\boldsymbol{A}\boldsymbol{A}^{\mathrm{T}}$.

解 因为

$$\boldsymbol{A}=\begin{bmatrix}\boldsymbol{\alpha}_1\\ \boldsymbol{\alpha}_2\\ \vdots\\ \boldsymbol{\alpha}_m\end{bmatrix}=[\boldsymbol{\beta}_1\quad \boldsymbol{\beta}_2\quad \cdots\quad \boldsymbol{\beta}_n],\quad \boldsymbol{A}^{\mathrm{T}}=[\boldsymbol{\alpha}_1^{\mathrm{T}}\quad \boldsymbol{\alpha}_2^{\mathrm{T}}\quad \cdots\quad \boldsymbol{\alpha}_m^{\mathrm{T}}]=\begin{bmatrix}\boldsymbol{\beta}_1^{\mathrm{T}}\\ \boldsymbol{\beta}_2^{\mathrm{T}}\\ \vdots\\ \boldsymbol{\beta}_n^{\mathrm{T}}\end{bmatrix},$$

所以

$$\boldsymbol{A}\boldsymbol{A}^{\mathrm{T}}=\begin{bmatrix}\boldsymbol{\alpha}_1\\ \boldsymbol{\alpha}_2\\ \vdots\\ \boldsymbol{\alpha}_m\end{bmatrix}[\boldsymbol{\alpha}_1^{\mathrm{T}}\quad \boldsymbol{\alpha}_2^{\mathrm{T}}\quad \cdots\quad \boldsymbol{\alpha}_m^{\mathrm{T}}]=\begin{bmatrix}\boldsymbol{\alpha}_1\boldsymbol{\alpha}_1^{\mathrm{T}} & \boldsymbol{\alpha}_1\boldsymbol{\alpha}_2^{\mathrm{T}} & \cdots & \boldsymbol{\alpha}_1\boldsymbol{\alpha}_m^{\mathrm{T}}\\ \boldsymbol{\alpha}_2\boldsymbol{\alpha}_1^{\mathrm{T}} & \boldsymbol{\alpha}_2\boldsymbol{\alpha}_2^{\mathrm{T}} & \cdots & \boldsymbol{\alpha}_2\boldsymbol{\alpha}_m^{\mathrm{T}}\\ \vdots & \vdots & & \vdots\\ \boldsymbol{\alpha}_m\boldsymbol{\alpha}_1^{\mathrm{T}} & \boldsymbol{\alpha}_m\boldsymbol{\alpha}_2^{\mathrm{T}} & \cdots & \boldsymbol{\alpha}_m\boldsymbol{\alpha}_m^{\mathrm{T}}\end{bmatrix},$$

$$\boldsymbol{A}\boldsymbol{A}^{\mathrm{T}}=[\boldsymbol{\beta}_1\quad \boldsymbol{\beta}_2\quad \cdots\quad \boldsymbol{\beta}_n]\begin{bmatrix}\boldsymbol{\beta}_1^{\mathrm{T}}\\ \boldsymbol{\beta}_2^{\mathrm{T}}\\ \vdots\\ \boldsymbol{\beta}_n^{\mathrm{T}}\end{bmatrix}=\sum_{i=1}^{n}\boldsymbol{\beta}_i\boldsymbol{\beta}_i^{\mathrm{T}},$$

$$\boldsymbol{A}^{\mathrm{T}}\boldsymbol{A}=[\boldsymbol{\alpha}_1^{\mathrm{T}}\quad \boldsymbol{\alpha}_2^{\mathrm{T}}\quad \cdots\quad \boldsymbol{\alpha}_m^{\mathrm{T}}]\begin{bmatrix}\boldsymbol{\alpha}_1\\ \boldsymbol{\alpha}_2\\ \vdots\\ \boldsymbol{\alpha}_m\end{bmatrix}=\sum_{i=1}^{m}\boldsymbol{\alpha}_i^{\mathrm{T}}\boldsymbol{\alpha}_i,$$

$$\boldsymbol{A}^{\mathrm{T}}\boldsymbol{A}=\begin{bmatrix}\boldsymbol{\beta}_1^{\mathrm{T}}\\ \boldsymbol{\beta}_2^{\mathrm{T}}\\ \vdots\\ \boldsymbol{\beta}_n^{\mathrm{T}}\end{bmatrix}[\boldsymbol{\beta}_1\quad \boldsymbol{\beta}_2\quad \cdots\quad \boldsymbol{\beta}_n]=\begin{bmatrix}\boldsymbol{\beta}_1^{\mathrm{T}}\boldsymbol{\beta}_1 & \boldsymbol{\beta}_1^{\mathrm{T}}\boldsymbol{\beta}_2 & \cdots & \boldsymbol{\beta}_1^{\mathrm{T}}\boldsymbol{\beta}_n\\ \boldsymbol{\beta}_2^{\mathrm{T}}\boldsymbol{\beta}_1 & \boldsymbol{\beta}_2^{\mathrm{T}}\boldsymbol{\beta}_2 & \cdots & \boldsymbol{\beta}_2^{\mathrm{T}}\boldsymbol{\beta}_n\\ \vdots & \vdots & & \vdots\\ \boldsymbol{\beta}_n^{\mathrm{T}}\boldsymbol{\beta}_1 & \boldsymbol{\beta}_n^{\mathrm{T}}\boldsymbol{\beta}_2 & \cdots & \boldsymbol{\beta}_n^{\mathrm{T}}\boldsymbol{\beta}_n\end{bmatrix}.$$

5. 行列式运算

分块方阵行列式的计算有时可能会比较复杂，这依赖于分块方式. 如果分块矩阵是特殊的分块矩阵，如块对角阵、块上三角阵以及块下三角阵等，则其行列式比较容易计算；否则，一般先要借助于一些变换化成特殊的分块矩阵,然后进行计算.因此,在这里我们只讨论几种特殊的分块矩阵——块对角阵、块上三角阵以及块下三角阵行列式的求法.

假设矩阵 $\boldsymbol{A}$ 是分块对角阵,即

$$\boldsymbol{A}=\begin{bmatrix}\boldsymbol{A}_{11} & \boldsymbol{O} & \cdots & \boldsymbol{O}\\ \boldsymbol{O} & \boldsymbol{A}_{22} & \cdots & \boldsymbol{O}\\ \vdots & \vdots & \ddots & \vdots\\ \boldsymbol{O} & \boldsymbol{O} & \cdots & \boldsymbol{A}_{kk}\end{bmatrix},$$

则由第一章的拉普拉斯定理,立即可得

$$|\boldsymbol{A}|=\begin{vmatrix}\boldsymbol{A}_{11} & \boldsymbol{O} & \cdots & \boldsymbol{O}\\ \boldsymbol{O} & \boldsymbol{A}_{22} & \cdots & \boldsymbol{O}\\ \vdots & \vdots & \ddots & \vdots\\ \boldsymbol{O} & \boldsymbol{O} & \cdots & \boldsymbol{A}_{kk}\end{vmatrix}=|\boldsymbol{A}_{11}|\cdot|\boldsymbol{A}_{22}|\cdot\cdots\cdot|\boldsymbol{A}_{kk}|.$$

如果矩阵 $\boldsymbol{A}$ 是块上三角阵和块下三角阵,同样可由拉普拉斯定理得

$$\begin{vmatrix}\boldsymbol{A}_{11} & \boldsymbol{A}_{12} & \cdots & \boldsymbol{A}_{1k}\\ \boldsymbol{O} & \boldsymbol{A}_{22} & \cdots & \boldsymbol{A}_{2k}\\ \vdots & \vdots & \ddots & \vdots\\ \boldsymbol{O} & \boldsymbol{O} & \cdots & \boldsymbol{A}_{kk}\end{vmatrix}=\begin{vmatrix}\boldsymbol{A}_{11} & \boldsymbol{O} & \cdots & \boldsymbol{O}\\ \boldsymbol{A}_{21} & \boldsymbol{A}_{22} & \cdots & \boldsymbol{O}\\ \vdots & \vdots & \ddots & \vdots\\ \boldsymbol{A}_{k1} & \boldsymbol{A}_{k2} & \cdots & \boldsymbol{A}_{kk}\end{vmatrix}=|\boldsymbol{A}_{11}|\cdot|\boldsymbol{A}_{22}|\cdot\cdots\cdot|\boldsymbol{A}_{kk}|.$$

对于更一般的分块矩阵行列式的计算,我们将在下一节的分块矩阵初等变换之后作进一步介绍.

6. 求逆运算

分块矩阵逆矩阵的计算,一般要先通过一系列初等变换(将在下一节介绍)化为特殊的分块矩阵,如块对角阵,然后对特殊的分块矩阵进行求逆.以下我们只介绍几个简单的特殊分块矩阵逆矩阵的计算方法.

设 $\boldsymbol{A}$ 是块对角阵 $\mathrm{diag}(\boldsymbol{A}_{11},\boldsymbol{A}_{22},\cdots,\boldsymbol{A}_{kk})$,利用块对角阵行列式的计算公式及矩阵可逆的充分必要条件知,$\boldsymbol{A}$ 可逆的充分必要条件是子矩阵 $\boldsymbol{A}_{11},\boldsymbol{A}_{22},\cdots,\boldsymbol{A}_{kk}$ 均可逆.由分块矩阵的乘法,可以直接验证

$$\begin{bmatrix}\boldsymbol{A}_{11} & \boldsymbol{O} & \cdots & \boldsymbol{O}\\ \boldsymbol{O} & \boldsymbol{A}_{22} & \cdots & \boldsymbol{O}\\ \vdots & \vdots & \ddots & \vdots\\ \boldsymbol{O} & \boldsymbol{O} & \cdots & \boldsymbol{A}_{kk}\end{bmatrix}\begin{bmatrix}\boldsymbol{A}_{11}^{-1} & \boldsymbol{O} & \cdots & \boldsymbol{O}\\ \boldsymbol{O} & \boldsymbol{A}_{22}^{-1} & \cdots & \boldsymbol{O}\\ \vdots & \vdots & \ddots & \vdots\\ \boldsymbol{O} & \boldsymbol{O} & \cdots & \boldsymbol{A}_{kk}^{-1}\end{bmatrix}=\boldsymbol{I}.$$

因此,块对角阵 $\mathrm{diag}(\boldsymbol{A}_{11},\boldsymbol{A}_{22},\cdots,\boldsymbol{A}_{kk})$ 的逆矩阵是 $\mathrm{diag}(\boldsymbol{A}_{11}^{-1},\boldsymbol{A}_{22}^{-1},\cdots,\boldsymbol{A}_{kk}^{-1})$.

如果矩阵 $\boldsymbol{A}$ 是如下的块反对角阵

$$A=\begin{bmatrix} O & \cdots & O & A_{11} \\ O & \cdots & A_{22} & O \\ \vdots & \iddots & \vdots & \vdots \\ A_{kk} & \cdots & O & O \end{bmatrix},$$

那么 A 在什么条件下可逆？在可逆的条件下，其逆矩阵是什么呢？类似于块对角阵，可以证明（参见习题 2.3 第 2 题），矩阵 A 可逆的充分必要条件是子矩阵 $A_{11},A_{22},\cdots,A_{kk}$ 均可逆；在 A 可逆的条件下，其逆矩阵为

$$A^{-1}=\begin{bmatrix} O & \cdots & O & A_{11} \\ O & \cdots & A_{22} & O \\ \vdots & \iddots & \vdots & \vdots \\ A_{kk} & \cdots & O & O \end{bmatrix}^{-1}=\begin{bmatrix} O & O & \cdots & A_{kk}^{-1} \\ \vdots & \vdots & \iddots & \vdots \\ O & A_{22}^{-1} & \cdots & O \\ A_{11}^{-1} & O & \cdots & O \end{bmatrix}.$$

例 3 设矩阵 $A=\begin{bmatrix} 0 & a_1 & 0 & \cdots & 0 \\ 0 & 0 & a_2 & \cdots & 0 \\ \vdots & \vdots & \vdots & \ddots & \vdots \\ 0 & 0 & 0 & \cdots & a_{n-1} \\ a_n & 0 & 0 & \cdots & 0 \end{bmatrix}$，且 $a_1a_2\cdots a_n\neq 0$，求 A^{-1}.

解 我们利用分块矩阵来计算其逆矩阵. 将矩阵 A 作如下分块：

$$A=\begin{bmatrix} O & A_1 \\ A_2 & O \end{bmatrix},$$

其中

$$A_1=\begin{bmatrix} a_1 & & & \\ & a_2 & & \\ & & \ddots & \\ & & & a_{n-1} \end{bmatrix},\quad A_2=[a_n].$$

由题中所给条件，子矩阵 A_1,A_2 均可逆，从而有

$$A^{-1}=\begin{bmatrix} O & A_2^{-1} \\ A_1^{-1} & O \end{bmatrix}=\begin{bmatrix} 0 & 0 & \cdots & 0 & a_n^{-1} \\ a_1^{-1} & 0 & \cdots & 0 & 0 \\ 0 & a_2^{-1} & \cdots & 0 & 0 \\ \vdots & \vdots & \ddots & \vdots & \vdots \\ 0 & 0 & \cdots & a_{n-1}^{-1} & 0 \end{bmatrix}.$$

例 4 求如下 n 阶方阵 A 的逆矩阵：

$$A=\begin{bmatrix} n & 0 & 0 & \cdots & 0 & 0 & 0 \\ 0 & n-1 & 0 & \cdots & 0 & 0 & 0 \\ 0 & 0 & 0 & \cdots & 0 & 0 & 1 \\ 0 & 0 & 0 & \cdots & 0 & 2 & 0 \\ 0 & 0 & 0 & \cdots & 3 & 0 & 0 \\ \vdots & \vdots & \vdots & \iddots & \vdots & \vdots & \vdots \\ 0 & 0 & n-2 & \cdots & 0 & 0 & 0 \end{bmatrix}.$$

解 将矩阵 A 按如下方式分块：

$$A=\begin{bmatrix} A_1 & O \\ O & A_2 \end{bmatrix},\quad A_1=\begin{bmatrix} n & 0 \\ 0 & n-1 \end{bmatrix},\quad A_2=\begin{bmatrix} & & & 1 \\ & & 2 & \\ & \iddots & & \\ n-2 & & & \end{bmatrix},$$

并且

$$A_1^{-1}=\begin{bmatrix} 1/n & 0 \\ 0 & 1/(n-1) \end{bmatrix},\qquad A_2^{-1}=\begin{bmatrix} & & & 1/(n-2) \\ & & 1/(n-3) & \\ & \iddots & & \\ 1 & & & \end{bmatrix},$$

所以

$$A^{-1}=\begin{bmatrix} A_1^{-1} & O \\ O & A_2^{-1} \end{bmatrix}=\begin{bmatrix} 1/n & 0 & 0 & \cdots & 0 & 0 \\ 0 & 1/(n-1) & 0 & \cdots & 0 & 0 \\ 0 & 0 & 0 & \cdots & 0 & 1/(n-2) \\ 0 & 0 & 0 & \cdots & 1/(n-3) & 0 \\ \vdots & \vdots & \vdots & \iddots & \vdots & \vdots \\ 0 & 0 & 1 & \cdots & 0 & 0 \end{bmatrix}.$$

例 5 试求 n 阶分块下三角矩阵 $H=\begin{bmatrix} A & O \\ C & D \end{bmatrix}$ 的逆矩阵，其中 A,D 分别为 p 阶和 q 阶可逆方阵($n=p+q$).

解 设 H 的逆矩阵为 $H^{-1}=\begin{bmatrix} K & L \\ M & N \end{bmatrix}$，其中 H^{-1} 的分块方式必须使得矩阵乘法 $HH^{-1}=H^{-1}H$ 有意义，即 K 和 N 分别为 p,q 阶的方阵. 由逆矩阵定义可得

$$HH^{-1}=\begin{bmatrix} A & O \\ C & D \end{bmatrix}\begin{bmatrix} K & L \\ M & N \end{bmatrix}=I=\begin{bmatrix} I_p & O \\ O & I_q \end{bmatrix},$$

于是有

$$\begin{cases}\boldsymbol{AK}=\boldsymbol{I}_p,\\ \boldsymbol{AL}=\boldsymbol{O},\\ \boldsymbol{CK}+\boldsymbol{DM}=\boldsymbol{O},\\ \boldsymbol{CL}+\boldsymbol{DN}=\boldsymbol{I}_q\end{cases} \Longrightarrow \begin{cases}\boldsymbol{K}=\boldsymbol{A}^{-1},\\ \boldsymbol{L}=\boldsymbol{O},\\ \boldsymbol{M}=-\boldsymbol{D}^{-1}\boldsymbol{C}\boldsymbol{A}^{-1},\\ \boldsymbol{N}=\boldsymbol{D}^{-1},\end{cases}$$

所以

$$\boldsymbol{H}^{-1}=\begin{bmatrix}\boldsymbol{A} & \boldsymbol{O}\\ \boldsymbol{C} & \boldsymbol{D}\end{bmatrix}^{-1}=\begin{bmatrix}\boldsymbol{A}^{-1} & \boldsymbol{O}\\ -\boldsymbol{D}^{-1}\boldsymbol{C}\boldsymbol{A}^{-1} & \boldsymbol{D}^{-1}\end{bmatrix}.$$

例 6 设 $\boldsymbol{A},\boldsymbol{B},\boldsymbol{C},\boldsymbol{D}$ 都是 n 阶方阵，其中 $\boldsymbol{A}$ 可逆，且 $\boldsymbol{AC}=\boldsymbol{CA}$，试证明：

$$\begin{vmatrix}\boldsymbol{A} & \boldsymbol{B}\\ \boldsymbol{C} & \boldsymbol{D}\end{vmatrix}=|\boldsymbol{AD}-\boldsymbol{CB}|.$$

证 因为 $\boldsymbol{A}^{-1}$存在，所以有

$$\begin{bmatrix}\boldsymbol{I} & \boldsymbol{O}\\ -\boldsymbol{C}\boldsymbol{A}^{-1} & \boldsymbol{I}\end{bmatrix}\begin{bmatrix}\boldsymbol{A} & \boldsymbol{B}\\ \boldsymbol{C} & \boldsymbol{D}\end{bmatrix}=\begin{bmatrix}\boldsymbol{A} & \boldsymbol{B}\\ \boldsymbol{O} & -\boldsymbol{C}\boldsymbol{A}^{-1}\boldsymbol{B}+\boldsymbol{D}\end{bmatrix}.$$

两边取行列式，并注意到 $\boldsymbol{AC}=\boldsymbol{CA}$，有

$$\begin{aligned}\begin{vmatrix}\boldsymbol{A} & \boldsymbol{B}\\ \boldsymbol{C} & \boldsymbol{D}\end{vmatrix}&=|\boldsymbol{A}|\cdot|\boldsymbol{D}-\boldsymbol{C}\boldsymbol{A}^{-1}\boldsymbol{B}|=|\boldsymbol{AD}-\boldsymbol{A}\boldsymbol{C}\boldsymbol{A}^{-1}\boldsymbol{B}|\\ &=|\boldsymbol{AD}-\boldsymbol{C}\boldsymbol{A}\boldsymbol{A}^{-1}\boldsymbol{B}|=|\boldsymbol{AD}-\boldsymbol{CB}|.\end{aligned}$$

注 对于本题，还有下面的一些结论：

(1) 如果方阵 $\boldsymbol{A}$ 可逆，且 $\boldsymbol{AB}=\boldsymbol{BA}$，则有 $\begin{vmatrix}\boldsymbol{A} & \boldsymbol{B}\\ \boldsymbol{C} & \boldsymbol{D}\end{vmatrix}=|\boldsymbol{DA}-\boldsymbol{CB}|$；

(2) 如果方阵 $\boldsymbol{D}$ 可逆，且 $\boldsymbol{DC}=\boldsymbol{CD}$，则有 $\begin{vmatrix}\boldsymbol{A} & \boldsymbol{B}\\ \boldsymbol{C} & \boldsymbol{D}\end{vmatrix}=|\boldsymbol{AD}-\boldsymbol{BC}|$；

(3) 如果 $\boldsymbol{D}$ 可逆，且 $\boldsymbol{DB}=\boldsymbol{BD}$，则有 $\begin{vmatrix}\boldsymbol{A} & \boldsymbol{B}\\ \boldsymbol{C} & \boldsymbol{D}\end{vmatrix}=|\boldsymbol{DA}-\boldsymbol{BC}|$.

例 7 设 $\boldsymbol{A},\boldsymbol{B}$ 都是 n 阶方阵，证明：$\begin{vmatrix}\boldsymbol{A} & \boldsymbol{B}\\ \boldsymbol{B} & \boldsymbol{A}\end{vmatrix}=|\boldsymbol{A}+\boldsymbol{B}|\,|\boldsymbol{A}-\boldsymbol{B}|$.

证 因为

$$\begin{aligned}\begin{bmatrix}\boldsymbol{I}_n & -\boldsymbol{I}_n\\ \boldsymbol{O} & \boldsymbol{I}_n\end{bmatrix}\begin{bmatrix}\boldsymbol{A} & \boldsymbol{B}\\ \boldsymbol{B} & \boldsymbol{A}\end{bmatrix}\begin{bmatrix}\boldsymbol{I}_n & \boldsymbol{I}_n\\ \boldsymbol{O} & \boldsymbol{I}_n\end{bmatrix}&=\begin{bmatrix}\boldsymbol{A}-\boldsymbol{B} & \boldsymbol{B}-\boldsymbol{A}\\ \boldsymbol{B} & \boldsymbol{A}\end{bmatrix}\begin{bmatrix}\boldsymbol{I}_n & \boldsymbol{I}_n\\ \boldsymbol{O} & \boldsymbol{I}_n\end{bmatrix}\\ &=\begin{bmatrix}\boldsymbol{A}-\boldsymbol{B} & \boldsymbol{O}\\ \boldsymbol{B} & \boldsymbol{A}+\boldsymbol{B}\end{bmatrix},\end{aligned}$$

所以，两边取行列式，并利用分块矩阵的性质即得

$$\begin{vmatrix}\boldsymbol{A} & \boldsymbol{B}\\ \boldsymbol{B} & \boldsymbol{A}\end{vmatrix}=|\boldsymbol{A}+\boldsymbol{B}|\cdot|\boldsymbol{A}-\boldsymbol{B}|.$$

注 以上两例使用了类似的技巧,即将矩阵左乘、右乘或左、右同乘块三角阵,化为块三角阵或块对角阵,然后利用块矩阵的性质进行计算.利用同样的技巧,还有如下恒等式:

如果方阵 $\boldsymbol{A}$ 可逆,则

$$\begin{bmatrix} \boldsymbol{I} & \boldsymbol{O} \\ -\boldsymbol{C}\boldsymbol{A}^{-1} & \boldsymbol{I} \end{bmatrix}\begin{bmatrix} \boldsymbol{A} & \boldsymbol{B} \\ \boldsymbol{C} & \boldsymbol{D} \end{bmatrix}\begin{bmatrix} \boldsymbol{I} & -\boldsymbol{A}^{-1}\boldsymbol{B} \\ \boldsymbol{O} & \boldsymbol{I} \end{bmatrix}=\begin{bmatrix} \boldsymbol{A} & \boldsymbol{O} \\ \boldsymbol{O} & \boldsymbol{D}-\boldsymbol{C}\boldsymbol{A}^{-1}\boldsymbol{B} \end{bmatrix};$$

如果方阵 D 可逆,则

$$\begin{bmatrix} \boldsymbol{I} & -\boldsymbol{B}\boldsymbol{D}^{-1} \\ \boldsymbol{O} & \boldsymbol{I} \end{bmatrix}\begin{bmatrix} \boldsymbol{A} & \boldsymbol{B} \\ \boldsymbol{C} & \boldsymbol{D} \end{bmatrix}\begin{bmatrix} \boldsymbol{I} & \boldsymbol{O} \\ -\boldsymbol{D}^{-1}\boldsymbol{C} & \boldsymbol{I} \end{bmatrix}=\begin{bmatrix} \boldsymbol{A}-\boldsymbol{B}\boldsymbol{D}^{-1}\boldsymbol{C} & \boldsymbol{O} \\ \boldsymbol{O} & \boldsymbol{D} \end{bmatrix}.$$

在方阵 $\boldsymbol{A},\boldsymbol{D}$ 都可逆的情况下,由以上两式,还可得到

$$\begin{bmatrix} \boldsymbol{A} & \boldsymbol{B} \\ \boldsymbol{C} & \boldsymbol{D} \end{bmatrix}^{-1}=\begin{bmatrix} \boldsymbol{I} & -\boldsymbol{A}^{-1}\boldsymbol{B} \\ \boldsymbol{O} & \boldsymbol{I} \end{bmatrix}\begin{bmatrix} \boldsymbol{A}^{-1} & \boldsymbol{O} \\ \boldsymbol{O} & (\boldsymbol{D}-\boldsymbol{C}\boldsymbol{A}^{-1}\boldsymbol{B})^{-1} \end{bmatrix}\begin{bmatrix} \boldsymbol{I} & \boldsymbol{O} \\ -\boldsymbol{C}\boldsymbol{A}^{-1} & \boldsymbol{I} \end{bmatrix},$$

$$\begin{bmatrix} \boldsymbol{A} & \boldsymbol{B} \\ \boldsymbol{C} & \boldsymbol{D} \end{bmatrix}^{-1}=\begin{bmatrix} \boldsymbol{I} & \boldsymbol{O} \\ -\boldsymbol{D}^{-1}\boldsymbol{C} & \boldsymbol{I} \end{bmatrix}\begin{bmatrix} (\boldsymbol{A}-\boldsymbol{B}\boldsymbol{D}^{-1}\boldsymbol{C})^{-1} & \boldsymbol{O} \\ \boldsymbol{O} & \boldsymbol{D}^{-1} \end{bmatrix}\begin{bmatrix} \boldsymbol{I} & -\boldsymbol{B}\boldsymbol{D}^{-1} \\ \boldsymbol{O} & \boldsymbol{I} \end{bmatrix}.$$

习 题 2.3

1. 设 n 阶块上三角阵 $\boldsymbol{H}=\begin{bmatrix} \boldsymbol{A} & \boldsymbol{B} \\ \boldsymbol{O} & \boldsymbol{D} \end{bmatrix}$,其中 $\boldsymbol{A},\boldsymbol{D}$ 分别为 $p,q(n=p+q)$ 阶可逆方阵,$\boldsymbol{B},\boldsymbol{O}$ 分别为相应阶数的矩阵,求 $\boldsymbol{H}^{-1}$.

2. 设 $\boldsymbol{A}_1,\boldsymbol{A}_2,\cdots,\boldsymbol{A}_k$ 均为可逆方阵,试证明:

$$\begin{bmatrix} \boldsymbol{O} & \cdots & \boldsymbol{O} & \boldsymbol{A}_1 \\ \boldsymbol{O} & \cdots & \boldsymbol{A}_2 & \boldsymbol{O} \\ \vdots & ⋰ & \vdots & \vdots \\ \boldsymbol{A}_k & \cdots & \boldsymbol{O} & \boldsymbol{O} \end{bmatrix}^{-1}=\begin{bmatrix} \boldsymbol{O} & \boldsymbol{O} & \cdots & \boldsymbol{A}_k^{-1} \\ \vdots & \vdots & ⋰ & \vdots \\ \boldsymbol{O} & \boldsymbol{A}_2^{-1} & \cdots & \boldsymbol{O} \\ \boldsymbol{A}_1^{-1} & \boldsymbol{O} & \cdots & \boldsymbol{O} \end{bmatrix}.$$

3. 计算下列矩阵的逆矩阵和行列式的值:

(1) $\boldsymbol{A}=\begin{bmatrix} 5 & 2 & 0 & 0 \\ 2 & 1 & 0 & 0 \\ 0 & 0 & 1 & -2 \\ 0 & 0 & 1 & 1 \end{bmatrix}$; (2) $\boldsymbol{A}=\begin{bmatrix} 3 & 1 & 0 & 0 \\ 5 & 2 & 0 & 0 \\ 4 & 7 & 5 & 3 \\ 1 & 2 & 3 & 2 \end{bmatrix}$;

(3) $\boldsymbol{A}=\begin{bmatrix} 3 & 4 & 0 & 0 & 0 \\ 2 & 3 & 0 & 0 & 0 \\ 0 & 0 & 9 & 4 & 0 \\ 0 & 0 & 2 & 1 & 0 \\ 0 & 0 & 0 & 0 & 1 \end{bmatrix}$; (4) $\boldsymbol{A}=\begin{bmatrix} 0 & 0 & 0 & 0 & 1 \\ 0 & 0 & 3 & 1 & 0 \\ 0 & 0 & 5 & 2 & 0 \\ 0 & 1 & 0 & 0 & 0 \\ 1 & 0 & 0 & 0 & 0 \end{bmatrix}$.

4. 设 $\boldsymbol{A},\boldsymbol{B},\boldsymbol{C},\boldsymbol{D}$ 均为 n 阶方阵,其中 $\boldsymbol{A}$ 是非奇异的. 若分块矩阵

$$P=\begin{bmatrix} I & O \\ -CA^{-1} & I \end{bmatrix},\quad Q=\begin{bmatrix} A & B \\ C & D \end{bmatrix},\quad R=\begin{bmatrix} I & -A^{-1}B \\ O & I \end{bmatrix},$$

试计算矩阵 $\boldsymbol{PQR}$.

5. 设 $\boldsymbol{A}$ 是 $m\times n$ 矩阵,$\boldsymbol{B}$ 是 $n\times m$ 矩阵,证明: $\det(\boldsymbol{I}_m-\boldsymbol{AB})=\det(\boldsymbol{I}_n-\boldsymbol{BA})$.

6. 设 $\boldsymbol{A},\boldsymbol{B},\boldsymbol{C},\boldsymbol{D}$ 均为 n 阶方阵,如果 $\boldsymbol{A}$ 可逆,且 $\boldsymbol{AB}=\boldsymbol{BA}$,证明: $\begin{vmatrix} \boldsymbol{A} & \boldsymbol{B} \\ \boldsymbol{C} & \boldsymbol{D} \end{vmatrix}=|\boldsymbol{DA}-\boldsymbol{CB}|$.

7. 设 $\boldsymbol{A},\boldsymbol{B},\boldsymbol{C},\boldsymbol{D}$ 均为 n 阶方阵,如果 $\boldsymbol{D}$ 可逆,且 $\boldsymbol{DC}=\boldsymbol{CD}$,证明: $\begin{vmatrix} \boldsymbol{A} & \boldsymbol{B} \\ \boldsymbol{C} & \boldsymbol{D} \end{vmatrix}=|\boldsymbol{AD}-\boldsymbol{BC}|$.

§2.4 矩阵的初等变换

矩阵的初等变换也是源于对线性代数方程组的求解.通常的求解过程是先对方程组进行消元运算,将方程组化为更简单的方程组.这种消元的过程就相当于对方程组的系数矩阵进行初等变换.这一节我们将介绍矩阵的初等变换及其所对应的初等矩阵.

一、初等变换与初等矩阵

定义 1 设 $\boldsymbol{A}$ 是 $m\times n$ 矩阵,以下三种变换称为对矩阵 $\boldsymbol{A}$ 施行**初等行(列)变换**:

(1) 交换矩阵 $\boldsymbol{A}$ 的某两行(列);

(2) 用一个非零的数 k 乘以矩阵 $\boldsymbol{A}$ 的某一行(列)的所有元素;

(3) 将矩阵 $\boldsymbol{A}$ 的某一行(列)所有元素的 k 倍加到另一行(列)对应的元素上去.

定义 2 设 $\boldsymbol{I}$ 是单位矩阵,对 $\boldsymbol{I}$ 施行一次初等行(列)变换所得到的矩阵称为**初等矩阵**.

三种初等变换分别对应三种初等矩阵,并以 $\boldsymbol{I}_{i,j}$ 表示单位矩阵交换第 i 行(列)和第 j 行(列)所得的矩阵,以 $\boldsymbol{I}_{i(k)}$ 表示单位矩阵第 i 行(列)所有元素乘以非零的数 k 得到的矩阵,以 $\boldsymbol{I}_{i+j(k)}$ 表示单位矩阵第 j 行所有元素的 k 倍加到第 i 行对应的元素上去所得的矩阵.为便于理解,我们以四阶初等矩阵为例加以说明:

$$\boldsymbol{I}_{1,3}=\begin{bmatrix} 0 & 0 & 1 & 0 \\ 0 & 1 & 0 & 0 \\ 1 & 0 & 0 & 0 \\ 0 & 0 & 0 & 1 \end{bmatrix},\quad \boldsymbol{I}_{2(3)}=\begin{bmatrix} 1 & 0 & 0 & 0 \\ 0 & 3 & 0 & 0 \\ 0 & 0 & 1 & 0 \\ 0 & 0 & 0 & 1 \end{bmatrix},\quad \boldsymbol{I}_{2+4(5)}=\begin{bmatrix} 1 & 0 & 0 & 0 \\ 0 & 1 & 0 & 5 \\ 0 & 0 & 1 & 0 \\ 0 & 0 & 0 & 1 \end{bmatrix}.$$

容易验证,这三种初等矩阵具有如下**性质**:

(1) $\boldsymbol{I}_{i,j}^{\mathrm{T}}=\boldsymbol{I}_{i,j}$, $\boldsymbol{I}_{i(k)}^{\mathrm{T}}=\boldsymbol{I}_{i(k)}$, $\boldsymbol{I}_{i+j(k)}^{\mathrm{T}}=\boldsymbol{I}_{j+i(k)}$;

(2) $\boldsymbol{I}_{i,j}^{-1}=\boldsymbol{I}_{i,j}$, $\boldsymbol{I}_{i(k)}^{-1}=\boldsymbol{I}_{i(k^{-1})}$, $\boldsymbol{I}_{i+j(k)}^{-1}=\boldsymbol{I}_{i+j(-k)}$;

(3) $\boldsymbol{I}_{i,j}\boldsymbol{A}$(或 $\boldsymbol{AI}_{i,j}$)相当于交换矩阵 $\boldsymbol{A}$ 的第 i 行(或列)和第 j 行(或列);

(4) $\boldsymbol{I}_{i(k)}\boldsymbol{A}$(或 $\boldsymbol{AI}_{i(k)}$)相当于用非零数 k 乘以矩阵 $\boldsymbol{A}$ 第 i 行(或列)的所有元素;

(5) $\boldsymbol{I}_{i+j(k)}\boldsymbol{A}$(或$\boldsymbol{A}\boldsymbol{I}_{i+j(k)}$)相当于将矩阵$\boldsymbol{A}$第$j$行(或第$i$列)所有元素的$k$倍加到第$i$行(或第$j$列)对应的元素上去.

由初等矩阵的性质可知,初等矩阵都是可逆的,而且其逆矩阵也是初等矩阵;初等矩阵的转置也是初等矩阵.对一个$m\times n$矩阵$\boldsymbol{A}$作初等行变换,相当于在$\boldsymbol{A}$的左边乘以(左乘)一个相应的m阶初等矩阵;对矩阵$\boldsymbol{A}$作初等列变换,相当于在$\boldsymbol{A}$的右边乘以(右乘)一个相应的n阶初等矩阵.由初等矩阵的可逆性,初等变换也是可逆的.也就是说,如果一个矩阵$\boldsymbol{A}$经过一系列初等变换化为矩阵$\boldsymbol{B}$,那么$\boldsymbol{B}$也可以经过一系列初等变换化为矩阵$\boldsymbol{A}$.因此,矩阵$\boldsymbol{A}$和$\boldsymbol{B}$呈现出某种意义上的等价性.

二、矩阵的等价

定义 3 如果矩阵$\boldsymbol{A}$经过一系列初等变换化为矩阵$\boldsymbol{B}$,那么称矩阵$\boldsymbol{A}$与$\boldsymbol{B}$是**等价的**.

显然,这种矩阵的等价具有**性质**:

(1) **自反性**:任一矩阵$\boldsymbol{A}$与自身等价;

(2) **对称性**:如果矩阵$\boldsymbol{A}$与矩阵$\boldsymbol{B}$等价,则矩阵$\boldsymbol{B}$也与矩阵$\boldsymbol{A}$等价;

(3) **传递性**:如果矩阵$\boldsymbol{A}$与矩阵$\boldsymbol{B}$等价,矩阵$\boldsymbol{B}$与矩阵$\boldsymbol{C}$等价,则矩阵$\boldsymbol{A}$与矩阵$\boldsymbol{C}$等价.

实际上,矩阵的等价定义了同型矩阵集合上的一个等价关系.按照这个等价关系,可以将同型矩阵进行分类,以便于分析.

为了方便,我们采用与第一章行列式变换相同的记号来表示矩阵的初等变换:

(1) 交换矩阵的第i行(或列)与第j行(或列)记为$r_i\leftrightarrow r_j$(或$c_i\leftrightarrow c_j$);

(2) 用数k乘以矩阵第i行(或列)的所有元素记为kr_i(或kc_i);

(3) 矩阵第i行(或列)所有元素的k倍加到第j行(或列)对应的元素上去记为r_j+kr_i(或c_j+kc_i).

定理 1 任意的$m\times n$矩阵$\boldsymbol{A}=(a_{ij})_{m\times n}$都与一个形如

$$\boldsymbol{B}=\begin{bmatrix}\boldsymbol{I}_r & \boldsymbol{O}\\ \boldsymbol{O} & \boldsymbol{O}\end{bmatrix}\quad (r\leqslant\min\{m,n\})$$

的$m\times n$矩阵等价,并称矩阵$\boldsymbol{B}$是矩阵$\boldsymbol{A}$的**标准形**,且数r为矩阵$\boldsymbol{A}$的秩.

证 如果$\boldsymbol{A}=\boldsymbol{O}$,那么$\boldsymbol{A}$已经是一个标准形.以下我们设$\boldsymbol{A}\neq\boldsymbol{O}$,并且不妨设$a_{11}\neq 0$.因为如果$a_{11}=0$,则由于$\boldsymbol{A}\neq\boldsymbol{O}$,$\boldsymbol{A}$中必有某个元素$a_{ij}\neq 0$,可以通过交换$\boldsymbol{A}$的第1行与第$i$行,再交换第1列与第$j$列,使第1行第1列的元素不等于0.将$\boldsymbol{A}$第1行的$-a_{11}^{-1}a_{i1}$($i=2,3,\cdots,m$)倍加到第$i$行上去,再将第1列的$-a_{11}^{-1}a_{1j}$($j=2,3,\cdots,m$)倍加到第$j$列上去,最后将第1行乘以$a_{11}^{-1}$得

$$\begin{bmatrix} a_{11} & a_{12} & \cdots & a_{1n} \\ a_{21} & a_{22} & \cdots & a_{2n} \\ \vdots & \vdots & & \vdots \\ a_{m1} & a_{m2} & \cdots & a_{mn} \end{bmatrix} \xrightarrow[a_{11}^{-1} r_1]{\substack{r_i + (-a_{11}^{-1} a_{i1}) r_1 \\ i = 2,3,\cdots,m \\ c_j + (-a_{11}^{-1} a_{1j}) c_1 \\ j = 2,3,\cdots,n}} \begin{bmatrix} 1 & \boldsymbol{O} \\ \boldsymbol{O} & \boldsymbol{A}_1 \end{bmatrix},$$

其中 $\boldsymbol{A}_1$ 是一个$(m-1)\times(n-1)$矩阵. 对 $\boldsymbol{A}_1$ 重复以上步骤,有限步之后必然得到所要的标准形 $\boldsymbol{B}$.

因为 $r=\mathrm{r}(\boldsymbol{B})$,所以要想证明 $\mathrm{r}(\boldsymbol{A})=r$,必须证明上述三种**初等变换不改变矩阵的秩**. 我们将这个证明留作习题.

因为初等变换不改变矩阵的秩,所以等价的矩阵必然具有相同的秩. 因此两个等价的矩阵必然与同一个标准形矩阵等价.

按照矩阵等价的定义和初等矩阵的性质,下面的结论是显然的.

定理 2 设 $\boldsymbol{A},\boldsymbol{B}$ 均为 $m\times n$ 矩阵,则 $\boldsymbol{A},\boldsymbol{B}$ 等价的充分必要条件是存在 m 阶初等矩阵 $\boldsymbol{P}_1,\boldsymbol{P}_2,\cdots,\boldsymbol{P}_k$ 和 n 阶初等矩阵 $\boldsymbol{Q}_1,\boldsymbol{Q}_2,\cdots,\boldsymbol{Q}_l$(其中 k,l 为某自然数),使得

$$\boldsymbol{A}=\boldsymbol{P}_1\boldsymbol{P}_2\cdots\boldsymbol{P}_k\boldsymbol{B}\boldsymbol{Q}_1\boldsymbol{Q}_2\cdots\boldsymbol{Q}_l.$$

如果 $\boldsymbol{A}$ 是 n 阶满秩方阵,则 $\boldsymbol{A}$ 必与 n 阶单位矩阵 $\boldsymbol{I}_n$ 等价. 因此,我们有下面的推论.

推论 1 如果 $\boldsymbol{A}$ 是 n 阶满秩方阵,则必存在 n 阶初等矩阵 $\boldsymbol{P}_1,\boldsymbol{P}_2,\cdots,\boldsymbol{P}_k$,使得

$$\boldsymbol{A}=\boldsymbol{P}_1\boldsymbol{P}_2\cdots\boldsymbol{P}_k.$$

由这个推论可得

$$\boldsymbol{P}_k^{-1}\cdots\boldsymbol{P}_2^{-1}\boldsymbol{P}_1^{-1}\boldsymbol{A}=\boldsymbol{I},\quad \boldsymbol{A}\boldsymbol{P}_k^{-1}\cdots\boldsymbol{P}_2^{-1}\boldsymbol{P}_1^{-1}=\boldsymbol{I}.$$

上面的公式实际上告诉我们,任何满秩方阵均可经过只对行的初等变换或只对列的初等变换化为单位矩阵.

除此之外,推论 1 也告诉我们另外一个事实:一个可逆方阵左乘(右乘)一个初等矩阵,相当于对这个矩阵施行对应的初等行(列)变换. 而初等变换不改变矩阵的秩,于是有下面的结论.

推论 2 设 $\boldsymbol{A}$ 是 $m\times n$ 矩阵,$\boldsymbol{P}$ 是 m 阶可逆方阵,$\boldsymbol{Q}$ 是 n 阶可逆方阵,则有

$$\mathrm{r}(\boldsymbol{PA})=\mathrm{r}(\boldsymbol{AQ})=\mathrm{r}(\boldsymbol{PAQ})=\mathrm{r}(\boldsymbol{A}).$$

推论 3 如果 $\boldsymbol{A},\boldsymbol{B}$ 是 $m\times n$ 矩阵,则 $\boldsymbol{A}$ 与 $\boldsymbol{B}$ 等价的充分必要条件是存在 m 阶可逆方阵 $\boldsymbol{P}$ 和 n 阶可逆方阵 $\boldsymbol{Q}$,使得 $\boldsymbol{A}=\boldsymbol{PBQ}$.

由前面的结论可知,满秩方阵必可逆,可逆方阵一定是满秩方阵. 因此,今后我们对于方阵的描述,满秩的、非奇异的、非退化的、可逆的以及 $|\boldsymbol{A}|\neq 0$ 都是等价的,而奇异的、不可逆的、不满秩的、退化的以及 $|\boldsymbol{A}|=0$ 也是等价的.

显然,由推论 2 还可得到,对于 $m\times n$ 矩阵 $\boldsymbol{A}$,如果 $\mathrm{r}(\boldsymbol{A})=r$,则存在非奇异的 m 阶方阵 $\boldsymbol{P}$ 和 n 阶方阵 $\boldsymbol{Q}$,使得

$$A=P\begin{bmatrix} I_r & O \\ O & O \end{bmatrix}Q.$$

上式有时也称为矩阵 A 的**秩分解式**. 如果将方阵 P 和方阵 Q 也作相应的分块：$P=[P_{m\times r} \vdots P_{m\times(m-r)}]$，$Q^{\mathrm{T}}=[Q_{r\times n}^{\mathrm{T}} \vdots Q_{(n-r)\times n}^{\mathrm{T}}]$，并利用秩分解式可得

$$A=[P_{m\times r} \vdots P_{m\times(m-r)}]\begin{bmatrix} I_r & O \\ O & O \end{bmatrix}\begin{bmatrix} Q_{r\times n} \\ \cdots\cdots \\ Q_{(n-r)\times n} \end{bmatrix}=P_{m\times r}Q_{r\times n},$$

其中 $P_{m\times r}$ 是列满秩矩阵，$Q_{r\times n}$ 是行满秩矩阵，并称上式为矩阵 A 的**满秩分解式**.

三、用初等变换求矩阵的逆与秩

1. 求矩阵的逆

前面我们介绍了通过一个矩阵的伴随矩阵求逆矩阵的方法——伴随矩阵法，下面介绍另一种求方阵逆矩阵的方法——**初等变换法**. 顾名思义，它就是通过矩阵的初等变换得到方阵的逆矩阵.

设 A 是 n 阶可逆方阵，则 A 与单位矩阵 I 等价，即存在初等矩阵 $P_1, P_2, \cdots, P_m$，使得 $P_m\cdots P_2P_1A=I$. 由此可得

$$A=P_1^{-1}P_2^{-1}\cdots P_m^{-1} \Longrightarrow A^{-1}=P_m\cdots P_2P_1=P_m\cdots P_2P_1I.$$

上式表明，如果一系列的初等行变换化 A 为单位矩阵，那么同样的初等行变换化单位矩阵 I 为 A^{-1}. 因此，我们可以按照这个方法来求 A 的逆矩阵. 具体如下：

首先将 n 阶方阵 A 与 n 阶单位阵 I 并排地放在一起，得到一个加宽的 $n\times 2n$ 矩阵 $[A \vdots I]$；然后对矩阵 $[A \vdots I]$ 作初等行变换，目标是将前 n 列化成一个单位矩阵，此时后 n 列就是 A 的逆矩阵，即

$$[A \vdots I]\xrightarrow{\text{初等行变换}}[I \vdots A^{-1}].$$

下面我们来看一个例子.

例 1 设矩阵 $A=\begin{bmatrix} 0 & 1 & 2 \\ 1 & 1 & 4 \\ 2 & -1 & 0 \end{bmatrix}$，试用初等变换法求 A^{-1}.

解 首先将 A 与 I 并排地放在一起，然后作初等行变换：

$$[A \vdots I]=\left[\begin{array}{ccc:ccc} 0 & 1 & 2 & 1 & 0 & 0 \\ 1 & 1 & 4 & 0 & 1 & 0 \\ 2 & -1 & 0 & 0 & 0 & 1 \end{array}\right]\xrightarrow{r_1\leftrightarrow r_2}\left[\begin{array}{ccc:ccc} 1 & 1 & 4 & 0 & 1 & 0 \\ 0 & 1 & 2 & 1 & 0 & 0 \\ 2 & -1 & 0 & 0 & 0 & 1 \end{array}\right]$$

$$\xrightarrow{r_3+(-2)r_1}\left[\begin{array}{ccc:ccc} 1 & 1 & 4 & 0 & 1 & 0 \\ 0 & 1 & 2 & 1 & 0 & 0 \\ 0 & -3 & -8 & 0 & -2 & 1 \end{array}\right]$$

$$\xrightarrow{r_3+3r_2}\left[\begin{array}{ccc:ccc}1 & 1 & 4 & 0 & 1 & 0\\ 0 & 1 & 2 & 1 & 0 & 0\\ 0 & 0 & -2 & 3 & -2 & 1\end{array}\right]$$

$$\xrightarrow[r_1+2r_3]{r_2+r_3}\left[\begin{array}{ccc:ccc}1 & 1 & 0 & 6 & -3 & 2\\ 0 & 1 & 0 & 4 & -2 & 1\\ 0 & 0 & -2 & 3 & -2 & 1\end{array}\right]$$

$$\xrightarrow{r_1+(-1)r_2}\left[\begin{array}{ccc:ccc}1 & 0 & 0 & 2 & -1 & 1\\ 0 & 1 & 0 & 4 & -2 & 1\\ 0 & 0 & -2 & 3 & -2 & 1\end{array}\right]$$

$$\xrightarrow{\left(-\frac{1}{2}\right)r_3}\left[\begin{array}{ccc:ccc}1 & 0 & 0 & 2 & -1 & 1\\ 0 & 1 & 0 & 4 & -2 & 1\\ 0 & 0 & 1 & -\frac{3}{2} & 1 & -\frac{1}{2}\end{array}\right].$$

所以

$$\boldsymbol{A}^{-1}=\begin{bmatrix}2 & -1 & 1\\ 4 & -2 & 1\\ -\frac{3}{2} & 1 & -\frac{1}{2}\end{bmatrix}.$$

当然,也可以通过一系列的初等列变换得到 $\boldsymbol{A}$ 的逆矩阵,方法是类似的:先将 n 阶方阵 $\boldsymbol{A}$ 与 n 阶单位阵 $\boldsymbol{I}$ 并列地放在一起,得到一个加长的 $2n\times n$ 矩阵 $\begin{bmatrix}\boldsymbol{A}\\ \hdashline \boldsymbol{I}\end{bmatrix}$;然后对这个加长的矩阵作初等列变换,目标是将前 n 行化成一个单位矩阵,此时后 n 行就是 $\boldsymbol{A}$ 的逆矩阵,即

$$\begin{bmatrix}\boldsymbol{A}\\ \hdashline \boldsymbol{I}\end{bmatrix}\xrightarrow{\text{初等列变换}}\begin{bmatrix}\boldsymbol{I}\\ \hdashline \boldsymbol{A}^{-1}\end{bmatrix}.$$

2. 求矩阵的秩

如前所述,初等变换可以将任何矩阵化为标准形矩阵,因而可以利用初等变换求给定矩阵的秩. 但在具体计算时,实际上不必将矩阵化为标准形,只需要将矩阵化为所谓的行阶梯形矩阵即可. 我们先给出行阶梯形矩阵的定义.

所谓**行阶梯形矩阵** $\boldsymbol{A}=(a_{ij})_{m\times n}$ 是指满足如下条件的矩阵:

(1) 如果 $\boldsymbol{A}$ 某行的所有元素均为零(称为**零行**),则该行下面的所有行的元素也均为零,即零行下面的所有行也均为零行;

(2) 如果第 i 行存在非零元素 $a_{ij}\neq 0$(称为**非零行**,并称该行的第一个非零元素为**主元**,主元所在的列称为**主元列**),则必有 $j\geqslant i$;

(3) 如果第 i 行是非零行,则其上面的 $i-1$ 行也都是非零行,且第 i 行的主元列位于第

$i-1$行主元列的右边.

例如,下面的矩阵都是行阶梯形矩阵:

$$\boldsymbol{A}=\begin{bmatrix}1 & 2 & -1 & 2 & 3\\0 & -3 & 2 & -1 & 5\\0 & 0 & 0 & -3 & -1\\0 & 0 & 0 & 0 & 0\end{bmatrix},\quad \boldsymbol{B}=\begin{bmatrix}3 & 0 & 1 & 0\\0 & 1 & 1 & 2\\0 & 0 & 2 & 6\\0 & 0 & 0 & 0\end{bmatrix},$$

其中 $\boldsymbol{A}$ 的第 1,2,4 列为主元列,$\boldsymbol{B}$ 的第 1,2,3 列为主元列.

容易看出,如果一个行阶梯形矩阵 $\boldsymbol{A}$ 有 r 列主元列,即有 r 行非零行,则 $\boldsymbol{A}$ 中至少有一个 r 阶子式不为零,且所有大于 r 阶的子式均为零. 因为只要选取这 r 列主元列和主元所在的 r 行,就会得到一个非零的 r 阶子式,而所有大于 r 阶的子式至少包含一个全零的行,所以根据矩阵秩的定义知,$\mathrm{r}(\boldsymbol{A})=r$. 因此,我们只需要对矩阵施行初等行变换将其化为行阶梯形矩阵,那么行阶梯形矩阵的非零行数或主元列数就是矩阵的秩.

例 2 试用初等变换求矩阵 $\boldsymbol{A}=\begin{bmatrix}2 & 0 & -1 & 3\\3 & -2 & 1 & -1\\-5 & 6 & -5 & 9\\4 & -4 & 3 & -5\end{bmatrix}$ 的秩.

解 我们用初等行变换化 $\boldsymbol{A}$ 为行阶梯形矩阵:

$$\boldsymbol{A}=\begin{bmatrix}2 & 0 & -1 & 3\\3 & -2 & 1 & -1\\-5 & 6 & -5 & 9\\4 & -4 & 3 & -5\end{bmatrix}\xrightarrow[\substack{2r_2\\ r_2+(-3)r_1}]{\substack{r_4+(-2)r_1\\ r_3+r_1\\ r_3+r_2}}\begin{bmatrix}2 & 0 & -1 & 3\\0 & -4 & 5 & -11\\0 & 4 & -5 & 11\\0 & -4 & 5 & -11\end{bmatrix}$$

$$\xrightarrow{\substack{r_4+(-1)r_2\\ r_3+r_2}}\begin{bmatrix}2 & 0 & -1 & 3\\0 & -4 & 5 & -11\\0 & 0 & 0 & 0\\0 & 0 & 0 & 0\end{bmatrix}.$$

由此得 $\mathrm{r}(\boldsymbol{A})=2$.

例 3 试讨论 λ 的取值范围,并确定矩阵 $\boldsymbol{A}=\begin{bmatrix}1 & \lambda & -1 & 2\\2 & -1 & \lambda & 5\\1 & 10 & -6 & 1\end{bmatrix}$ 的秩.

解 用初等变换将矩阵 $\boldsymbol{A}$ 化为行阶梯形矩阵:

$$\boldsymbol{A}=\begin{bmatrix}1 & \lambda & -1 & 2\\2 & -1 & \lambda & 5\\1 & 10 & -6 & 1\end{bmatrix}\xrightarrow[r_3+(-1)r_1]{r_2+(-2)r_1}\begin{bmatrix}1 & \lambda & -1 & 2\\0 & -1-2\lambda & \lambda+2 & 1\\0 & 10-\lambda & -5 & -1\end{bmatrix}$$

$$\xrightarrow{c_4 \leftrightarrow c_2}\begin{bmatrix}1 & 2 & -1 & \lambda \\ 0 & 1 & \lambda+2 & -1-2\lambda \\ 0 & -1 & -5 & 10-\lambda\end{bmatrix}\xrightarrow{r_3+r_2}\begin{bmatrix}1 & 2 & -1 & \lambda \\ 0 & 1 & \lambda+2 & -1-2\lambda \\ 0 & 0 & \lambda-3 & -3(\lambda-3)\end{bmatrix}.$$

故当 $\lambda\neq 3$ 时，$\mathrm{r}(\boldsymbol{A})=3$，而当 $\lambda=3$ 时，$\mathrm{r}(\boldsymbol{A})=2$.

值得注意的是，在求矩阵的秩时，可以交替施行初等行变换与初等列变换；在求逆矩阵时，则对 $[\boldsymbol{A} \vdots \boldsymbol{I}]$ 只能施行初等行变换，而对 $\begin{bmatrix}\boldsymbol{A} \\ \cdots \\ \boldsymbol{I}\end{bmatrix}$ 只能施行初等列变换.

矩阵的初等变换除了可用来计算矩阵的秩和逆矩阵之外，另外一个重要的用途就是求解线性代数方程组，这正是引入初等变换的初衷. 我们将在第三章介绍这些内容.

习 题 2.4

1. 试用初等变换求下列矩阵的逆矩阵：

(1) $\boldsymbol{A}=\begin{bmatrix}1 & 2 & 3 \\ 2 & 1 & 2 \\ 1 & 3 & 4\end{bmatrix}$；　　(2) $\boldsymbol{A}=\begin{bmatrix}1 & 2 & 3 \\ 0 & 1 & 2 \\ 0 & 0 & 1\end{bmatrix}$；

(3) $\boldsymbol{A}=\begin{bmatrix}2 & 2 & 3 \\ 1 & -1 & 0 \\ -1 & 2 & 1\end{bmatrix}$；　　(4) $\boldsymbol{A}=\begin{bmatrix}1 & 1 & 1 & 1 \\ 1 & 1 & -1 & -1 \\ 1 & -1 & 1 & -1 \\ 1 & -1 & -1 & 1\end{bmatrix}$；

(5) $\boldsymbol{A}=\begin{bmatrix}0 & 1 & 1 & \cdots & 1 \\ 1 & 0 & 1 & \cdots & 1 \\ 1 & 1 & 0 & \cdots & 1 \\ \vdots & \vdots & \vdots & \ddots & \vdots \\ 1 & 1 & 1 & \cdots & 0\end{bmatrix}$.

2. 证明：矩阵的初等变换不改变矩阵的秩.

总练习题二

1. 试求下列矩阵的逆矩阵：

(1) $\boldsymbol{A}=\begin{bmatrix}2 & 0 & 7 \\ -1 & 4 & 5 \\ 3 & 1 & 2\end{bmatrix}$；　　(2) $\boldsymbol{A}=\begin{bmatrix}10 & 10 & 10 & 10 \\ 10 & 10 & -10 & -10 \\ 10 & -10 & 10 & -10 \\ 10 & -10 & -10 & 10\end{bmatrix}$；

(3) $A=\begin{bmatrix}0&1&0&\cdots&0&0&0\\0&0&2&\cdots&0&0&0\\\vdots&\vdots&\vdots&&\vdots&\vdots&\vdots\\0&0&0&\cdots&n-1&0&0\\n&0&0&\cdots&0&0&0\\0&0&0&\cdots&0&2&1\\0&0&0&\cdots&0&5&3\end{bmatrix}$.

2. 试求下列矩阵的秩：

(1) $A=\begin{bmatrix}1&2&3&4\\1&-2&4&5\\1&10&1&2\end{bmatrix}$；　　(2) $A=\begin{bmatrix}1&2&3&4&5\\-1&-2&-3&-3&-4\\1&3&3&3&4\\2&2&2&2&3\end{bmatrix}$；

(3) $A=\begin{bmatrix}1&0&0&1&4\\0&1&0&2&5\\0&0&1&3&6\\1&2&3&14&32\end{bmatrix}$；　　(4) $A=\begin{bmatrix}1&2&-1&3&4\\1&3&4&6&5\\2&5&3&9&4\end{bmatrix}$.

3. 设矩阵

$$A=\begin{bmatrix}1&1&-3&-4&1\\3&-1&1&4&t\\1&5&-9&-8&1\end{bmatrix},\quad B=\begin{bmatrix}1&0&1&0\\t&1&2&1\\1&2&-1&2\\-1&0&-1&0\\0&-1&1&-1\end{bmatrix}.$$

试确定 t 的值，使得 $\mathrm{r}(A)=3$，$\mathrm{r}(B)=2$.

4. 设 n $(n\geqslant 3)$ 阶方阵 $A=\begin{bmatrix}1&a&a&\cdots&a\\a&1&a&\cdots&a\\a&a&1&\cdots&a\\\vdots&\vdots&\vdots&&\vdots\\a&a&a&\cdots&1\end{bmatrix}$，且 $\mathrm{r}(A)=n-1$，求 a 的值.

5. 已知 $A^2=\begin{bmatrix}2&1&-3\\1&1&-2\\-3&-2&6\end{bmatrix}$，$A^3=\begin{bmatrix}-5&-3&9\\-3&-2&6\\9&6&-17\end{bmatrix}$，求矩阵 A.

6. 已知 n 阶方阵 A 满足 $63A^2-23A-65I=O$，求 $\left(A+\frac{7}{9}I\right)^{-1}$.

7. 设矩阵 $\boldsymbol{A}=\begin{bmatrix}1&0&0&0\\-2&3&0&0\\0&-4&5&0\\0&0&-6&7\end{bmatrix}$，$\boldsymbol{B}=(\boldsymbol{I}+\boldsymbol{A})^{-1}(\boldsymbol{I}-\boldsymbol{A})$，求$(\boldsymbol{I}+\boldsymbol{B})^{-1}$.

8. 已知 $\boldsymbol{U}^{\mathrm{T}}\boldsymbol{A}\boldsymbol{U}=\boldsymbol{\Lambda}$，其中 $\boldsymbol{\Lambda}=\begin{bmatrix}1&0&0\\0&-1&0\\0&0&-1\end{bmatrix}$，$\boldsymbol{U}=\begin{bmatrix}\frac{2}{3}&\frac{2}{3}&\frac{1}{3}\\\frac{2}{3}&-\frac{1}{3}&-\frac{2}{3}\\\frac{1}{3}&-\frac{2}{3}&\frac{2}{3}\end{bmatrix}$，试求矩阵 $\boldsymbol{A}^{10}$.

9. 已知矩阵 $\boldsymbol{A}=\begin{bmatrix}0&1&0\\1&0&-1\\0&-1&0\end{bmatrix}$，求 $\boldsymbol{A}^{2008}$.

10. 设矩阵 $\boldsymbol{A}=\begin{bmatrix}1&0&1\\0&2&0\\1&0&1\end{bmatrix}$，$n$ 为大于 1 的正整数，求 $\boldsymbol{A}^{n}-2\boldsymbol{A}^{n-1}$.

11. 设矩阵 $\boldsymbol{A}=\begin{bmatrix}3&4&0&0\\4&-3&0&0\\0&0&2&0\\0&0&2&2\end{bmatrix}$，求 $\boldsymbol{A}^{4}$.

12. 设 $\boldsymbol{A}$ 是 $n(n\geqslant2)$ 阶可逆方阵，证明：$|\boldsymbol{A}^{*}|=|\boldsymbol{A}|^{n-1}$.

13. 设 $\boldsymbol{A}$ 是 $n(n\geqslant2)$ 阶可逆方阵，证明：$(\boldsymbol{A}^{*})^{*}=|\boldsymbol{A}|^{n-2}\boldsymbol{A}$.

14. 设 $\boldsymbol{A},\boldsymbol{B}$ 都是 $n(n\geqslant2)$ 阶方阵，证明：$(\boldsymbol{A}\boldsymbol{B})^{*}=\boldsymbol{B}^{*}\boldsymbol{A}^{*}$.

15. 设 $\boldsymbol{A}$ 是 n 阶反对称矩阵，则当 n 为偶数时，其伴随矩阵 $\boldsymbol{A}^{*}$ 仍为反对称矩阵；而当 n 为奇数时，其伴随矩阵 $\boldsymbol{A}^{*}$ 为对称矩阵.

16. 设 $\boldsymbol{A},\boldsymbol{B}$ 均为 n 阶方阵，证明：如果 $\boldsymbol{A}\boldsymbol{B}=\boldsymbol{O}$，则 $\mathrm{r}(\boldsymbol{A})+\mathrm{r}(\boldsymbol{B})\leqslant n$.

17. 设 $\boldsymbol{A}$ 是 n 阶方阵，$\boldsymbol{A}^{*}$ 是其伴随矩阵，试证明：

$$\mathrm{r}(\boldsymbol{A}^{*})=\begin{cases}n, & \mathrm{r}(\boldsymbol{A})=n,\\1, & \mathrm{r}(\boldsymbol{A})=n-1,\\0, & \mathrm{r}(\boldsymbol{A})<n-1.\end{cases}$$

第三章 向量与线性方程组

向量是线性代数中最基本的概念之一.由解析几何知,三维空间中任一向量可以用一个三元有序数组唯一表示,向量的运算相应地转化为坐标的运算.但在实际生活中,大量的研究对象需要用三个以上的数来刻画.为此我们将三维空间中的向量概念进行推广,引入 n 维向量的概念.线性方程组是线性代数的一个重要研究课题,是解决很多实际问题的有力工具,在工程技术、经济活动分析以及许多科学技术领域中都有广泛的应用.大量的科学技术问题,最终往往归结为解线性方程组,线性方程组理论已成为应用领域不可缺少的重要工具.本章主要介绍向量,向量组的概念,向量组的线性相关、线性无关,线性方程组的相关概念及其可解性条件、解的结构理论、求解方法等.

§3.1 向量及其线性运算

一、向量的概念

定义 1 n 个数 $a_1,a_2,\cdots,a_n$ 所组成的有序数组 $[a_1,a_2,\cdots,a_n]$,称为一个 n **维向量**,其中数 a_i 称为该向量的第 i 个**分量**.

一般用加黑的小写英文字母 $\boldsymbol{a},\boldsymbol{b},\boldsymbol{c}$ 等或加黑的希腊字母 $\boldsymbol{\alpha},\boldsymbol{\beta},\boldsymbol{\gamma}$ 等表示向量,而分量则用相应的小写英文字母或希腊字母加下标表示.例如,

$$\boldsymbol{a}=[a_1,a_2,\cdots,a_n],\quad \boldsymbol{b}=[b_1,b_2,\cdots,b_n],$$
$$\boldsymbol{\alpha}=[\alpha_1,\alpha_2,\cdots,\alpha_n],\quad \boldsymbol{\beta}=[\beta_1,\beta_2,\cdots,\beta_n].$$

此时,称 $\boldsymbol{a},\boldsymbol{b}$ 或 $\boldsymbol{\alpha},\boldsymbol{\beta}$ 为 n **维行向量**.多数情况下,需要将向量写成列的形式,例如

$$\boldsymbol{a}=\begin{bmatrix}a_1\\a_2\\\vdots\\a_n\end{bmatrix},\quad \boldsymbol{b}=\begin{bmatrix}b_1\\b_2\\\vdots\\b_n\end{bmatrix},\quad \boldsymbol{\alpha}=\begin{bmatrix}\alpha_1\\\alpha_2\\\vdots\\\alpha_n\end{bmatrix},\quad \boldsymbol{\beta}=\begin{bmatrix}\beta_1\\\beta_2\\\vdots\\\beta_n\end{bmatrix}.$$

此时,称 $\boldsymbol{a},\boldsymbol{b}$ 或 $\boldsymbol{\alpha},\boldsymbol{\beta}$ 为 n **维列向量**. n 维列向量 $\boldsymbol{a},\boldsymbol{b}$ 也可分别记为如下行向量转置的形式:

$$\boldsymbol{a}=[a_1,a_2,\cdots,a_n]^{\mathrm{T}},\quad \boldsymbol{b}=[b_1,b_2,\cdots,b_n]^{\mathrm{T}}.$$

从向量的观点看,n 维行向量和 n 维列向量没有质的区别,都表示 n 个数的有序数组. 不过,n 维行向量可看做是一个 $1\times n$ 矩阵,而 n 维列向量可看做是一个 $n\times 1$ 矩阵. 因此从矩阵的角度看,n 维行向量和 n 维列向量却是两个不同的矩阵. 例如,如果 $\boldsymbol{\alpha},\boldsymbol{\beta}$ 是 $n\times 1$ 矩阵(列向量),$\boldsymbol{\alpha}^{\mathrm{T}},\boldsymbol{\beta}^{\mathrm{T}}$ 就是 $1\times n$ 矩阵(行向量). 为了便于讨论问题,本书以下除了特别说明外,向量是指列向量而非行向量.

分量全为实数的向量称为**实向量**,分量中含有复数的向量称为**复向量**. 如无特殊说明,本章所讨论的向量均为实向量.

每个分量都是零的向量称为**零向量**,记为 $\mathbf{0}=[0,0,\cdots,0]^{\mathrm{T}}$.

向量 $\boldsymbol{b}=[-a_1,-a_2,\cdots,-a_n]^{\mathrm{T}}$ 称为 $\boldsymbol{a}=[a_1,a_2,\cdots,a_n]^{\mathrm{T}}$ 的**负向量**,记为 $\boldsymbol{b}=-\boldsymbol{a}$.

如果两个 n 维向量 $\boldsymbol{a}=[a_1,a_2,\cdots,a_n]^{\mathrm{T}}$ 和 $\boldsymbol{b}=[b_1,b_2,\cdots,b_n]^{\mathrm{T}}$ 对应的分量相等,即

$$a_i=b_i\quad (i=1,2,\cdots,n),$$

则称这两个 n 维向量**相等**,记为 $\boldsymbol{a}=\boldsymbol{b}$.

若干个同维数的列向量(或行向量)所组成的集合称为**向量组**.

设 $\boldsymbol{A}=(a_{ij})_{m\times n}$ 是 $m\times n$ 矩阵,如果将 $\boldsymbol{A}$ 按列分块和按行分块,即

$$\boldsymbol{A}=[\boldsymbol{\alpha}_1\quad \boldsymbol{\alpha}_2\quad \cdots\quad \boldsymbol{\alpha}_n]=\begin{bmatrix}\boldsymbol{\beta}_1\\ \boldsymbol{\beta}_2\\ \vdots\\ \boldsymbol{\beta}_m\end{bmatrix},$$

则每一个 $\boldsymbol{\alpha}_j=[a_{1j},a_{2j},\cdots,a_{mj}]^{\mathrm{T}}(j=1,2,\cdots,n)$ 是一个 m 维的列向量,并称这 n 个 m 维的列向量 $\boldsymbol{\alpha}_1,\boldsymbol{\alpha}_2,\cdots,\boldsymbol{\alpha}_n$ 为矩阵 $\boldsymbol{A}$ 的**列向量组**;而每一个 $\boldsymbol{\beta}_i=[a_{i1},a_{i2},\cdots,a_{in}](i=1,2,\cdots,m)$ 是一个 n 维行向量,称这 m 个 n 维行向量 $\boldsymbol{\beta}_1,\boldsymbol{\beta}_2,\cdots,\boldsymbol{\beta}_m$ 为矩阵 $\boldsymbol{A}$ 的**行向量组**. 需要注意的是,显然有

$$\boldsymbol{A}^{\mathrm{T}}=\begin{bmatrix}\boldsymbol{\alpha}_1^{\mathrm{T}}\\ \boldsymbol{\alpha}_2^{\mathrm{T}}\\ \vdots\\ \boldsymbol{\alpha}_n^{\mathrm{T}}\end{bmatrix}=[\boldsymbol{\beta}_1^{\mathrm{T}}\quad \boldsymbol{\beta}_2^{\mathrm{T}}\quad \cdots\quad \boldsymbol{\beta}_m^{\mathrm{T}}].$$

二、向量的线性运算

由于向量可以看成矩阵,因此行向量和列向量都可以按照矩阵的运算法则进行运算.

定义 2 设 n 维向量 $\boldsymbol{a}=[a_1,a_2,\cdots,a_n]^{\mathrm{T}},\boldsymbol{b}=[b_1,b_2,\cdots,b_n]^{\mathrm{T}}$,定义这两向量的**加法运算**为

$$\boldsymbol{a}+\boldsymbol{b}=[a_1+b_1,a_2+b_2,\cdots,a_n+b_n]^{\mathrm{T}}.$$

显然,向量的加法运算满足:

(1) **交换律**:$\boldsymbol{a}+\boldsymbol{b}=\boldsymbol{b}+\boldsymbol{a}$;

(2) **结合律**:$(\boldsymbol{a}+\boldsymbol{b})+\boldsymbol{c}=\boldsymbol{a}+(\boldsymbol{b}+\boldsymbol{c})$.

由负向量的概念可定义向量的**减法运算**为

$$\boldsymbol{a}-\boldsymbol{b}=\boldsymbol{a}+(-\boldsymbol{b})=[a_1-b_1,a_2-b_2,\cdots,a_n-b_n]^{\mathrm{T}}.$$

定义 3 设 k 为实数,定义**数 k 与向量 $\boldsymbol{a}=[a_1,a_2,\cdots,a_n]^{\mathrm{T}}$ 的乘法**(简称**数乘**)**运算**为

$$k\boldsymbol{a}=[ka_1,ka_2,\cdots,ka_n]^{\mathrm{T}}.$$

向量的加法运算和数乘运算统称为**向量的线性运算**.向量的线性运算与矩阵的线性运算一样,满足同样的运算规律.

设 $\boldsymbol{a},\boldsymbol{b}$ 为 n 维向量,k,l 为任意实数,则有

(1) $k(\boldsymbol{a}+\boldsymbol{b})=k\boldsymbol{a}+k\boldsymbol{b}$;

(2) $(k+l)\boldsymbol{a}=k\boldsymbol{a}+l\boldsymbol{a}$;

(3) $k(l\boldsymbol{a})=(kl)\boldsymbol{a}$;

(4) $1\boldsymbol{a}=\boldsymbol{a},0\boldsymbol{a}=\boldsymbol{0}$.

例 已知向量 $\boldsymbol{a}=[1,1,0]^{\mathrm{T}},\boldsymbol{b}=[3,0,4]^{\mathrm{T}}$,求向量 $\boldsymbol{a}-3\boldsymbol{b}$.

解 根据定义,得

$$\begin{aligned}\boldsymbol{a}-3\boldsymbol{b}&=[1,1,0]^{\mathrm{T}}-3[3,0,4]^{\mathrm{T}}=[1,1,0]^{\mathrm{T}}+[-9,0,-12]^{\mathrm{T}}\\&=[-8,1,-12]^{\mathrm{T}}.\end{aligned}$$

习 题 3.1

1. 已知向量 $\boldsymbol{a}_1=[1,\ -1,\ 2]^{\mathrm{T}},\boldsymbol{a}_2=[3,1,\ 0]^{\mathrm{T}},\boldsymbol{a}_3=[4,\ -5,\ 7]^{\mathrm{T}}$,试计算 $\boldsymbol{a}_1-\boldsymbol{a}_2$ 和 $3\boldsymbol{a}_1+\boldsymbol{a}_2-2\boldsymbol{a}_3$.

2. 已知 $\boldsymbol{\alpha}_1=[2,\ 1,\ 3,\ -3]^{\mathrm{T}},\boldsymbol{\alpha}_2=[1,\ 0,\ 2,1]^{\mathrm{T}},\boldsymbol{\alpha}_3=[1,\ 2,\ -1,\ 4]^{\mathrm{T}}$,且

$$2(\boldsymbol{\alpha}_1-\boldsymbol{\alpha})+5(\boldsymbol{\alpha}-\boldsymbol{\alpha}_2)+\boldsymbol{\alpha}_3=\boldsymbol{0},$$

试求向量 $\boldsymbol{\alpha}$.

§3.2 向量之间的线性关系

一、向量的线性组合

定义 1 设 $\boldsymbol{a}_1,\boldsymbol{a}_2,\cdots,\boldsymbol{a}_m$ 及 $\boldsymbol{b}$ 均为 n 维向量,若存在一组实数 $k_1,k_2,\cdots,k_m$,使得

$$\boldsymbol{b}=k_1\boldsymbol{a}_1+k_2\boldsymbol{a}_2+\cdots+k_m\boldsymbol{a}_m,$$

则称向量 $\boldsymbol{b}$ 为向量组 $\boldsymbol{a}_1,\boldsymbol{a}_2,\cdots,\boldsymbol{a}_m$ 的一个**线性组合**,也称向量 $\boldsymbol{b}$ 可由向量组 $\boldsymbol{a}_1,\boldsymbol{a}_2,\cdots,\boldsymbol{a}_m$ **线性表示**,其中 $k_1,k_2,\cdots,k_m$ 称为这个线性组合的**系数**.

例 1 设向量 $\boldsymbol{a}_1=[2,1,-1]^{\mathrm{T}},\boldsymbol{a}_2=[1,0,2]^{\mathrm{T}},\boldsymbol{b}=[5,2,0]^{\mathrm{T}}$,则有 $\boldsymbol{b}=2\boldsymbol{a}_1+\boldsymbol{a}_2$,即 $\boldsymbol{b}$ 可由向量组 $\boldsymbol{a}_1,\boldsymbol{a}_2$ 线性表示.

由线性组合的定义知：

(1) 零向量可以由任一向量组 $\boldsymbol{a}_1,\boldsymbol{a}_2,\cdots,\boldsymbol{a}_m$ 线性表示. 这是因为

$$\mathbf{0}=0\boldsymbol{a}_1+0\boldsymbol{a}_2+\cdots+0\boldsymbol{a}_m.$$

(2) 设 n 维向量

$$\boldsymbol{e}_1=[1,0,\cdots,0]^{\mathrm{T}},\quad \boldsymbol{e}_2=[0,1,\cdots,0]^{\mathrm{T}},\quad \cdots,\quad \boldsymbol{e}_n=[0,0,\cdots,1]^{\mathrm{T}},$$

那么,对任意 n 维向量 $\boldsymbol{a}=[a_1,a_2,\cdots,a_n]^{\mathrm{T}}$,都有

$$\boldsymbol{a}=a_1\boldsymbol{e}_1+a_2\boldsymbol{e}_2+\cdots+a_n\boldsymbol{e}_n.$$

通常称 $\boldsymbol{e}_1,\boldsymbol{e}_2,\cdots,\boldsymbol{e}_n$ 为 n **维单位坐标向量**.

设线性方程组

$$\begin{cases}a_{11}x_1+a_{12}x_2+\cdots+a_{1n}x_n=b_1,\\ a_{21}x_1+a_{22}x_2+\cdots+a_{2n}x_n=b_2,\\ \cdots\cdots\cdots\cdots\cdots\cdots\cdots\cdots\cdots\cdots\\ a_{m1}x_1+a_{m2}x_2+\cdots+a_{mn}x_n=b_m.\end{cases}\tag{1}$$

若记

$$\boldsymbol{a}_1=\begin{bmatrix}a_{11}\\a_{21}\\\vdots\\a_{m1}\end{bmatrix},\quad \boldsymbol{a}_2=\begin{bmatrix}a_{12}\\a_{22}\\\vdots\\a_{m2}\end{bmatrix},\quad \cdots,\quad \boldsymbol{a}_n=\begin{bmatrix}a_{1n}\\a_{2n}\\\vdots\\a_{mn}\end{bmatrix},\quad \boldsymbol{b}=\begin{bmatrix}b_1\\b_2\\\vdots\\b_m\end{bmatrix},$$

则方程组(1)可用向量形式表示为

$$x_1\boldsymbol{a}_1+x_2\boldsymbol{a}_2+\cdots+x_n\boldsymbol{a}_n=\boldsymbol{b}.\tag{2}$$

显然,下面的结论是正确的.

定理 1 向量 $\boldsymbol{b}$ 能由向量组 $\boldsymbol{a}_1,\boldsymbol{a}_2,\cdots,\boldsymbol{a}_n$ 线性表示的充分必要条件是方程组(1)有解,且其线性表示式(2)中的线性组合的系数即为方程组(1)的解.

例 2 已知向量 $\boldsymbol{a}_1=[-1,2,-2]^{\mathrm{T}}$, $\boldsymbol{a}_2=[1,1,-2]^{\mathrm{T}}$, $\boldsymbol{a}_3=[-1,-2,1]^{\mathrm{T}}$, $\boldsymbol{b}=[1,2,-4]^{\mathrm{T}}$,试判断向量 $\boldsymbol{b}$ 能否由向量组 $\boldsymbol{a}_1,\boldsymbol{a}_2,\boldsymbol{a}_3$ 线性表示. 若能,写出其表示式.

解 考虑线性方程组 $x_1\boldsymbol{a}_1+x_2\boldsymbol{a}_2+x_3\boldsymbol{a}_3=\boldsymbol{b}$,即

$$\begin{cases}-x_1+x_2-x_3=1,\\ 2x_1+x_2-2x_3=2,\\ -2x_1-2x_2+x_3=-4.\end{cases}$$

由克莱姆法则,可得该方程组的唯一解：

$$x_1=\frac{3}{7},\quad x_2=\frac{12}{7},\quad x_3=\frac{2}{7}.$$

所以,向量 $\boldsymbol{b}$ 可由向量组 $\boldsymbol{a}_1,\boldsymbol{a}_2,\boldsymbol{a}_3$ 线性表示,且

$$\boldsymbol{b}=\frac{3}{7}\boldsymbol{a}_1+\frac{12}{7}\boldsymbol{a}_2+\frac{2}{7}\boldsymbol{a}_3.$$

定义 2 若向量组Ⅰ：$\boldsymbol{a}_1,\boldsymbol{a}_2,\cdots,\boldsymbol{a}_r$ 中的每一个向量 $\boldsymbol{a}_i(i=1,2,\cdots,r)$ 都可由向量组Ⅱ：$\boldsymbol{b}_1,\boldsymbol{b}_2,\cdots,\boldsymbol{b}_t$ 线性表示，则称**向量组Ⅰ能由向量组Ⅱ线性表示**. 若向量组Ⅰ与向量组Ⅱ能相互线性表示，则称这两个向量组**等价**.

设矩阵 $\boldsymbol{A}$ 和 $\boldsymbol{B}$ 的列向量组分别为 $\boldsymbol{a}_1,\boldsymbol{a}_2,\cdots,\boldsymbol{a}_r$ 和 $\boldsymbol{b}_1,\boldsymbol{b}_2,\cdots,\boldsymbol{b}_t$，向量组 $\boldsymbol{b}_1,\boldsymbol{b}_2,\cdots,\boldsymbol{b}_t$ 可由向量组 $\boldsymbol{a}_1,\boldsymbol{a}_2,\cdots,\boldsymbol{a}_r$ 线性表示，且

$$\boldsymbol{b}_j=k_{1j}\boldsymbol{a}_1+k_{2j}\boldsymbol{a}_2+\cdots+k_{rj}\boldsymbol{a}_r \quad (j=1,2,\cdots,t),$$

则有

$$[\boldsymbol{b}_1 \quad \boldsymbol{b}_2 \quad \cdots \quad \boldsymbol{b}_t]=[\boldsymbol{a}_1 \quad \boldsymbol{a}_2 \quad \cdots \quad \boldsymbol{a}_r]\begin{bmatrix} k_{11} & k_{12} & \cdots & k_{1t} \\ k_{21} & k_{22} & \cdots & k_{2t} \\ \vdots & \vdots & & \vdots \\ k_{r1} & k_{r2} & \cdots & k_{rt} \end{bmatrix},$$

即 $\boldsymbol{B}=\boldsymbol{AK}$，其中 $\boldsymbol{K}=(k_{ij})_{r\times t}$ 是线性表示的系数构成的矩阵. 由此可知，若矩阵 $\boldsymbol{B}=\boldsymbol{AK}$，则矩阵 $\boldsymbol{B}$ 的列向量组可由矩阵 $\boldsymbol{A}$ 的列向量组线性表示，$\boldsymbol{K}$ 是线性表示系数构成的矩阵. 同时，若矩阵 $\boldsymbol{K}$ 可逆，则有 $\boldsymbol{A}=\boldsymbol{BK}^{-1}$. 这时矩阵 $\boldsymbol{A}$ 的列向量组可由矩阵 $\boldsymbol{B}$ 的列向量组线性表示，所以矩阵 $\boldsymbol{A}$ 的列向量组与矩阵 $\boldsymbol{B}$ 的列向量组等价. 因此，如果矩阵 $\boldsymbol{A}$ 经过初等列变换化为矩阵 $\boldsymbol{B}$，则矩阵 $\boldsymbol{A}$ 的列向量组与矩阵 $\boldsymbol{B}$ 的列向量组等价. 类似地，若矩阵 $\boldsymbol{A}$ 经过初等行变换化为矩阵 $\boldsymbol{B}$，则矩阵 $\boldsymbol{A}$ 的行向量组与矩阵 $\boldsymbol{B}$ 的行向量组等价.

由向量组的线性表示关系的传递性，即若向量组Ⅰ可以由向量组Ⅱ线性表示，向量组Ⅱ可由向量组Ⅲ线性表示，则向量组Ⅰ可由向量组Ⅲ线性表示，可得向量组的等价关系具有如下性质：

(1) **反身性**：每一个向量组都与它自身等价；

(2) **对称性**：若向量组Ⅰ与向量组Ⅱ等价，则向量组Ⅱ与向量组Ⅰ等价；

(3) **传递性**：若向量组Ⅰ与向量组Ⅱ等价，且向量组Ⅱ与向量组Ⅲ等价，则向量组Ⅰ与向量组Ⅲ等价.

二、向量的线性相关性

定义 3 设 $\boldsymbol{a}_1,\boldsymbol{a}_2,\cdots,\boldsymbol{a}_m$ 是一个 n 维向量组，若存在不全为零的数 $k_1,k_2,\cdots,k_m$，使得

$$k_1\boldsymbol{a}_1+k_2\boldsymbol{a}_2+\cdots+k_m\boldsymbol{a}_m=\boldsymbol{0}, \tag{3}$$

则称向量组 $\boldsymbol{a}_1,\boldsymbol{a}_2,\cdots,\boldsymbol{a}_m$ **线性相关**；否则称此向量组**线性无关**.

换句话说，如果向量组 $\boldsymbol{a}_1,\boldsymbol{a}_2,\cdots,\boldsymbol{a}_m$ 线性无关，则(3)式成立当且仅当

$$k_1=k_2=\cdots=k_m=0.$$

例 3 设向量组 $\boldsymbol{a}_1=[0,1,1]^{\mathrm{T}}$，$\boldsymbol{a}_2=[1,1,0]^{\mathrm{T}}$，$\boldsymbol{a}_3=[-1,0,1]^{\mathrm{T}}$，则有 $\boldsymbol{a}_1-\boldsymbol{a}_2-\boldsymbol{a}_3=\boldsymbol{0}$，所以 $\boldsymbol{a}_1,\boldsymbol{a}_2,\boldsymbol{a}_3$ 线性相关.

例 4 证明：n 维单位坐标向量组 $\boldsymbol{e}_1,\boldsymbol{e}_2,\cdots,\boldsymbol{e}_n$ 线性无关.

证 设 $k_1\boldsymbol{e}_1+k_2\boldsymbol{e}_2+\cdots+k_n\boldsymbol{e}_n=\boldsymbol{0}$，则

$$\begin{bmatrix}k_1\\0\\\vdots\\0\end{bmatrix}+\begin{bmatrix}0\\k_2\\\vdots\\0\end{bmatrix}+\cdots+\begin{bmatrix}0\\0\\\vdots\\k_n\end{bmatrix}=\begin{bmatrix}0\\0\\\vdots\\0\end{bmatrix},$$

即 $[k_1,k_2,\cdots,k_n]^{\mathrm{T}}=\boldsymbol{0}$. 由此立即可得 $k_1=k_2=\cdots=k_n=0$，即 $\boldsymbol{e}_1,\boldsymbol{e}_2,\cdots,\boldsymbol{e}_n$ 线性无关.

由向量组的线性相关与线性无关的定义，易得以下结论：

定理 2 (1) 一个向量 $\boldsymbol{a}$ 的向量组线性相关的充分必要条件是 $\boldsymbol{a}=\boldsymbol{0}$；

(2) 两个非零向量 $\boldsymbol{a}_1,\boldsymbol{a}_2$ 的向量组线性相关的充分必要条件是存在常数 λ，使得

$$\boldsymbol{a}_1=\lambda\boldsymbol{a}_2;$$

(3) 含有零向量的向量组必线性相关；

(4) 若一个向量组中有部分向量所构成的向量组线性相关，则该向量组必线性相关；

(5) 一个向量组线性无关，则其任何部分向量所构成向量组也线性无关.

定理 3 向量组 $\boldsymbol{a}_1,\boldsymbol{a}_2,\cdots,\boldsymbol{a}_m(m\geqslant 2)$ 线性相关的充分必要条件是这个向量组中至少有一个向量能由其余向量线性表示.

证 *必要性* 如果向量组 $\boldsymbol{a}_1,\boldsymbol{a}_2,\cdots,\boldsymbol{a}_m$ 线性相关，则存在不全为零的数 $k_1,k_2,\cdots,k_m$，使得

$$k_1\boldsymbol{a}_1+k_2\boldsymbol{a}_2+\cdots+k_m\boldsymbol{a}_m=\boldsymbol{0}.$$

因为 $k_1,k_2,\cdots,k_m$ 不全为零，不妨设 $k_1\neq 0$，于是有

$$\boldsymbol{a}_1=-\frac{k_2}{k_1}\boldsymbol{a}_2-\frac{k_3}{k_1}\boldsymbol{a}_3-\cdots-\frac{k_m}{k_1}\boldsymbol{a}_m,$$

即 $\boldsymbol{a}_1$ 能由 $\boldsymbol{a}_2,\cdots,\boldsymbol{a}_m$ 线性表示.

充分性 如果向量组 $\boldsymbol{a}_1,\boldsymbol{a}_2,\cdots,\boldsymbol{a}_m$ 中有某个向量能由其余 $m-1$ 个向量线性表示，不妨设 $\boldsymbol{a}_1$ 能由 $\boldsymbol{a}_2,\cdots,\boldsymbol{a}_m$ 线性表示，即有 $\lambda_2,\lambda_3,\cdots,\lambda_m$，使得

$$\boldsymbol{a}_1=\lambda_2\boldsymbol{a}_2+\lambda_3\boldsymbol{a}_3+\cdots+\lambda_m\boldsymbol{a}_m,$$

于是

$$(-1)\boldsymbol{a}_1+\lambda_2\boldsymbol{a}_2+\lambda_3\boldsymbol{a}_3+\cdots+\lambda_m\boldsymbol{a}_m=\boldsymbol{0}.$$

因为 $-1,\lambda_2,\lambda_3,\cdots,\lambda_m$ 这 m 个数不全为零，所以向量组 $\boldsymbol{a}_1,\boldsymbol{a}_2,\cdots,\boldsymbol{a}_m$ 线性相关.

除了可以利用定理 2 和定理 3 判别向量之间的线性关系外，一般地，对于向量

$$\boldsymbol{a}_1=\begin{bmatrix}a_{11}\\a_{21}\\\vdots\\a_{n1}\end{bmatrix},\quad \boldsymbol{a}_2=\begin{bmatrix}a_{12}\\a_{22}\\\vdots\\a_{n2}\end{bmatrix},\quad \cdots,\quad \boldsymbol{a}_m=\begin{bmatrix}a_{1m}\\a_{2m}\\\vdots\\a_{nm}\end{bmatrix},$$

可用线性方程组来研究它们之间的线性关系.

定理 4 向量组 $\boldsymbol{a}_1,\boldsymbol{a}_2,\cdots,\boldsymbol{a}_m$ 线性无关的充分必要条件是齐次线性方程组

$$x_1\boldsymbol{a}_1+x_2\boldsymbol{a}_2+\cdots+x_m\boldsymbol{a}_m=\boldsymbol{0},\tag{4}$$

即

$$\begin{cases}a_{11}x_1+a_{12}x_2+\cdots+a_{1m}x_m=0,\\a_{21}x_1+a_{22}x_2+\cdots+a_{2m}x_m=0,\\\cdots\cdots\cdots\cdots\cdots\cdots\cdots\cdots\cdots\cdots\\a_{n1}x_1+a_{n2}x_2+\cdots+a_{nm}x_m=0\end{cases}\tag{5}$$

只有零解.

推论 1 n 个 n 维向量 $\boldsymbol{a}_1,\boldsymbol{a}_2,\cdots,\boldsymbol{a}_n$ 组成的向量组线性无关的充分必要条件是以向量 $\boldsymbol{a}_1,\boldsymbol{a}_2,\cdots,\boldsymbol{a}_n$ 为列构成的矩阵的行列式不等于零.

推论 2 n 个 n 维向量 $\boldsymbol{a}_1,\boldsymbol{a}_2,\cdots,\boldsymbol{a}_n$ 组成的向量组线性相关的充分必要条件是以向量 $\boldsymbol{a}_1,\boldsymbol{a}_2,\cdots,\boldsymbol{a}_n$ 为列构成的矩阵行列式等于零.

推论 3 若向量组 $\boldsymbol{a}_1,\boldsymbol{a}_2,\cdots,\boldsymbol{a}_m$ 线性无关,则同时对每一个向量在相同的位置添加若干个分量,所得到的向量组也线性无关.

事实上,在向量组中添加向量的分量,相当于增加了方程组(5)中方程的个数.如果方程组(5)只有零解,则增加方程个数后所得到的方程组也只有零解.

例如,因为 $\boldsymbol{a}_1=[1,0]^{\mathrm{T}}$ 与 $\boldsymbol{a}_2=[0,1]^{\mathrm{T}}$ 线性无关,所以 $\boldsymbol{a}_1'=[1,0,1]^{\mathrm{T}}$ 与 $\boldsymbol{a}_2'=[0,1,1]^{\mathrm{T}}$ 也线性无关.

例 5 判定向量组 $\boldsymbol{a}_1=[-1,3,1]^{\mathrm{T}},\boldsymbol{a}_2=[1,-2,5]^{\mathrm{T}},\boldsymbol{a}_3=[-1,4,7]^{\mathrm{T}}$ 的线性相关性.

解 由于

$$|\boldsymbol{a}_1\quad\boldsymbol{a}_2\quad\boldsymbol{a}_3|=\begin{vmatrix}-1&1&-1\\3&-2&4\\1&5&7\end{vmatrix}=0,$$

所以 $\boldsymbol{a}_1,\boldsymbol{a}_2,\boldsymbol{a}_3$ 线性相关.易知,$\boldsymbol{a}_3=2\boldsymbol{a}_1+\boldsymbol{a}_2$.

例 6 设向量组 $\boldsymbol{a}_1,\boldsymbol{a}_2,\boldsymbol{a}_3$ 线性无关,且

$$\boldsymbol{b}_1=\boldsymbol{a}_1+2\boldsymbol{a}_2,\quad\boldsymbol{b}_2=\boldsymbol{a}_2-\boldsymbol{a}_3,\quad\boldsymbol{b}_3=4\boldsymbol{a}_3-3\boldsymbol{a}_1,$$

试证向量组 $\boldsymbol{b}_1,\boldsymbol{b}_2,\boldsymbol{b}_3$ 线性无关.

证 设有 x_1,x_2,x_3,使得 $x_1\boldsymbol{b}_1+x_2\boldsymbol{b}_2+x_3\boldsymbol{b}_3=\boldsymbol{0}$,代入题设条件,有

$$x_1(\boldsymbol{a}_1+2\boldsymbol{a}_2)+x_2(\boldsymbol{a}_2-\boldsymbol{a}_3)+x_3(4\boldsymbol{a}_3-3\boldsymbol{a}_1)=\boldsymbol{0},$$

整理后得

$$(x_1-3x_3)\boldsymbol{a}_1+(2x_1+x_2)\boldsymbol{a}_2+(-x_2+4x_3)\boldsymbol{a}_3=\boldsymbol{0}.$$

因为 $\boldsymbol{a}_1,\boldsymbol{a}_2,\boldsymbol{a}_3$ 线性无关,所以

$$\begin{cases}x_1\qquad-3x_3=0,\\2x_1+x_2\qquad=0,\\\qquad-x_2+4x_3=0.\end{cases}$$

又因为此方程组的系数行列式 $\begin{vmatrix} 1 & 0 & -3 \\ 2 & 1 & 0 \\ 0 & -1 & 4 \end{vmatrix}=10\neq 0$，所以方程组只有零解，即 $x_1=x_2=x_3=0$. 所以 $\boldsymbol{b}_1,\boldsymbol{b}_2,\boldsymbol{b}_3$ 线性无关.

定理 5 若向量组 $\boldsymbol{a}_1,\boldsymbol{a}_2,\cdots,\boldsymbol{a}_m$ 线性无关，向量组 $\boldsymbol{a}_1,\boldsymbol{a}_2,\cdots,\boldsymbol{a}_m,\boldsymbol{b}$ 线性相关，则向量 $\boldsymbol{b}$ 可由向量组 $\boldsymbol{a}_1,\boldsymbol{a}_2,\cdots,\boldsymbol{a}_m$ 线性表示，且表示法唯一.

证 由于向量组 $\boldsymbol{a}_1,\boldsymbol{a}_2,\cdots,\boldsymbol{a}_m,\boldsymbol{b}$ 线性相关，因此存在不全为零的数 $k,k_1,k_2,\cdots,k_m$，使得

$$k\boldsymbol{b}+k_1\boldsymbol{a}_1+k_2\boldsymbol{a}_2+\cdots+k_m\boldsymbol{a}_m=\boldsymbol{0}.$$

若 $k=0$，则 $k_1,k_2,\cdots,k_m$ 不全为零，且

$$k_1\boldsymbol{a}_1+k_2\boldsymbol{a}_2+\cdots+k_m\boldsymbol{a}_m=\boldsymbol{0}.$$

这与向量组 $\boldsymbol{a}_1,\boldsymbol{a}_2,\cdots,\boldsymbol{a}_m$ 线性无关矛盾，所以 $k\neq 0$. 于是，向量 $\boldsymbol{b}$ 可由向量组 $\boldsymbol{a}_1,\boldsymbol{a}_2,\cdots,\boldsymbol{a}_m$ 线性表示为

$$\boldsymbol{b}=-\frac{k_1}{k}\boldsymbol{a}_1-\frac{k_2}{k}\boldsymbol{a}_2-\cdots-\frac{k_m}{k}\boldsymbol{a}_m.$$

再证表示法唯一. 设有两种表示法：

$$\boldsymbol{b}=l_1\boldsymbol{a}_1+l_2\boldsymbol{a}_2+\cdots+l_m\boldsymbol{a}_m,$$
$$\boldsymbol{b}=h_1\boldsymbol{a}_1+h_2\boldsymbol{a}_2+\cdots+h_m\boldsymbol{a}_m.$$

两式相减可得

$$(l_1-h_1)\boldsymbol{a}_1+(l_2-h_2)\boldsymbol{a}_2+\cdots+(l_m-h_m)\boldsymbol{a}_m=\boldsymbol{0}.$$

因为向量组 $\boldsymbol{a}_1,\boldsymbol{a}_2,\cdots,\boldsymbol{a}_m$ 线性无关，所以 $l_1-h_1=l_2-h_2=\cdots=l_m-h_m=0$，即 $l_1=h_1,l_2=h_2,\cdots,l_m=h_m$，故表示法唯一.

例 7 设向量组 $\boldsymbol{a}_1,\boldsymbol{a}_2,\boldsymbol{a}_3$ 线性相关，向量组 $\boldsymbol{a}_2,\boldsymbol{a}_3,\boldsymbol{a}_4$ 线性无关，证明：

(1) $\boldsymbol{a}_1$ 能由 $\boldsymbol{a}_2,\boldsymbol{a}_3$ 线性表示；

(2) $\boldsymbol{a}_4$ 不能由 $\boldsymbol{a}_1,\boldsymbol{a}_2,\boldsymbol{a}_3$ 线性表示.

证 (1) 因为 $\boldsymbol{a}_2,\boldsymbol{a}_3,\boldsymbol{a}_4$ 线性无关，由定理 2 的结论(5)知，$\boldsymbol{a}_2,\boldsymbol{a}_3$ 也线性无关，而 $\boldsymbol{a}_1,\boldsymbol{a}_2,\boldsymbol{a}_3$ 线性相关，所以由定理 5 知 $\boldsymbol{a}_1$ 能由 $\boldsymbol{a}_2,\boldsymbol{a}_3$ 线性表示.

(2) 用反证法. 假设 $\boldsymbol{a}_4$ 能由 $\boldsymbol{a}_1,\boldsymbol{a}_2,\boldsymbol{a}_3$ 线性表示，而由(1)知 $\boldsymbol{a}_1$ 能由 $\boldsymbol{a}_2,\boldsymbol{a}_3$ 线性表示，因此 $\boldsymbol{a}_4$ 能由 $\boldsymbol{a}_2,\boldsymbol{a}_3$ 线性表示. 这与 $\boldsymbol{a}_2,\boldsymbol{a}_3,\boldsymbol{a}_4$ 线性无关矛盾. 所以，$\boldsymbol{a}_4$ 不能由 $\boldsymbol{a}_1,\boldsymbol{a}_2,\boldsymbol{a}_3$ 线性表示.

定理 6 设向量组Ⅰ：$\boldsymbol{a}_1,\boldsymbol{a}_2,\cdots,\boldsymbol{a}_s$ 可由向量组Ⅱ：$\boldsymbol{b}_1,\boldsymbol{b}_2,\cdots,\boldsymbol{b}_t$ 线性表示，且 $s>t$，则向量组 $\boldsymbol{a}_1,\boldsymbol{a}_2,\cdots,\boldsymbol{a}_s$ 线性相关.

证 由于向量组Ⅰ可由向量组Ⅱ线性表示，所以存在数 $k_{ji}\,(j=1,2,\cdots,t;i=1,2,\cdots,s)$，使得

$$\boldsymbol{a}_i=\sum_{j=1}^{t}k_{ji}\boldsymbol{b}_j\quad(i=1,2,\cdots,s).$$

考虑

$$x_1\boldsymbol{a}_1+x_2\boldsymbol{a}_2+\cdots+x_s\boldsymbol{a}_s=\boldsymbol{0},$$

即

$$\sum_{i=1}^{s}x_i\boldsymbol{a}_i=\sum_{i=1}^{s}x_i\Big(\sum_{j=1}^{t}k_{ji}\boldsymbol{b}_j\Big)=\sum_{j=1}^{t}\sum_{i=1}^{s}(k_{ji}x_i)\boldsymbol{b}_j=\boldsymbol{0}.\tag{6}$$

令

$$\sum_{i=1}^{s}k_{ji}x_i=0\quad(j=1,2,\cdots,t),$$

即

$$\begin{cases}k_{11}x_1+k_{12}x_2+\cdots+k_{1s}x_s=0,\\ k_{21}x_1+k_{22}x_2+\cdots+k_{2s}x_s=0,\\ \cdots\cdots\cdots\cdots\cdots\cdots\cdots\cdots\\ k_{t1}x_1+k_{t2}x_2+\cdots+k_{ts}x_s=0.\end{cases}\tag{7}$$

由于 $s>t$，在齐次线性方程组(7)中，有 s 个未知量，t 个方程，所以方程组(7)一定有非零解(我们将在本章 § 3.6 证明这个结论). 任取一组非零解 $x_1=l_1,x_2=l_2,\cdots,x_s=l_s$，有

$$l_1\boldsymbol{a}_1+l_2\boldsymbol{a}_2+\cdots+l_s\boldsymbol{a}_s=\sum_{j=1}^{t}\sum_{i=1}^{s}(k_{ji}l_i)\boldsymbol{b}_j=\sum_{j=1}^{t}0\boldsymbol{b}_j=\boldsymbol{0},$$

而 $l_1,l_2,\cdots,l_s$ 不全为零，所以向量组 $\boldsymbol{a}_1,\boldsymbol{a}_2,\cdots,\boldsymbol{a}_s$ 线性相关.

推论 1 若向量组 $\boldsymbol{a}_1,\boldsymbol{a}_2,\cdots,\boldsymbol{a}_s$ 线性无关，且可由向量组 $\boldsymbol{b}_1,\boldsymbol{b}_2,\cdots,\boldsymbol{b}_t$ 线性表示，则 $s\leqslant t$.

推论 2 m 个 n 维向量组成的向量组，当维数 n 小于向量个数 m 时一定线性相关. 特别地，$n+1$ 个 n 维向量一定线性相关.

事实上，因为任意 n 维向量都可以由 n 维单位坐标向量组 $\boldsymbol{e}_1,\boldsymbol{e}_2,\cdots,\boldsymbol{e}_n$ 线性表示，所以由定理 6 得，当 $m>n$ 时，m 个 n 维向量组成的向量组一定线性相关.

例如，3 个 2 维向量组成的向量组 $\boldsymbol{a}_1=[1,1]^{\mathrm{T}},\boldsymbol{a}_2=[2,0]^{\mathrm{T}},\boldsymbol{a}_3=[3,5]^{\mathrm{T}}$ 线性相关.

推论 3 两个线性无关的等价的向量组，必含有相同个数的向量.

习 题 3.2

1. 试判别向量 $\boldsymbol{b}$ 能否由向量组 $\boldsymbol{a}_1,\boldsymbol{a}_2,\boldsymbol{a}_3$ 线性表示，若能，请写出一个表示式：

(1) $\boldsymbol{b}=[-1,7,-6]^{\mathrm{T}},\boldsymbol{a}_1=[1,1,0]^{\mathrm{T}},\boldsymbol{a}_2=[0,-1,2]^{\mathrm{T}},\boldsymbol{a}_3=[-3,2,0]^{\mathrm{T}}$;

(2) $\boldsymbol{b}=[-3,2,1]^{\mathrm{T}},\boldsymbol{a}_1=[2,5,-1]^{\mathrm{T}},\boldsymbol{a}_2=[0,1,-1]^{\mathrm{T}},\boldsymbol{a}_3=[1,3,-1]^{\mathrm{T}}$.

2. 设 $\boldsymbol{\gamma}=2\boldsymbol{\alpha}_1+3\boldsymbol{\alpha}_2-\boldsymbol{\alpha}_3$，而 $\boldsymbol{\alpha}_1=\boldsymbol{\beta}_1+\boldsymbol{\beta}_2,\boldsymbol{\alpha}_2=\boldsymbol{\beta}_1-\boldsymbol{\beta}_2,\boldsymbol{\alpha}_3=\boldsymbol{\beta}_1+2\boldsymbol{\beta}_2-3\boldsymbol{\beta}_3$，试将 $\boldsymbol{\gamma}$ 用 $\boldsymbol{\beta}_1,\boldsymbol{\beta}_2,\boldsymbol{\beta}_3$ 线性表示.

3. 证明：向量组 $\boldsymbol{a}_1=[0,1,2]^{\mathrm{T}},\boldsymbol{a}_2=[1,3,5]^{\mathrm{T}},\boldsymbol{a}_3=[2,1,0]^{\mathrm{T}}$ 与向量组 $\boldsymbol{b}_1=[1,2,3]^{\mathrm{T}}$，$\boldsymbol{b}_2=[-1,0,1]^{\mathrm{T}}$ 等价.

4. 判别下列向量组的线性相关性：

(1) $\boldsymbol{a}_1=[-1,0,1]^{\mathrm{T}},\boldsymbol{a}_2=[1,2,1]^{\mathrm{T}},\boldsymbol{a}_3=[3,2,-1]^{\mathrm{T}}$；

(2) $\boldsymbol{a}_1=[2,3,0]^{\mathrm{T}},\boldsymbol{a}_2=[0,0,2]^{\mathrm{T}},\boldsymbol{a}_3=[-1,4,0]^{\mathrm{T}}$；

(3) $\boldsymbol{a}_1=[0,1,2,3]^{\mathrm{T}},\boldsymbol{a}_2=[3,0,1,2]^{\mathrm{T}},\boldsymbol{a}_3=[2,3,0,1]^{\mathrm{T}},\boldsymbol{a}_4=[2,1,1,2]^{\mathrm{T}}$；

(4) $\boldsymbol{a}_1=[2,1,7,3]^{\mathrm{T}},\boldsymbol{a}_2=[9,0,3,1]^{\mathrm{T}},\boldsymbol{a}_3=[2,3,6,7]^{\mathrm{T}},\boldsymbol{a}_4=[0,0,0,0]^{\mathrm{T}}$.

5. 设向量 $\boldsymbol{a}_1=[2,1,4,3]^{\mathrm{T}},\boldsymbol{a}_2=[-1,1,-6,6]^{\mathrm{T}},\boldsymbol{a}_3=[1,1,-2,7]^{\mathrm{T}},\boldsymbol{a}_4=[2,4,4,9]^{\mathrm{T}}$.

(1) 证明：向量组 $\boldsymbol{a}_1,\boldsymbol{a}_2,\boldsymbol{a}_3$ 线性无关；

(2) 证明：向量组 $\boldsymbol{a}_1,\boldsymbol{a}_2,\boldsymbol{a}_3,\boldsymbol{a}_4$ 线性相关，并将 $\boldsymbol{a}_4$ 用 $\boldsymbol{a}_1,\boldsymbol{a}_2,\boldsymbol{a}_3$ 线性表示.

6. 设向量组 $\boldsymbol{a}_1,\boldsymbol{a}_2,\boldsymbol{a}_3$ 线性无关，且

$$\boldsymbol{b}_1=2\boldsymbol{a}_1+3\boldsymbol{a}_2,\quad \boldsymbol{b}_2=\boldsymbol{a}_2+2\boldsymbol{a}_3,\quad \boldsymbol{b}_3=7\boldsymbol{a}_3+\boldsymbol{a}_1.$$

试证明：向量组 $\boldsymbol{b}_1,\boldsymbol{b}_2,\boldsymbol{b}_3$ 也线性无关.

7. 设向量组 $\boldsymbol{a}_1,\boldsymbol{a}_2,\boldsymbol{a}_3$ 线性无关，且向量组

$$\boldsymbol{b}_1=\boldsymbol{a}_1-\boldsymbol{a}_2+2\boldsymbol{a}_3,\quad \boldsymbol{b}_2=\boldsymbol{a}_2-\boldsymbol{a}_3,\quad \boldsymbol{b}_3=2\boldsymbol{a}_1-\boldsymbol{a}_2+3\boldsymbol{a}_3.$$

试证明：向量组 $\boldsymbol{b}_1,\boldsymbol{b}_2,\boldsymbol{b}_3$ 线性相关.

8. 设向量组 $\boldsymbol{a}_1=[-1,0,\lambda-1]^{\mathrm{T}},\boldsymbol{a}_2=[1,\lambda,1]^{\mathrm{T}},\boldsymbol{a}_3=[\lambda+1,2,-1]^{\mathrm{T}}$，问 λ 取何值时，

(1) $\boldsymbol{a}_1,\boldsymbol{a}_2,\boldsymbol{a}_3$ 线性相关；

(2) $\boldsymbol{a}_1,\boldsymbol{a}_2,\boldsymbol{a}_3$ 线性无关.

§3.3 向量组的秩与矩阵的秩

一、向量组的秩

定义 1 设有向量组Ⅰ：$\boldsymbol{a}_1,\boldsymbol{a}_2,\cdots,\boldsymbol{a}_m$. 若在Ⅰ中能选出 r 个向量 $\boldsymbol{a}_1,\boldsymbol{a}_2,\cdots,\boldsymbol{a}_r$ 满足：

(1) 向量组 $\boldsymbol{a}_1,\boldsymbol{a}_2,\cdots,\boldsymbol{a}_r$ 线性无关；

(2) 向量组Ⅰ中任意一个向量都可由 $\boldsymbol{a}_1,\boldsymbol{a}_2,\cdots,\boldsymbol{a}_r$ 线性表示，

则称向量组 $\boldsymbol{a}_1,\boldsymbol{a}_2,\cdots,\boldsymbol{a}_r$ 是向量组Ⅰ的一个**极大线性无关组**，简称**极大无关组**.

由极大线性无关组的定义，易得如下**结论**：

(1) 若 $\boldsymbol{a}_1,\boldsymbol{a}_2,\cdots,\boldsymbol{a}_r$ 是向量组Ⅰ的极大无关组，则向量组Ⅰ中任意 $r+1$ 个向量(如果 $\boldsymbol{A}$ 中有不少于 $r+1$ 个向量的话)都线性相关；

(2) 向量组本身与其极大无关组等价.

例 1 设有向量组Ⅰ：

$$\boldsymbol{a}_1=[2,-1,3,1]^{\mathrm{T}},\quad \boldsymbol{a}_2=[4,-2,5,4]^{\mathrm{T}},$$
$$\boldsymbol{a}_3=[2,-1,4,-1]^{\mathrm{T}},\ \boldsymbol{a}_4=[2,-1,2,3]^{\mathrm{T}}.$$

由于 $\boldsymbol{a}_1,\boldsymbol{a}_2$ 对应分量不成比例,所以 $\boldsymbol{a}_1,\boldsymbol{a}_2$ 线性无关.又因为

$$\boldsymbol{a}_3=3\boldsymbol{a}_1-\boldsymbol{a}_2,\quad \boldsymbol{a}_4=\boldsymbol{a}_2-\boldsymbol{a}_1,$$

所以 $\boldsymbol{a}_1,\boldsymbol{a}_2$ 为Ⅰ的一个极大无关组.事实上,Ⅰ中的任意两个向量均为它的一个极大无关组.

从上面的例子可以看到,向量组的极大无关组并不唯一.但是每一个极大无关组都与向量组本身等价,因而向量组的任意两个极大无关组都是等价的,向量组的任意极大无关组都含有相同个数的向量.

定义 2 向量组Ⅰ:$\boldsymbol{a}_1,\boldsymbol{a}_2,\cdots,\boldsymbol{a}_m$ 的极大线性无关组所含向量的个数称为**向量组的秩**,记做 r(Ⅰ)或 $\mathrm{r}(\boldsymbol{a}_1,\boldsymbol{a}_2,\cdots,\boldsymbol{a}_m)$.

只含零向量的向量组没有极大无关组,规定它的秩为零.

例 2 全体 n 维向量构成的向量组记为 $\mathbf{R}^n$,求它的秩.

解 因为 n 维单位坐标向量组 $\boldsymbol{e}_1,\boldsymbol{e}_2,\cdots,\boldsymbol{e}_n$ 线性无关,且任一 n 维向量都可由它们线性表示,所以 $\boldsymbol{e}_1,\boldsymbol{e}_2,\cdots,\boldsymbol{e}_n$ 为 $\mathbf{R}^n$ 的极大无关组,即 $\mathbf{R}^n$ 的秩为 n.

显然,一个线性无关向量组的极大无关组就是它自身.由此可得:

定理 1 向量组线性无关的充分必要条件是它的秩等于它所含向量的个数.

推论 向量组线性相关的充分必要条件是它的秩小于它所含向量的个数.

定理 2 若向量组Ⅰ可由向量组Ⅱ线性表示,则 r(Ⅰ)$\leqslant$r(Ⅱ);若这两个向量组等价,则

r(Ⅰ)=r(Ⅱ).

证 设 r(Ⅰ)$=r$,r(Ⅱ)$=t$,并设向量组Ⅰ的一个极大无关组为 $\boldsymbol{a}_1,\boldsymbol{a}_2,\cdots,\boldsymbol{a}_r$,向量组Ⅱ的一个极大无关组为 $\boldsymbol{b}_1,\boldsymbol{b}_2,\cdots,\boldsymbol{b}_t$,则向量组Ⅰ与 $\boldsymbol{a}_1,\boldsymbol{a}_2,\cdots,\boldsymbol{a}_r$ 等价,向量组Ⅱ与 $\boldsymbol{b}_1,\boldsymbol{b}_2,\cdots,\boldsymbol{b}_t$ 等价.已知向量组Ⅰ可以由向量组Ⅱ线性表示,由线性表示关系的传递性,$\boldsymbol{a}_1,\boldsymbol{a}_2,\cdots,\boldsymbol{a}_r$ 可由 $\boldsymbol{b}_1,\boldsymbol{b}_2,\cdots,\boldsymbol{b}_t$ 线性表示.由于 $\boldsymbol{a}_1,\boldsymbol{a}_2,\cdots,\boldsymbol{a}_r$ 线性无关,由§3.2 定理 6 的推论 1 可知 $r\leqslant t$,即 r(Ⅰ)$\leqslant$r(Ⅱ).

若向量组Ⅰ与Ⅱ等价,则 r(Ⅰ)$\leqslant$r(Ⅱ),r(Ⅱ)$\leqslant$r(Ⅰ),所以 r(Ⅰ)=r(Ⅱ).证毕.

若两个向量组有相同的秩,它们不一定等价.例如,设向量组Ⅰ,Ⅱ分别为

$$\text{Ⅰ}:\boldsymbol{a}_1=[1,0,0]^{\mathrm{T}},\ \boldsymbol{a}_2=[0,1,0]^{\mathrm{T}};$$
$$\text{Ⅱ}:\boldsymbol{b}_1=[1,0,1]^{\mathrm{T}},\ \boldsymbol{b}_2=[0,0,1]^{\mathrm{T}}.$$

它们的秩均为 2,但两向量组不等价.

二、矩阵的秩

定理 3 设 $\boldsymbol{A}$ 是 $m\times n$ 矩阵,$\boldsymbol{B}$ 是 $n\times s$ 矩阵,则

$$\mathrm{r}(\boldsymbol{AB})\leqslant\min\{\mathrm{r}(\boldsymbol{A}),\mathrm{r}(\boldsymbol{B})\}.$$

证 设 $\boldsymbol{C}=\boldsymbol{AB}$，令 $\boldsymbol{C}=[\boldsymbol{c}_1\ \ \boldsymbol{c}_2\ \ \cdots\ \ \boldsymbol{c}_s]$，$\boldsymbol{A}=[\boldsymbol{a}_1\ \ \boldsymbol{a}_2\ \ \cdots\ \ \boldsymbol{a}_n]$，则 $\boldsymbol{C}$ 的第 j 个向量是以 $\boldsymbol{B}$ 的第 j 列元素为系数作 $\boldsymbol{A}$ 的列向量 $\boldsymbol{a}_1,\boldsymbol{a}_2,\cdots,\boldsymbol{a}_n$ 的线性组合所得到的 m 维向量，即向量组 $\boldsymbol{c}_1,\boldsymbol{c}_2,\cdots,\boldsymbol{c}_s$ 可由向量组 $\boldsymbol{a}_1,\boldsymbol{a}_2,\cdots,\boldsymbol{a}_n$ 线性表示. 由定理 2 知 $\mathrm{r}(\boldsymbol{C})\leqslant\mathrm{r}(\boldsymbol{A})$.

又 $\mathrm{r}(\boldsymbol{C})=\mathrm{r}(\boldsymbol{C}^{\mathrm{T}})=\mathrm{r}((\boldsymbol{AB})^{\mathrm{T}})=\mathrm{r}(\boldsymbol{B}^{\mathrm{T}}\boldsymbol{A}^{\mathrm{T}})\leqslant\mathrm{r}(\boldsymbol{B}^{\mathrm{T}})=\mathrm{r}(\boldsymbol{B})$.

我们曾经讨论过矩阵的秩，下面通过向量组的秩来进一步研究矩阵的秩.

定义 3 矩阵的行向量组的秩称为矩阵的**行秩**；矩阵的列向量组的秩称为矩阵的**列秩**.

例 3 求矩阵 $\boldsymbol{A}$ 的行秩和列秩，其中

$$\boldsymbol{A}=\begin{bmatrix}-1 & 2 & 1 & -5\\ 3 & 1 & 4 & 1\\ 1 & 0 & 1 & 1\end{bmatrix}.$$

解 $\boldsymbol{A}$ 的行向量组为

$$\boldsymbol{a}_1=[-1,2,1,-5],\quad \boldsymbol{a}_2=[3,1,4,1],\quad \boldsymbol{a}_3=[1,0,1,1].$$

显然，$\boldsymbol{a}_1,\boldsymbol{a}_2$ 线性无关，且 $\boldsymbol{a}_3=\dfrac{1}{7}(2\boldsymbol{a}_2-\boldsymbol{a}_1)$，所以向量组 $\boldsymbol{a}_1,\boldsymbol{a}_2,\boldsymbol{a}_3$ 的秩为 2，即矩阵 $\boldsymbol{A}$ 的行秩为 2.

$\boldsymbol{A}$ 的列向量组为

$$\boldsymbol{b}_1=[-1,3,1]^{\mathrm{T}},\quad \boldsymbol{b}_2=[2,1,0]^{\mathrm{T}},\quad \boldsymbol{b}_3=[1,4,1]^{\mathrm{T}},\quad \boldsymbol{b}_4=[-5,1,1]^{\mathrm{T}}.$$

显然，由于 $\boldsymbol{b}_1,\boldsymbol{b}_2$ 的分量不成比例，所以 $\boldsymbol{b}_1,\boldsymbol{b}_2$ 线性无关，并且 $\boldsymbol{b}_3=\boldsymbol{b}_1+\boldsymbol{b}_2$，$\boldsymbol{b}_4=\boldsymbol{b}_1-2\boldsymbol{b}_2$，从而向量组 $\boldsymbol{b}_1,\boldsymbol{b}_2,\boldsymbol{b}_3,\boldsymbol{b}_4$ 的秩为 2，即矩阵 $\boldsymbol{A}$ 的列秩为 2.

定理 4 行阶梯形矩阵的行秩等于矩阵的秩.

证 为方便起见，不妨设 $m\times n$ 行阶梯形矩阵为

$$\boldsymbol{A}=\begin{bmatrix}a_{11} & a_{12} & \cdots & a_{1r} & a_{1,r+1} & \cdots & a_{1n}\\ 0 & a_{22} & \cdots & a_{2r} & a_{2,r+1} & \cdots & a_{2n}\\ \vdots & \vdots & & \vdots & \vdots & & \vdots\\ 0 & 0 & \cdots & a_{rr} & a_{r,r+1} & \cdots & a_{rn}\\ 0 & 0 & \cdots & 0 & 0 & \cdots & 0\\ \vdots & \vdots & & \vdots & \vdots & & \vdots\\ 0 & 0 & \cdots & 0 & 0 & \cdots & 0\end{bmatrix},$$

其中 $a_{11},a_{22},\cdots,a_{rr}$ 都不为零，于是知 $\mathrm{r}(\boldsymbol{A})=r$. 同时，矩阵 $\boldsymbol{A}$ 的任一行向量均可由 $\boldsymbol{A}$ 的前 r 个行向量线性表示，且这前 r 个行向量是线性无关的，因此，$\boldsymbol{A}$ 的行秩等于 r.

上面的行阶梯形矩阵的主元刚好出现在矩阵的前 r 列，对一般形式的行阶梯形矩阵同理可得. 所以行阶梯形矩阵的行秩等于矩阵的秩.

定理 5 矩阵 $\boldsymbol{A}$ 的行秩等于矩阵的秩.

证 设矩阵 $\boldsymbol{A}$ 经过初等行变换化为行阶梯形矩阵 $\boldsymbol{B}$，则矩阵 $\boldsymbol{A}$ 的秩等于矩阵 $\boldsymbol{B}$ 的秩. 同

时，矩阵 $\boldsymbol{A}$ 的行向量组与矩阵 $\boldsymbol{B}$ 的行向量组等价，即矩阵 $\boldsymbol{A}$ 的行秩等于矩阵 $\boldsymbol{B}$ 的行秩. 而行阶梯形矩阵 $\boldsymbol{B}$ 的行秩等于矩阵 $\boldsymbol{B}$ 的秩，所以矩阵 $\boldsymbol{A}$ 的行秩等于矩阵 $\boldsymbol{A}$ 的秩.

推论 矩阵 $\boldsymbol{A}$ 的列秩等于矩阵的秩.

证 矩阵 $\boldsymbol{A}$ 的列秩 = 矩阵 $\boldsymbol{A}^{\mathrm{T}}$ 的行秩 = 矩阵 $\boldsymbol{A}^{\mathrm{T}}$ 的秩 = 矩阵 $\boldsymbol{A}$ 的秩.

据此，求向量组的秩可以转化为求以向量组为列(行)的矩阵的秩.

定理 6 若矩阵 $\boldsymbol{A}$ 经过初等行变换化为矩阵 $\boldsymbol{B}$，则矩阵 $\boldsymbol{A}$ 的列向量组中的向量的线性关系与矩阵 $\boldsymbol{B}$ 的列向量组中对应的向量的线性关系相同.

这个定理的证明从略. 若对矩阵施行初等行变换，将矩阵化为如下定义的最简行阶梯形，还可以求出向量组之间的线性关系. **最简行阶梯形矩阵**是指满足如下条件的矩阵：

(1) 它是行阶梯形矩阵；

(2) 主元等于 1；

(3) 主元列除主元之外的其他元素为 0.

例如，下面的矩阵都是最简行阶梯形矩阵：

$$\begin{bmatrix}1&2&0&3\\0&0&1&2\\0&0&0&0\end{bmatrix},\quad \begin{bmatrix}1&0&0&1\\0&1&0&0\\0&0&1&2\\0&0&0&0\end{bmatrix},\quad \begin{bmatrix}1&0&2&0&0\\0&1&3&0&1\\0&0&0&1&3\\0&0&0&0&0\end{bmatrix}.$$

我们用下面的例子来说明定理 5 的作用.

例 4 设 $\boldsymbol{a}_1=[1,-1,2,4]^{\mathrm{T}}$，$\boldsymbol{a}_2=[0,3,1,2]^{\mathrm{T}}$，$\boldsymbol{a}_3=[3,0,7,14]^{\mathrm{T}}$，$\boldsymbol{a}_4=[1,-1,2,0]^{\mathrm{T}}$，$\boldsymbol{a}_5=[2,1,5,6]^{\mathrm{T}}$，试求向量组 $\boldsymbol{a}_1,\boldsymbol{a}_2,\boldsymbol{a}_3,\boldsymbol{a}_4,\boldsymbol{a}_5$ 的一个极大无关组，并将其余的向量用所得的极大无关组表示.

解 设 $\boldsymbol{A}=[\boldsymbol{a}_1\ \ \boldsymbol{a}_2\ \ \boldsymbol{a}_3\ \ \boldsymbol{a}_4\ \ \boldsymbol{a}_5]$，对矩阵 $\boldsymbol{A}$ 施行如下初等行变换：

$$\boldsymbol{A}=\begin{bmatrix}1&0&3&1&2\\-1&3&0&-1&1\\2&1&7&2&5\\4&2&14&0&6\end{bmatrix}\xrightarrow[r_4-4r_1]{\substack{r_2+r_1\\ r_3+(-2)r_1}}\begin{bmatrix}1&0&3&1&2\\0&3&3&0&3\\0&1&1&0&1\\0&2&2&-4&-2\end{bmatrix}$$

$$\xrightarrow[r_4+(-2)r_2]{\substack{r_2\leftrightarrow r_3\\ r_3+(-3)r_2}}\begin{bmatrix}1&0&3&1&2\\0&1&1&0&1\\0&0&0&0&0\\0&0&0&-4&-4\end{bmatrix}\xrightarrow[-\frac{1}{4}r_3]{r_3\leftrightarrow r_4}\begin{bmatrix}1&0&3&1&2\\0&1&1&0&1\\0&0&0&1&1\\0&0&0&0&0\end{bmatrix}$$

$$\xrightarrow{r_1+(-1)r_3}\begin{bmatrix}1&0&3&0&1\\0&1&1&0&1\\0&0&0&1&1\\0&0&0&0&0\end{bmatrix}\xlongequal{\text{记为}}\boldsymbol{B}.$$

所以 $\mathrm{r}(\boldsymbol{A})=\mathrm{r}(\boldsymbol{B})=3$. 令 $\boldsymbol{B}=[\boldsymbol{b}_1\ \ \boldsymbol{b}_2\ \ \boldsymbol{b}_3\ \ \boldsymbol{b}_4\ \ \boldsymbol{b}_5]$,则容易看出 $\boldsymbol{b}_1,\boldsymbol{b}_2,\boldsymbol{b}_4$ 是向量组 $\boldsymbol{b}_1,\boldsymbol{b}_2,\boldsymbol{b}_3,\boldsymbol{b}_4,\boldsymbol{b}_5$ 的一个极大无关组,且有

$$\boldsymbol{b}_3=3\boldsymbol{b}_1+\boldsymbol{b}_2,\quad \boldsymbol{b}_5=\boldsymbol{b}_1+\boldsymbol{b}_2+\boldsymbol{b}_4.$$

因此,由定理 5 可得,$\boldsymbol{a}_1,\boldsymbol{a}_2,\boldsymbol{a}_4$ 是向量组 $\boldsymbol{a}_1,\boldsymbol{a}_2,\boldsymbol{a}_3,\boldsymbol{a}_4,\boldsymbol{a}_5$ 的一个极大无关组,且

$$\boldsymbol{a}_3=3\boldsymbol{a}_1+\boldsymbol{a}_2,\quad \boldsymbol{a}_5=\boldsymbol{a}_1+\boldsymbol{a}_2+\boldsymbol{a}_4.$$

下面我们根据例 4 总结一下如何利用最简行阶梯形矩阵求向量组的极大无关组和确定向量之间的线性关系:

如果将向量组 $\boldsymbol{a}_1,\boldsymbol{a}_2,\cdots,\boldsymbol{a}_m$ 作为矩阵 $\boldsymbol{A}$ 的列,然后对矩阵 $\boldsymbol{A}$ 施行初等行变换将其化为最简行阶梯形矩阵 $\boldsymbol{B}$,则

(1) 若 $\boldsymbol{B}$ 有 r 个主元(即 r 个非零行),则 $\mathrm{r}(\boldsymbol{a}_1,\boldsymbol{a}_2,\cdots,\boldsymbol{a}_m)=r$;

(2) 若 $\boldsymbol{B}$ 的 r 个主元列是第 $j_1,j_2,\cdots,j_r$ 列,则向量组 $\boldsymbol{a}_{j_1},\boldsymbol{a}_{j_2},\cdots,\boldsymbol{a}_{j_r}$ 就是向量组 $\boldsymbol{a}_1,\boldsymbol{a}_2,\cdots,\boldsymbol{a}_m$ 的一个极大无关组;

(3) 若第 j_k 列是非主元列,$\boldsymbol{B}$ 的前 r 行的元素分别为 $b_{1j_k},b_{2j_k},\cdots,b_{rj_k}$,则向量 $\boldsymbol{a}_{j_k}$ 可用极大无关组 $\boldsymbol{a}_{j_1},\boldsymbol{a}_{j_2},\cdots,\boldsymbol{a}_{j_r}$ 线性表示,且有

$$\boldsymbol{a}_{j_k}=b_{1j_k}\boldsymbol{a}_{j_1}+b_{2j_k}\boldsymbol{a}_{j_2}+\cdots+b_{rj_k}\boldsymbol{a}_{j_r}.$$

例 5 求向量组 $\boldsymbol{a}_1=[1,1,1,k]^{\mathrm{T}},\boldsymbol{a}_2=[1,1,k,1]^{\mathrm{T}},\boldsymbol{a}_3=[1,2,1,1]^{\mathrm{T}}$ 的秩和一个极大无关组.

解 对以 $\boldsymbol{a}_1,\boldsymbol{a}_2,\boldsymbol{a}_3$ 为列构成的矩阵 $\boldsymbol{A}$ 施行初等行变换:

$$\boldsymbol{A}=\begin{bmatrix}1&1&1\\1&1&2\\1&k&1\\k&1&1\end{bmatrix}\xrightarrow[r_4+(-1)r_1]{\substack{r_2+(-1)r_1\\r_3+(-1)r_1}}\begin{bmatrix}1&1&1\\0&0&1\\0&k-1&0\\k-1&0&0\end{bmatrix}\xlongequal{\text{记为}}\boldsymbol{B}.$$

当 $k=1$ 时,$\mathrm{r}(\boldsymbol{B})=2$,且 $\boldsymbol{B}$ 的第 1,3 列线性无关,故此时向量组的秩为 2,且 $\boldsymbol{a}_1,\boldsymbol{a}_3$ 是一个极大无关组.

当 $k\neq1$ 时,$\mathrm{r}(\boldsymbol{B})=3$,故向量组 $\boldsymbol{a}_1,\boldsymbol{a}_2,\boldsymbol{a}_3$ 的秩为 3,它本身是一个极大无关组.

习 题 3.3

1. 求下列向量组的秩,并求一个极大无关组:

(1) $\boldsymbol{a}_1=[1,3,2]^{\mathrm{T}},\boldsymbol{a}_2=[-2,-1,1]^{\mathrm{T}},\boldsymbol{a}_3=[3,5,2]^{\mathrm{T}}$;

(2) $\boldsymbol{a}_1=[1,0,2,1]^{\mathrm{T}},\boldsymbol{a}_2=[1,2,0,1]^{\mathrm{T}},\boldsymbol{a}_3=[2,1,3,2]^{\mathrm{T}},\boldsymbol{a}_4=[2,5,-1,4]^{\mathrm{T}}$.

2. 求下列矩阵列向量组的一个极大无关组,并把其余列向量用极大无关组表示出来:

(1) $\begin{bmatrix}2&3&1&4\\1&-1&3&-3\\3&2&4&1\\-1&0&-2&1\end{bmatrix}$; (2) $\begin{bmatrix}3&1&2&1&4\\1&1&0&-1&2\\2&1&1&0&3\\5&2&3&1&7\end{bmatrix}$.

3. 证明：秩为 r 的向量组中，任意 r 个线性无关的向量都是它的极大无关组.

4. 若向量组 $\boldsymbol{B}$ 可由向量组 $\boldsymbol{A}$ 线性表示，且 $\mathrm{r}(\boldsymbol{A})=\mathrm{r}(\boldsymbol{B})$，试证明向量组 $\boldsymbol{A}$ 与向量组 $\boldsymbol{B}$ 等价.

5. 已知两向量组：

$$\text{Ⅰ}：\boldsymbol{\beta}_1=[0,1,-1]^{\mathrm{T}},\ \boldsymbol{\beta}_2=[a,2,1]^{\mathrm{T}},\ \boldsymbol{\beta}_3=[b,1,0]^{\mathrm{T}};$$

$$\text{Ⅱ}：\boldsymbol{\alpha}_1=[1,2,-3]^{\mathrm{T}},\ \boldsymbol{\alpha}_2=[3,0,1]^{\mathrm{T}},\ \boldsymbol{\alpha}_3=[9,6,-7]^{\mathrm{T}}.$$

设Ⅰ与Ⅱ具有相同的秩，且 $\boldsymbol{\beta}_3$ 可由 $\boldsymbol{\alpha}_1,\boldsymbol{\alpha}_2,\boldsymbol{\alpha}_3$ 线性表示，求 a,b 的值.

§3.4 向量的内积与向量组的正交化

一、向量的内积

在三维空间中我们有向量的内积、模及向量的夹角等概念，现在将这些概念推广到 n 维向量上.

定义 1 设 $\boldsymbol{x}=[x_1,x_2,\cdots,x_n]^{\mathrm{T}},\boldsymbol{y}=[y_1,y_2,\cdots,y_n]^{\mathrm{T}}$ 是两个 n 维向量，规定向量 $\boldsymbol{x},\boldsymbol{y}$ 的**内积**为

$$(\boldsymbol{x},\boldsymbol{y})=x_1y_1+x_2y_2+\cdots+x_ny_n.$$

内积也叫做**点积**(**点乘**)，所以有时将两个向量 $\boldsymbol{x},\boldsymbol{y}$ 之间的内积记为 $\boldsymbol{x}\cdot\boldsymbol{y}$. 内积是两个向量之间的一种运算，其结果是一个实数. 由于向量也可看成矩阵，所以根据矩阵乘法运算的定义，内积也可写成

$$(\boldsymbol{x},\boldsymbol{y})=\boldsymbol{x}^{\mathrm{T}}\boldsymbol{y}=\boldsymbol{y}^{\mathrm{T}}\boldsymbol{x}.$$

由内积的定义，容易验证内积具有下列性质：

定理 1 设 $\boldsymbol{x},\boldsymbol{y},\boldsymbol{z}$ 为 n 维向量，k 为实数，则有

(1) $(\boldsymbol{x},\boldsymbol{y})=(\boldsymbol{y},\boldsymbol{x})$；

(2) $(k\boldsymbol{x},\boldsymbol{y})=k(\boldsymbol{x},\boldsymbol{y})$；

(3) $(\boldsymbol{x}+\boldsymbol{y},\boldsymbol{z})=(\boldsymbol{x},\boldsymbol{z})+(\boldsymbol{y},\boldsymbol{z})$；

(4) $(\boldsymbol{x},\boldsymbol{x})\geqslant 0$，当且仅当 $\boldsymbol{x}=\boldsymbol{0}$ 时，$(\boldsymbol{x},\boldsymbol{x})=0$.

定义 2 定义向量 $\boldsymbol{x}=[x_1,x_2,\cdots,x_n]^{\mathrm{T}}$ 的**长度**是

$$\|\boldsymbol{x}\|=\sqrt{(\boldsymbol{x},\boldsymbol{x})}=\sqrt{\boldsymbol{x}^{\mathrm{T}}\boldsymbol{x}}=\sqrt{x_1^2+x_2^2+\cdots+x_n^2}.$$

$\|\boldsymbol{x}\|$ 又称为向量 $\boldsymbol{x}$ 的**模**或**范数**.

显然，只有零向量长度才是零. 由向量长度的定义知，对任意实数 k，有

$$\|k\boldsymbol{x}\|=|k|\ \|\boldsymbol{x}\|$$

当 $\|\boldsymbol{x}\|=1$ 时，称 $\boldsymbol{x}$ 为**单位向量**. 当 $\boldsymbol{x}\neq\boldsymbol{0}$ 时，都有 $\|\boldsymbol{x}\|>0$，且 $\dfrac{1}{\|\boldsymbol{x}\|}\boldsymbol{x}$ 一定是单位向量，并称其为 $\boldsymbol{x}$ 的**单位化向量**.

下面的定理刻画了两个向量的内积与它们的范数之间的关系，称之为**柯西-施瓦茨(Cauchy-Schwarz)不等式**.

定理 2 对任意 n 维向量 $\boldsymbol{x},\boldsymbol{y}$，均有

$$|(\boldsymbol{x},\boldsymbol{y})|\leqslant\|\boldsymbol{x}\|\cdot\|\boldsymbol{y}\|.$$

证 当 $\boldsymbol{y}=\boldsymbol{0}$ 时，结论显然成立.

当 $\boldsymbol{y}\neq\boldsymbol{0}$ 时，对任意的实数 t，由内积的性质得

$$(\boldsymbol{x}+t\boldsymbol{y},\boldsymbol{x}+t\boldsymbol{y})\geqslant 0,\quad 即\quad (\boldsymbol{y},\boldsymbol{y})t^2+2(\boldsymbol{x},\boldsymbol{y})t+(\boldsymbol{x},\boldsymbol{x})\geqslant 0.$$

由于上式对任意的实数 t 均成立，且 $(\boldsymbol{y},\boldsymbol{y})>0$，故

$$[2(\boldsymbol{x},\boldsymbol{y})]^2-4(\boldsymbol{y},\boldsymbol{y})(\boldsymbol{x},\boldsymbol{x})\leqslant 0,$$

从而

$$|(\boldsymbol{x},\boldsymbol{y})|\leqslant\|\boldsymbol{x}\|\cdot\|\boldsymbol{y}\|.$$

有了柯西-施瓦兹不等式，我们可以定义两个 n 维向量的夹角.

定义 3 两非零 n 维向量 $\boldsymbol{x},\boldsymbol{y}$ 的**夹角** $\langle\widehat{\boldsymbol{x},\boldsymbol{y}}\rangle$ 定义为

$$\langle\widehat{\boldsymbol{x},\boldsymbol{y}}\rangle=\arccos\frac{(\boldsymbol{x},\boldsymbol{y})}{\|\boldsymbol{x}\|\cdot\|\boldsymbol{y}\|},\quad 0\leqslant\langle\widehat{\boldsymbol{x},\boldsymbol{y}}\rangle\leqslant\pi.$$

定义 4 若 $(\boldsymbol{x},\boldsymbol{y})=0$，称向量 $\boldsymbol{x}$ 与 $\boldsymbol{y}$ **正交或相互垂直**，记为 $\boldsymbol{x}\perp\boldsymbol{y}$.

这里向量正交的定义与三维空间中向量正交的说法是一致的. 两非零向量正交的充分必要条件是它们的夹角为 $\frac{\pi}{2}$.

零向量与任意同维向量的内积为零，所以规定零向量与任意同维向量正交.

例 1 已知向量 $\boldsymbol{a}_1=[1,1,1]^{\mathrm{T}},\boldsymbol{a}_2=[-1,0,3]^{\mathrm{T}},\boldsymbol{a}_3=[1,-2,1]^{\mathrm{T}}$，求 $\langle\widehat{\boldsymbol{a}_1,\boldsymbol{a}_2}\rangle,\langle\widehat{\boldsymbol{a}_1,\boldsymbol{a}_3}\rangle$.

解 由于 $(\boldsymbol{a}_1,\boldsymbol{a}_2)=1\times(-1)+1\times 0+1\times 3=2$，$\|\boldsymbol{a}_1\|=\sqrt{1^2+1^2+1^2}=\sqrt{3}$，$\|\boldsymbol{a}_2\|=\sqrt{(-1)^2+0^2+3^2}=\sqrt{10}$，所以

$$\langle\widehat{\boldsymbol{a}_1,\boldsymbol{a}_2}\rangle=\arccos\frac{(\boldsymbol{a}_1,\boldsymbol{a}_2)}{\|\boldsymbol{a}_1\|\cdot\|\boldsymbol{a}_2\|}=\arccos\frac{2}{\sqrt{30}}.$$

同理可得 $(\boldsymbol{a}_1,\boldsymbol{a}_3)=0$，所以 $\boldsymbol{a}_1\perp\boldsymbol{a}_3$，即 $\langle\widehat{\boldsymbol{a}_1,\boldsymbol{a}_3}\rangle=\frac{\pi}{2}$.

二、向量组的正交化

定义 5 一组两两正交的非零向量组称为**正交向量组**.

定理 3 正交向量组必线性无关.

证 设向量组 $\boldsymbol{a}_1,\boldsymbol{a}_2,\cdots,\boldsymbol{a}_n$ 是正交向量组，则

$$(\boldsymbol{a}_i,\boldsymbol{a}_j)=0\quad(i\neq j;i,j=1,2,\cdots,n).\tag{1}$$

设有 $k_1,k_2,\cdots,k_n$，使得

$$k_1\boldsymbol{a}_1+k_2\boldsymbol{a}_2+\cdots+k_n\boldsymbol{a}_n=\boldsymbol{0}.$$

上式两端与 $\boldsymbol{a}_i(i=1,2,\cdots,n)$ 作内积得

$$k_1(\boldsymbol{a}_1,\boldsymbol{a}_i)+k_2(\boldsymbol{a}_2,\boldsymbol{a}_i)+\cdots+k_i(\boldsymbol{a}_i,\boldsymbol{a}_i)+\cdots+k_n(\boldsymbol{a}_n,\boldsymbol{a}_i)=0,$$

再由(1)式得

$$k_i(\boldsymbol{a}_i,\boldsymbol{a}_i)=k_i\|\boldsymbol{a}_i\|^2=0,$$

而 $\boldsymbol{a}_i\neq\boldsymbol{0}$，因此 $\|\boldsymbol{a}_i\|^2\neq 0$，从而 $k_i=0(i=1,2,\cdots,n)$. 故向量组 $\boldsymbol{a}_1,\boldsymbol{a}_2,\cdots,\boldsymbol{a}_n$ 线性无关.

由定理 2 知，正交向量组必线性无关，但线性无关的向量组不一定正交. 例如，$\boldsymbol{e}_1=[1,0]^{\mathrm{T}}$，$\boldsymbol{e}_2=[0,1]^{\mathrm{T}}$ 是正交向量组，从而也线性无关；向量组 $\boldsymbol{a}_1=[1,0]^{\mathrm{T}}$，$\boldsymbol{a}_2=[1,1]^{\mathrm{T}}$ 线性无关，但不正交. 对于任意一个线性无关的向量组，可以通过以下定理 4 介绍的**格拉姆-施密特**(Gram-Schmidt)**正交化方法**求得一组与之等价的正交向量组.

定理 4 设向量组 $\boldsymbol{a}_1,\boldsymbol{a}_2,\cdots,\boldsymbol{a}_m$ 线性无关，取向量组

$$\begin{cases}\boldsymbol{b}_1=\boldsymbol{a}_1,\\ \boldsymbol{b}_2=\boldsymbol{a}_2-\dfrac{(\boldsymbol{b}_1,\boldsymbol{a}_2)}{(\boldsymbol{b}_1,\boldsymbol{b}_1)}\boldsymbol{b}_1,\\ \cdots\cdots\cdots\cdots\cdots\cdots\cdots\cdots\cdots\cdots\\ \boldsymbol{b}_m=\boldsymbol{a}_m-\dfrac{(\boldsymbol{b}_1,\boldsymbol{a}_m)}{(\boldsymbol{b}_1,\boldsymbol{b}_1)}\boldsymbol{b}_1-\dfrac{(\boldsymbol{b}_2,\boldsymbol{a}_m)}{(\boldsymbol{b}_2,\boldsymbol{b}_2)}\boldsymbol{b}_2-\cdots-\dfrac{(\boldsymbol{b}_{m-1},\boldsymbol{a}_m)}{(\boldsymbol{b}_{m-1},\boldsymbol{b}_{m-1})}\boldsymbol{b}_{m-1},\end{cases}$$

并令 $\boldsymbol{\eta}_1=\dfrac{1}{\|\boldsymbol{b}_1\|}\boldsymbol{b}_1,\boldsymbol{\eta}_2=\dfrac{1}{\|\boldsymbol{b}_2\|}\boldsymbol{b}_2,\cdots,\boldsymbol{\eta}_m=\dfrac{1}{\|\boldsymbol{b}_m\|}\boldsymbol{b}_m$，则

(1) $\boldsymbol{b}_1,\boldsymbol{b}_2,\cdots,\boldsymbol{b}_m$ 是正交向量组，且与向量组 $\boldsymbol{a}_1,\boldsymbol{a}_2,\cdots,\boldsymbol{a}_m$ 等价；

(2) $\boldsymbol{\eta}_1,\boldsymbol{\eta}_2,\cdots,\boldsymbol{\eta}_m$ 是一组单位化的正交向量组，也称为**规范正交向量组**.

定理 4 的证明从略，读者可自行验证. 显然，$\boldsymbol{\eta}_1,\boldsymbol{\eta}_2,\cdots,\boldsymbol{\eta}_m$ 是与 $\boldsymbol{a}_1,\boldsymbol{a}_2,\cdots,\boldsymbol{a}_m$ 等价的规范正交向量组.

例 2 已知向量组 $\boldsymbol{a}_1=[1,1,0,0]^{\mathrm{T}}$，$\boldsymbol{a}_2=[1,0,1,0]^{\mathrm{T}}$，$\boldsymbol{a}_3=[-1,0,0,1]^{\mathrm{T}}$，$\boldsymbol{a}_4=[1,-1,-1,1]^{\mathrm{T}}$，试用格拉姆-施密特正交化方法把这组向量化为与之等价的规范正交向量组.

解 正交化过程如下：

$$\boldsymbol{b}_1=\boldsymbol{a}_1=[1,1,0,0]^{\mathrm{T}},$$

$$\begin{aligned}\boldsymbol{b}_2&=\boldsymbol{a}_2-\frac{(\boldsymbol{b}_1,\boldsymbol{a}_2)}{(\boldsymbol{b}_1,\boldsymbol{b}_1)}\boldsymbol{b}_1=[1,0,1,0]^{\mathrm{T}}-\frac{1\times1+1\times0+0\times1+0\times0}{1\times1+1\times1+0\times0+0\times0}[1,1,0,0]^{\mathrm{T}}\\&=[1,0,1,0]^{\mathrm{T}}-\frac{1}{2}[1,1,0,0]^{\mathrm{T}}=\left[\frac{1}{2},-\frac{1}{2},1,0\right]^{\mathrm{T}}.\end{aligned}$$

$$\begin{aligned}\boldsymbol{b}_3&=\boldsymbol{a}_3-\frac{(\boldsymbol{b}_1,\boldsymbol{a}_3)}{(\boldsymbol{b}_1,\boldsymbol{b}_1)}\boldsymbol{b}_1-\frac{(\boldsymbol{b}_2,\boldsymbol{a}_3)}{(\boldsymbol{b}_2,\boldsymbol{b}_2)}\boldsymbol{b}_2\\&=[-1,0,0,1]^{\mathrm{T}}-\frac{1\times(-1)+1\times0+0\times0+0\times1}{1\times1+1\times1+0\times0+0\times0}[1,1,0,0]^{\mathrm{T}}\end{aligned}$$

$$-\frac{\frac{1}{2}\times(-1)+\left(-\frac{1}{2}\right)\times 0+1\times 0+0\times 1}{\frac{1}{2}\times\frac{1}{2}+\left(-\frac{1}{2}\right)\times\left(-\frac{1}{2}\right)+1\times 1+0\times 0}\left[\frac{1}{2},-\frac{1}{2},1,0\right]^{\mathrm{T}}$$

$$=[-1,0,0,1]^{\mathrm{T}}+\frac{1}{2}[1,1,0,0]^{\mathrm{T}}+\frac{1}{3}\left[\frac{1}{2},-\frac{1}{2},1,0\right]^{\mathrm{T}}=\left[-\frac{1}{3},\frac{1}{3},\frac{1}{3},1\right]^{\mathrm{T}},$$

$$\boldsymbol{b}_4=\boldsymbol{a}_4-\frac{(\boldsymbol{b}_1,\boldsymbol{a}_4)}{(\boldsymbol{b}_1,\boldsymbol{b}_1)}\boldsymbol{b}_1-\frac{(\boldsymbol{b}_2,\boldsymbol{a}_4)}{(\boldsymbol{b}_2,\boldsymbol{b}_2)}\boldsymbol{b}_2-\frac{(\boldsymbol{b}_3,\boldsymbol{a}_4)}{(\boldsymbol{b}_3,\boldsymbol{b}_3)}\boldsymbol{b}_3$$

$$=[1,-1,-1,1]^{\mathrm{T}}-\frac{1\times 1+1\times(-1)+0\times(-1)+0\times 1}{1\times 1+1\times 1+0\times 0+0\times 0}[1,1,0,0]^{\mathrm{T}}$$

$$-\frac{\frac{1}{2}\times 1+\left(-\frac{1}{2}\right)\times(-1)+1\times(-1)+0\times 1}{\frac{1}{2}\times\frac{1}{2}+\left(-\frac{1}{2}\right)\times\left(-\frac{1}{2}\right)+1\times 1+0\times 0}\left[\frac{1}{2},-\frac{1}{2},1,0\right]^{\mathrm{T}}$$

$$-\frac{\left(-\frac{1}{3}\right)\times 1+\frac{1}{3}\times(-1)+\frac{1}{3}\times(-1)+1\times 1}{\left(-\frac{1}{3}\right)\times\left(-\frac{1}{3}\right)+\frac{1}{3}\times\frac{1}{3}+\frac{1}{3}\times\frac{1}{3}+1\times 1}\left[-\frac{1}{3},\frac{1}{3},\frac{1}{3},1\right]^{\mathrm{T}}$$

$$=[1,-1,-1,1]^{\mathrm{T}}-0\times[1,1,0,0]^{\mathrm{T}}-0\times\left[\frac{1}{2},-\frac{1}{2},1,0\right]^{\mathrm{T}}-0\times\left[-\frac{1}{3},\frac{1}{3},\frac{1}{3},1\right]^{\mathrm{T}}$$

$$=[1,-1,-1,1]^{\mathrm{T}}.$$

单位化得

$$\boldsymbol{\eta}_1=\frac{\boldsymbol{b}_1}{\|\boldsymbol{b}_1\|}=\frac{1}{\sqrt{2}}[1,1,0,0]^{\mathrm{T}},\quad \boldsymbol{\eta}_2=\frac{\boldsymbol{b}_2}{\|\boldsymbol{b}_2\|}=\frac{1}{\sqrt{6}}[1,-1,2,0]^{\mathrm{T}},$$

$$\boldsymbol{\eta}_3=\frac{\boldsymbol{b}_3}{\|\boldsymbol{b}_3\|}=\frac{1}{\sqrt{12}}[-1,1,1,3]^{\mathrm{T}},\quad \boldsymbol{\eta}_4=\frac{\boldsymbol{b}_4}{\|\boldsymbol{b}_4\|}=\frac{1}{2}[1,-1,-1,1]^{\mathrm{T}},$$

则 $\boldsymbol{\eta}_1,\boldsymbol{\eta}_2,\boldsymbol{\eta}_3,\boldsymbol{\eta}_4$ 是与 $\boldsymbol{a}_1,\boldsymbol{a}_2,\boldsymbol{a}_3,\boldsymbol{a}_4$ 等价的规范正交向量组.

三、正交矩阵

定义 6 如果 n 阶方阵 $\boldsymbol{A}$ 满足 $\boldsymbol{A}^{\mathrm{T}}\boldsymbol{A}=\boldsymbol{I}$,那么称矩阵 $\boldsymbol{A}$ 为**正交矩阵**,简称**正交阵**.

例如

$$\begin{bmatrix}-\sqrt{2}/2 & -\sqrt{6}/6 & \sqrt{3}/3\\ \sqrt{2}/2 & -\sqrt{6}/6 & \sqrt{3}/3\\ 0 & \sqrt{6}/3 & \sqrt{3}/3\end{bmatrix},\quad \begin{bmatrix}1/2 & -1/2 & 1/2 & -1/2\\ 1/2 & -1/2 & -1/2 & 1/2\\ \sqrt{2}/2 & \sqrt{2}/2 & 0 & 0\\ 0 & 0 & \sqrt{2}/2 & \sqrt{2}/2\end{bmatrix}$$

都是正交阵.

显然,如果 $\boldsymbol{a}_1,\boldsymbol{a}_2,\cdots,\boldsymbol{a}_n$ 是由 n 维向量构成的规范正交向量组,那么矩阵

$$A=[a_1\quad a_2\quad \cdots\quad a_n]$$

必为正交矩阵.

容易验证,正交矩阵有下述**性质**:

(1) 若 A 为正交阵,则 $A^{-1}=A^{\mathrm{T}}$ 也是正交阵,且 $|A|=\pm 1$;

(2) 若 A 和 B 都是正交阵,则 AB 也正交阵.

如果令 n 阶方阵 $A=[a_1\quad a_2\quad \cdots\quad a_n]$,则由 $A^{\mathrm{T}}A=I$ 可得

$$\begin{bmatrix} a_1^{\mathrm{T}} \\ a_2^{\mathrm{T}} \\ \vdots \\ a_n^{\mathrm{T}} \end{bmatrix}[a_1\quad a_2\quad \cdots\quad a_n]=I \Longrightarrow a_i^{\mathrm{T}}a_j=\begin{cases}1, & i=j, \\ 0, & i\neq j.\end{cases}$$

于是有如下正交矩阵的判定定理:

定理 5 方阵 A 为正交阵的充分必要条件是 A 的列向量都是两两正交的单位向量.

因为 $AA^{\mathrm{T}}=I$ 与 $A^{\mathrm{T}}A=I$ 等价,所以定理 5 对 A 的行向量也成立.

习 题 3.4

1. 设向量 $a=[1,2,-1]^{\mathrm{T}}$, $b=[3,1,2]^{\mathrm{T}}$, $c=[-4,2,0]^{\mathrm{T}}$,试求:

(1) a,b,c 的长度和单位化向量;

(2) (a,b), (b,c), (a,c);

(3) $\langle\widehat{a,b}\rangle$, $\langle\widehat{a,c}\rangle$, $\langle\widehat{b,c}\rangle$.

2. 试证明:对任意 n 维两向量 a,b,有 $\|a+b\|\leqslant\|a\|+\|b\|$(三角不等式).

3. 试用格拉姆-施密特正交化方法把下列向量组化为与之等价的规范正交向量组:

(1) $a_1=[1,1,1]^{\mathrm{T}}$, $a_2=[-1,1,0]^{\mathrm{T}}$, $a_3=[-1,0,1]^{\mathrm{T}}$;

(2) $a_1=[1,2,1]^{\mathrm{T}}$, $a_2=[2,3,3]^{\mathrm{T}}$, $a_3=[3,7,1]^{\mathrm{T}}$;

(3) $a_1=[1,0,1,0]^{\mathrm{T}}$, $a_2=[0,1,2,1]^{\mathrm{T}}$, $a_3=[0,-1,0,1]^{\mathrm{T}}$, $a_4=[-1,-2,1,0]^{\mathrm{T}}$.

4. 判别下列矩阵是否为正交阵:

(1) $\begin{bmatrix} \sin\theta & -\cos\theta \\ \cos\theta & \sin\theta \end{bmatrix}$; (2) $\begin{bmatrix} 1 & -1/2 & -1/3 \\ -1/2 & 1 & 1/2 \\ 1/3 & 1/2 & -1 \end{bmatrix}$.

§3.5 线性方程组及其消元解法

一、线性方程组的一般形式

本节与下一节这两节主要讨论形如

$$\begin{cases} a_{11}x_1+a_{12}x_2+\cdots+a_{1n}x_n=b_1, \\ a_{21}x_1+a_{22}x_2+\cdots+a_{2n}x_n=b_2, \\ \cdots\cdots\cdots\cdots\cdots\cdots\cdots\cdots \\ a_{m1}x_1+a_{m2}x_2+\cdots+a_{mn}x_n=b_m \end{cases} \tag{1}$$

的一般线性方程组的求解，其中 m,n 是任意的正整数.

利用矩阵的乘法，可以把线性方程组(1)表示成如下的矩阵形式

$$\boldsymbol{Ax}=\boldsymbol{b}, \tag{2}$$

其中

$$\boldsymbol{A}=\begin{bmatrix} a_{11} & a_{12} & \cdots & a_{1n} \\ a_{21} & a_{22} & \cdots & a_{2n} \\ \vdots & \vdots & & \vdots \\ a_{m1} & a_{m2} & \cdots & a_{mn} \end{bmatrix}, \quad \boldsymbol{x}=\begin{bmatrix} x_1 \\ x_2 \\ \vdots \\ x_n \end{bmatrix}, \quad \boldsymbol{b}=\begin{bmatrix} b_1 \\ b_2 \\ \vdots \\ b_m \end{bmatrix},$$

并称 $\boldsymbol{A}$ 为方程组(1)的**系数矩阵**，称 $\boldsymbol{x}$ 为**未知数向量**，称 $\boldsymbol{b}$ 为**常数项向量**或**右端向量**. 当右端向量 $\boldsymbol{b}=\boldsymbol{0}$ 时，方程组(2)为齐次线性方程组，否则(2)为非齐次线性方程组.

如下矩阵

$$\boldsymbol{B}=\begin{bmatrix} a_{11} & a_{12} & \cdots & a_{1n} & b_1 \\ a_{21} & a_{22} & \cdots & a_{2n} & b_2 \\ \vdots & \vdots & & \vdots & \vdots \\ a_{m1} & a_{m2} & \cdots & a_{mn} & b_m \end{bmatrix}$$

称为方程组(1)的**增广矩阵**. 利用分块矩阵的记法，增广矩阵 $\boldsymbol{B}$ 可记为

$$\boldsymbol{B}=[\boldsymbol{A} \mid \boldsymbol{b}]=[\boldsymbol{a}_1 \quad \boldsymbol{a}_2 \quad \cdots \quad \boldsymbol{a}_n \quad \boldsymbol{b}],$$

其中 $\boldsymbol{a}_1,\boldsymbol{a}_2,\cdots,\boldsymbol{a}_n$ 为系数矩阵 $\boldsymbol{A}$ 的列向量.

满足方程组 $\boldsymbol{Ax}=\boldsymbol{b}$ 的向量 $\boldsymbol{x}$，称为此方程组 $\boldsymbol{Ax}=\boldsymbol{b}$ 的**解向量**.

利用系数矩阵 $\boldsymbol{A}$ 的列向量 $\boldsymbol{a}_1,\boldsymbol{a}_2,\cdots,\boldsymbol{a}_n$，又可将方程组(1)表成如下形式

$$[\boldsymbol{a}_1 \quad \boldsymbol{a}_2 \quad \cdots \quad \boldsymbol{a}_n]\begin{bmatrix} x_1 \\ x_2 \\ \vdots \\ x_n \end{bmatrix}=\boldsymbol{b},$$

即

$$x_1\boldsymbol{a}_1+x_2\boldsymbol{a}_2+\cdots+x_n\boldsymbol{a}_n=\boldsymbol{b}. \tag{3}$$

同理若把系数矩阵 $\boldsymbol{A}$ 按行分成 m 块，则线性方程组(1)可记做

$$\begin{bmatrix}\boldsymbol{\alpha}_1\\ \boldsymbol{\alpha}_2\\ \vdots\\ \boldsymbol{\alpha}_m\end{bmatrix}\boldsymbol{x}=\begin{bmatrix}b_1\\ b_2\\ \vdots\\ b_m\end{bmatrix}\quad 或 \quad \begin{cases}\boldsymbol{\alpha}_1\boldsymbol{x}=b_1,\\ \boldsymbol{\alpha}_2\boldsymbol{x}=b_2,\\ \cdots\cdots\\ \boldsymbol{\alpha}_m\boldsymbol{x}=b_m,\end{cases} \tag{4}$$

其中 $\boldsymbol{\alpha}_1,\boldsymbol{\alpha}_2,\cdots,\boldsymbol{\alpha}_m$ 为系数矩阵 $\boldsymbol{A}$ 的行向量.

式(2),(3),(4)是线性方程组(1)常见的表达形式.通过不同的表达形式,可以利用矩阵的有关理论和向量组线性相关性理论对线性方程组进行研究.在本章后面的内容里,我们将根据需要采用不同的线性方程组的表达形式.对于齐次线性方程组

$$\begin{cases}a_{11}x_1+a_{12}x_2+\cdots+a_{1n}x_n=0,\\ a_{21}x_1+a_{22}x_2+\cdots+a_{2n}x_n=0,\\ \cdots\cdots\cdots\cdots\cdots\cdots\cdots\cdots\\ a_{m1}x_1+a_{m2}x_2+\cdots+a_{mn}x_n=0,\end{cases} \tag{5}$$

我们采用同样的约定.例如,

$$\boldsymbol{A}\boldsymbol{x}=\boldsymbol{0},\quad x_1\boldsymbol{a}_1+x_2\boldsymbol{a}_2+\cdots+x_n\boldsymbol{a}_n=\boldsymbol{0},\quad \begin{bmatrix}\boldsymbol{\alpha}_1\\ \boldsymbol{\alpha}_2\\ \vdots\\ \boldsymbol{\alpha}_m\end{bmatrix}\boldsymbol{x}=\begin{bmatrix}0\\ 0\\ \vdots\\ 0\end{bmatrix}$$

等都表示齐次线性方程组(5).

二、线性方程组的消元法

消元法是求解线性方程组的基本而有效的方法,并且在整个线性代数的理论研究中,有着十分重要的作用.消元法的基本思想是通过同解变换把方程组化为容易求解的方程组.在中学代数中,已经学过用消元法解简单的线性方程组,这一方法也适用于求解一般的线性方程组.下面通过实例加以说明.

例 1 解线性方程组

$$\begin{cases}2x_1-x_2-3x_3=1,\\ x_1-x_2-x_3=2,\\ 3x_1+2x_2-5x_3=0.\end{cases}$$

解 交换第一个和第二个方程,得

$$\begin{cases}x_1-x_2-x_3=2,\\ 2x_1-x_2-3x_3=1,\\ 3x_1+2x_2-5x_3=0.\end{cases}$$

为了消去后两个方程中的 x_1,第一个方程两边乘以(-2)加到第二个方程上去,第一个方程两边乘以(-3)加到第三个方程上去,得

$$\begin{cases} x_1-x_2-\ x_3=2, \\ \qquad x_2-\ x_3=-3, \\ \quad 5x_2-2x_3=-6. \end{cases}$$

为了消去第三个方程中的 x_2，第二个方程两边乘以(-5)加到第三个方程上去，得

$$\begin{cases} x_1-x_2-x_3=2, \\ \qquad x_2-x_3=-3, \\ \qquad\quad 3x_3=9. \end{cases}$$

最后一个方程组是一个系数矩阵为上三角矩阵的阶梯形式的方程组，从第三个方程可求得 x_3 的值，然后再逐次代入前两个方程，求出 x_2，x_1（回代过程），得

$$\begin{cases} x_1=5, \\ x_2=0, \\ x_3=3 \end{cases} \quad 或 \quad \begin{bmatrix} x_1 \\ x_2 \\ x_3 \end{bmatrix}=\begin{bmatrix} 5 \\ 0 \\ 3 \end{bmatrix}.$$

从上例的求解过程可以看出，消元法是对线性方程组反复施行以下三种变换：

(1) 交换两个方程的位置；

(2) 用非零数乘以某一个方程的两边；

(3) 用非零数乘以某一个方程的两边后加到另一个方程上去.

上述三种变换通常称为线性方程组的**初等变换**. 可以证明，通过初等变换所得到的新方程组与原方程组同解，故也称它们为线性方程组的同解变换. 利用初等变换把原方程组化为阶梯形式的方程组，再用回代方法解出原方程组的解，这一解法叫做**高斯**(Gauss)**消去法**. 它分为消元过程和回代过程两部分.

方程组的上述三种同解变换对应于矩阵的三种初等行变换，因此用消元法解线性方程组时，只需写出方程组的增广矩阵，对增广矩阵施行一系列的初等行变换：先化为行阶梯形矩阵，再化成最简行阶梯形矩阵.

这样，例 1 的求解过程就可以通过对方程组的增广矩阵施行初等行变换来实现. 具体过程如下：

$$[\boldsymbol{A} \vdots \boldsymbol{b}]=\begin{bmatrix} 2 & -1 & -3 & 1 \\ 1 & -1 & -1 & 2 \\ 3 & 2 & -5 & 0 \end{bmatrix} \xrightarrow{r_1 \leftrightarrow r_2} \begin{bmatrix} 1 & -1 & -1 & 2 \\ 2 & -1 & -3 & 1 \\ 3 & 2 & -5 & 0 \end{bmatrix}$$

$$\xrightarrow[r_3+(-3)r_1]{r_2+(-2)r_1} \begin{bmatrix} 1 & -1 & -1 & 2 \\ 0 & 1 & -1 & -3 \\ 0 & 5 & -2 & -6 \end{bmatrix} \xrightarrow{r_3+(-5)r_2} \begin{bmatrix} 1 & -1 & -1 & 2 \\ 0 & 1 & -1 & -3 \\ 0 & 0 & 3 & 9 \end{bmatrix}$$

$$\xrightarrow{r_3 \times \frac{1}{3}} \begin{bmatrix} 1 & -1 & -1 & 2 \\ 0 & 1 & -1 & -3 \\ 0 & 0 & 1 & 3 \end{bmatrix} \xrightarrow[r_2+r_3]{r_1+r_2} \begin{bmatrix} 1 & 0 & -2 & -1 \\ 0 & 1 & 0 & 0 \\ 0 & 0 & 1 & 3 \end{bmatrix}$$

$$\xrightarrow{r_1+2r_3}\begin{bmatrix}1&0&0&5\\0&1&0&0\\0&0&1&3\end{bmatrix}.$$

由最后一个矩阵立即得方程组的解为

$$\begin{cases}x_1=5,\\x_2=0,\\x_3=3\end{cases}\quad\text{或}\quad\begin{bmatrix}x_1\\x_2\\x_3\end{bmatrix}=\begin{bmatrix}5\\0\\3\end{bmatrix}.$$

下面讨论对于一般线性方程组

$$\boldsymbol{Ax}=\boldsymbol{b}\tag{6}$$

的消元法,这里 $\boldsymbol{A}\in\mathbf{R}^{m\times n}$,$\boldsymbol{x}\in\mathbf{R}^n$,$\boldsymbol{b}\in\mathbf{R}^m$. 设 $\boldsymbol{B}=[\boldsymbol{A}\mid\boldsymbol{b}]$,并假设对 $\boldsymbol{B}$ 施行了一系列的初等行变换,化成如下的最简行阶梯形矩阵:

$$\begin{bmatrix}1&0&\cdots&0&b_{11}&\cdots&b_{1,n-r}&d_1\\0&1&\cdots&0&b_{21}&\cdots&b_{2,n-r}&d_2\\\vdots&\vdots&&\vdots&\vdots&&\vdots&\vdots\\0&0&\cdots&1&b_{r1}&\cdots&b_{r,n-r}&d_r\\0&0&\cdots&0&0&\cdots&0&d_{r+1}\\0&0&\cdots&0&0&\cdots&0&0\\\vdots&\vdots&&\vdots&\vdots&&\vdots&\vdots\\0&0&\cdots&0&0&\cdots&0&0\end{bmatrix}.\tag{7}$$

由此得等价(同解)的线性方程组为

$$\begin{cases}x_1\qquad\quad+b_{11}x_{r+1}+\cdots+b_{1,n-r}x_n=d_1,\\\quad x_2\qquad+b_{21}x_{r+1}+\cdots+b_{2,n-r}x_n=d_2,\\\cdots\cdots\cdots\cdots\cdots\cdots\cdots\cdots\cdots\cdots\\\qquad\quad x_r+b_{r1}x_{r+1}+\cdots+b_{r,n-r}x_n=d_r,\\\qquad\qquad\qquad\qquad\qquad\qquad 0=d_{r+1}.\end{cases}\tag{8}$$

由方程组(8)可直接得到:

(1) 当 $d_{r+1}\neq0$ 时,方程组(8)的最后一个方程是矛盾方程,从而原方程组(6)无解. 用矩阵的秩来表述,即当 $\mathrm{r}(\boldsymbol{A})\neq\mathrm{r}(\boldsymbol{B})$ 时,方程组(6)无解.

(2) 当 $d_{r+1}=0$ 时,即 $\mathrm{r}(\boldsymbol{A})=\mathrm{r}(\boldsymbol{B})$ 时,方程组(8)有解,从而原方程组(6)有解. 此时有以下两种情况:

① 若 $r=n$,则方程组(5)只有唯一解:$[x_1,x_2,\cdots,x_n]^{\mathrm{T}}=[d_1,d_2,\cdots,d_n]^{\mathrm{T}}$.

② 若 $r<n$，把 $x_{r+1},x_{r+2},\cdots,x_n$ 看做可任意取值的量，称为**自由未知量**，则得对应的方程组：

$$\begin{cases} x_1=-b_{11}x_{r+1}-\cdots-b_{1,n-r}x_n+d_1, \\ x_2=-b_{21}x_{r+1}-\cdots-b_{2,n-r}x_n+d_2, \\ \cdots\cdots\cdots\cdots\cdots\cdots\cdots\cdots\cdots \\ x_r=-b_{r1}x_{r+1}-\cdots-b_{r,n-r}x_n+d_r. \end{cases} \tag{9}$$

令自由未知量 $x_{r+1}=c_1,\cdots,x_n=c_{n-r}$，则得方程组(5)的含有 $n-r$ 个参数的解

$$\begin{cases} x_1=-b_{11}c_1-\cdots-b_{1,n-r}c_{n-r}+d_1, \\ \cdots\cdots\cdots\cdots\cdots\cdots\cdots\cdots\cdots \\ x_r=-b_{r1}c_1-\cdots-b_{r,n-r}c_{n-r}+d_r, \\ x_{r+1}=c_1, \\ \cdots\cdots\cdots \\ x_n=c_{n-r}, \end{cases} \tag{10}$$

写成向量形式即为

$$\boldsymbol{x}=\begin{bmatrix} x_1 \\ \vdots \\ x_r \\ x_{r+1} \\ \vdots \\ x_n \end{bmatrix}=c_1\begin{bmatrix} -b_{11} \\ \vdots \\ -b_{r1} \\ 1 \\ \vdots \\ 0 \end{bmatrix}+\cdots+c_{n-r}\begin{bmatrix} -b_{1,n-r} \\ \vdots \\ -b_{r,n-r} \\ 0 \\ \vdots \\ 1 \end{bmatrix}+\begin{bmatrix} d_1 \\ \vdots \\ d_r \\ 0 \\ \vdots \\ 0 \end{bmatrix}. \tag{11}$$

由于参数 $c_1,c_2,\cdots,c_{n-r}$ 可任意取值，故这时方程组(5)有无限多个解.

当 $\mathrm{r}(\boldsymbol{A})=\mathrm{r}(\boldsymbol{B})=r<n$ 时，因为含 $n-r$ 个参数的解(11)可表示线性方程组(9)的所有解，从而也可表示线性方程组(6)的任一解，因此解(11)称为线性方程组 $\boldsymbol{Ax}=\boldsymbol{b}$ 的**通解**.

综合上面的讨论得到如下结论：

定理 1 对于 n 元线性方程组 $\boldsymbol{Ax}=\boldsymbol{b}$，设 $\boldsymbol{B}=[\boldsymbol{A}\,\vdots\,\boldsymbol{b}]$，则有

(1) 当 $\mathrm{r}(\boldsymbol{A})\neq\mathrm{r}(\boldsymbol{B})$ 时，该方程组无解；

(2) 当 $\mathrm{r}(\boldsymbol{A})=\mathrm{r}(\boldsymbol{B})=n$ 时，该方程组有唯一解；

(3) 当 $\mathrm{r}(\boldsymbol{A})=\mathrm{r}(\boldsymbol{B})<n$ 时，该方程组有无穷多解.

由定理 1 容易得出齐次线性方程组 $\boldsymbol{Ax}=\boldsymbol{0}$ 的解的相关结论：

定理 2 设 $\boldsymbol{A}\in\mathbf{R}^{m\times n}$，$\boldsymbol{x}\in\mathbf{R}^n$，对于 n 元齐次线性方程组 $\boldsymbol{Ax}=\boldsymbol{0}$，有

(1) 当 $\mathrm{r}(\boldsymbol{A})=n$ 时，该方程组有唯一解 $\boldsymbol{0}$；

(2) 当 $\mathrm{r}(\boldsymbol{A})<n$，则该方程组有无穷多解(非零解).

显然，上述结论与第一章关于线性方程组的结论是完全一致的. 上面的讨论过程给出了求解线性方程组的具体步骤，归纳如下：

(1) 对于非齐次线性方程组，利用初等行变换将增广矩阵 $\boldsymbol{B}$ 化为行阶梯形矩阵，从此行阶梯形可确定 $\mathrm{r}(\boldsymbol{A})$ 和 $\mathrm{r}(\boldsymbol{B})$. 若 $\mathrm{r}(\boldsymbol{A})<\mathrm{r}(\boldsymbol{B})$，则方程组无解；若 $\mathrm{r}(\boldsymbol{A})=\mathrm{r}(\boldsymbol{B})$，则方程组有解.

(2) 若 $\mathrm{r}(\boldsymbol{A})=\mathrm{r}(\boldsymbol{B})$，则进一步把 $\boldsymbol{B}$ 化为最简行阶梯形矩阵. 而对于齐次线性方程组，则把系数矩阵 $\boldsymbol{A}$ 化为最简行阶梯形矩阵.

(3) 设 $\mathrm{r}(\boldsymbol{A})=\mathrm{r}(\boldsymbol{B})=r$，把最简行阶梯形矩阵中 r 个非零行的第一个非零元(主元)所对应的未知量取做非自由未知量，其余 $n-r$ 个未知量取做自由未知量，并令自由未知量分别等于任意实数 $c_1,c_2,\cdots,c_{n-r}$，再由最简行阶梯形矩阵，即可写出含 $n-r$ 个参数的通解.

例 2 求解齐次线性方程组

$$\begin{cases} x_1+2x_2+x_3-x_4=0, \\ 2x_1+x_2-x_3+4x_4=0, \\ x_1-x_2-2x_3+5x_4=0. \end{cases}$$

解 对方程组的系数矩阵 $\boldsymbol{A}$ 施行初等行变换化为最简行阶梯形矩阵：

$$\boldsymbol{A}=\begin{bmatrix} 1 & 2 & 1 & -1 \\ 2 & 1 & -1 & 4 \\ 1 & -1 & -2 & 5 \end{bmatrix} \xrightarrow[r_3+(-1)r_1]{r_2+(-2)r_1} \begin{bmatrix} 1 & 2 & 1 & -1 \\ 0 & -3 & -3 & 6 \\ 0 & -3 & -3 & 6 \end{bmatrix}$$

$$\xrightarrow[\left(-\frac{1}{3}\right)r_2]{r_3+(-2)r_1} \begin{bmatrix} 1 & 2 & 1 & -1 \\ 0 & 1 & 1 & -2 \\ 0 & 0 & 0 & 0 \end{bmatrix} \xrightarrow{r_1+(-2)r_1} \begin{bmatrix} 1 & 0 & -1 & 3 \\ 0 & 1 & 1 & -2 \\ 0 & 0 & 0 & 0 \end{bmatrix}.$$

由此得与原方程组同解的方程组

$$\begin{cases} x_1 \quad -x_3+3x_4=0, \\ \quad x_2+x_3-2x_4=0. \end{cases}$$

取 x_3,x_4 为自由未知量，得 $\begin{cases} x_1=x_3-3x_4, \\ x_2=-x_3+2x_4. \end{cases}$ 令 $x_3=c_1,x_4=c_2$（c_1,c_2 为任意实数），则原方程组的通解为

$$\begin{cases} x_1=c_1-3c_2, \\ x_2=-c_1+2c_2, \\ x_3=c_1, \\ x_4=c_2 \end{cases} \quad (c_1,c_2\in\mathbf{R}),$$

或写成向量形式

$$\begin{bmatrix} x_1 \\ x_2 \\ x_3 \\ x_4 \end{bmatrix}=c_1\begin{bmatrix} 1 \\ -1 \\ 1 \\ 0 \end{bmatrix}+c_2\begin{bmatrix} -3 \\ 2 \\ 0 \\ 1 \end{bmatrix} \quad (c_1,\ c_2\in\mathbf{R}).$$

例 3 求解非齐次线性方程组

$$\begin{cases}2x_1-\ x_2+3x_3=1,\\4x_1-2x_2+5x_3=4,\\2x_1-\ x_2+4x_3=0.\end{cases}$$

解 对方程组的增广矩阵 $\boldsymbol{B}=[\boldsymbol{A}\ \vdots\ \boldsymbol{b}]$施行初等行变换：

$$\boldsymbol{B}=\begin{bmatrix}2&-1&3&1\\4&-2&5&4\\2&-1&4&0\end{bmatrix}\xrightarrow[r_3+(-1)r_1]{r_2+(-2)r_1}\begin{bmatrix}2&-1&3&1\\0&0&-1&2\\0&0&1&-1\end{bmatrix}$$

$$\xrightarrow{r_3+r_2}\begin{bmatrix}2&-1&3&1\\0&0&-1&2\\0&0&0&1\end{bmatrix}.$$

因为 $r(\boldsymbol{A})=2$，$\mathrm{r}(\boldsymbol{B})=3$，即 $\mathrm{r}(\boldsymbol{A})\neq\mathrm{r}(\boldsymbol{B})$，故原方程组无解.

例 4 求解非齐次线性方程组

$$\begin{cases}x_1+2x_2+\ x_3-\ x_4=1\\2x_1+\ x_2-\ x_3+4x_4=4\\x_1-\ x_2-2x_3+5x_4=3\end{cases}$$

解 对方程组的增广矩阵 $\boldsymbol{B}=[\boldsymbol{A}\ \vdots\ \boldsymbol{b}]$施行初等行变换：

$$\boldsymbol{B}=\begin{bmatrix}1&2&1&-1&1\\2&1&-1&4&4\\1&-1&-2&5&3\end{bmatrix}\xrightarrow[r_3+(-1)r_1]{r_2+(-2)r_1}\begin{bmatrix}1&2&1&-1&1\\0&-3&-3&6&2\\0&-3&-3&6&2\end{bmatrix}$$

$$\xrightarrow[\left(-\frac{1}{3}\right)r_2]{r_3+(-1)r_2}\begin{bmatrix}1&2&1&-1&1\\0&1&1&-2&-2/3\\0&0&0&0&0\end{bmatrix}.$$

可见 $\mathrm{r}(\boldsymbol{A})=\mathrm{r}(\boldsymbol{B})=2<4$，故原方程组有无穷多解. 继续作初等行变换，把增广矩阵化为最简行阶梯形矩阵：

$$\boldsymbol{B}\sim\begin{bmatrix}1&2&1&-1&1\\0&1&1&-2&-2/3\\0&0&0&0&0\end{bmatrix}\xrightarrow{r_1+(-2)r_2}\begin{bmatrix}1&0&-1&3&7/3\\0&1&1&-2&-2/3\\0&0&0&0&0\end{bmatrix}.$$

由此可得原方程组的通解为

$$\begin{cases}x_1=x_3-3x_4+7/3,\\x_2=-x_3+2x_4-2/3,\\x_3=x_3,\\x_4=x_4,\end{cases}$$

即

$$\begin{bmatrix}x_1\\x_2\\x_3\\x_4\end{bmatrix}=c_1\begin{bmatrix}1\\-1\\1\\0\end{bmatrix}+c_2\begin{bmatrix}-3\\2\\0\\1\end{bmatrix}+\begin{bmatrix}7/3\\-2/3\\0\\0\end{bmatrix}\quad(c_1,c_2\in\mathbf{R}).$$

例 5 λ 取何值时,非齐次线性方程组

$$\begin{cases}\lambda x_1+x_2+x_3=1,\\ x_1+\lambda x_2+x_3=\lambda,\\ x_1+x_2+\lambda x_3=\lambda^2\end{cases}$$

(1) 有唯一解? (2) 无解? (3) 有无穷多个解?并在有无穷多解时求其通解.

解法 1 对方程组的增广矩阵 $\boldsymbol{B}=[\boldsymbol{A}\,\vdots\,\boldsymbol{b}]$施行初等行变换:

$$\boldsymbol{B}=\begin{bmatrix}\lambda&1&1&1\\1&\lambda&1&\lambda\\1&1&\lambda&\lambda^2\end{bmatrix}\xrightarrow{r_1\leftrightarrow r_3}\begin{bmatrix}1&1&\lambda&\lambda^2\\1&\lambda&1&\lambda\\\lambda&1&1&1\end{bmatrix}$$

$$\xrightarrow[r_3+(-\lambda)r_1]{r_2+(-1)r_1}\begin{bmatrix}1&1&\lambda&\lambda^2\\0&\lambda-1&1-\lambda&\lambda-\lambda^2\\0&1-\lambda&1-\lambda^2&1-\lambda^3\end{bmatrix}$$

$$\xrightarrow{r_3+r_2}\begin{bmatrix}1&1&\lambda&\lambda^2\\0&\lambda-1&1-\lambda&\lambda-\lambda^2\\0&0&(\lambda+2)(1-\lambda)&(1-\lambda)(\lambda+1)^2\end{bmatrix}.$$

所以,当 $\lambda=-2$ 时,$\mathrm{r}(\boldsymbol{A})=2$,$\mathrm{r}(\boldsymbol{B})=3$,即 $\mathrm{r}(\boldsymbol{A})\neq\mathrm{r}(\boldsymbol{B})$,原方程组无解;当 $\lambda\neq1,-2$ 时,$\mathrm{r}(\boldsymbol{B})=\mathrm{r}(\boldsymbol{A})=3$,原方程组有唯一解;当 $\lambda=1$ 时,$\mathrm{r}(\boldsymbol{B})=\mathrm{r}(\boldsymbol{A})=1$,原方程组有无穷多个解.当 $\lambda=1$ 时,增广矩阵成为

$$\boldsymbol{B}=\begin{bmatrix}1&1&1&1\\1&1&1&1\\1&1&1&1\end{bmatrix}\longrightarrow\begin{bmatrix}1&1&1&1\\0&0&0&0\\0&0&0&0\end{bmatrix},$$

易知原方程组的通解为

$$\begin{bmatrix}x_1\\x_2\\x_3\end{bmatrix}=c_1\begin{bmatrix}-1\\1\\0\end{bmatrix}+c_2\begin{bmatrix}-1\\0\\1\end{bmatrix}+\begin{bmatrix}1\\0\\0\end{bmatrix}\quad(c_1,c_2\in\mathbf{R}).$$

解法 2 方程组的系数矩阵 $\boldsymbol{A}$ 为三阶矩阵,且

$$|\boldsymbol{A}|=\begin{vmatrix}\lambda&1&1\\1&\lambda&1\\1&1&\lambda\end{vmatrix}=(\lambda-1)^2(\lambda+2).$$

由定理 1 知,当 $\lambda\neq1,-2$ 时,$|\boldsymbol{A}|\neq0$,原方程组有唯一解;当 $\lambda=-2$ 时,易求得 $\mathrm{r}(\boldsymbol{A})=2$, r($\boldsymbol{B}$)=3,原方程组无解;当 $\lambda=1$ 时,增广矩阵成为

$$\boldsymbol{B}=\begin{bmatrix}1&1&1&1\\1&1&1&1\\1&1&1&1\end{bmatrix}\to\begin{bmatrix}1&1&1&1\\0&0&0&0\\0&0&0&0\end{bmatrix},$$

可见 r($\boldsymbol{B}$)=r($\boldsymbol{A}$)=1<3,原方程组有无穷多解,且其通解为

$$\begin{bmatrix}x_1\\x_2\\x_3\end{bmatrix}=c_1\begin{bmatrix}-1\\1\\0\end{bmatrix}+c_2\begin{bmatrix}-1\\0\\1\end{bmatrix}+\begin{bmatrix}1\\0\\0\end{bmatrix}\quad(c_1,\ c_2\in\mathbf{R}).$$

从以上的解题过程,应该注意以下几点:

(1) 解法 2 比解法 1 简单,避免了对带参数矩阵施行初等行变换,但解法 2 仅适用于系数矩阵为方阵的情形.

(2) 对含参数(例如 λ)的矩阵作初等变换时,因为 $\lambda,\lambda-1$ 等因式可以等于 0,所以不宜作诸如 $r_2+\left(-\dfrac{1}{\lambda}\right)r_1$、$\lambda r_2$,$\dfrac{1}{\lambda-1}r_3$ 这样的变换.若作了这三种变换,则需对 $\lambda=0$(或 $\lambda-1=0$)的情形另作讨论.但可作形如 $r_3+(-\lambda)r_1$ 的初等行变换,因为当 $\lambda=0$ 时,对第 3 行没有影响.

习 题 3.5

1. 写出下列齐次线性方程组的矩阵形式和向量形式:

(1) $\begin{cases}x_1+2x_2+x_3-x_4=0,\\2x_1+x_2-x_3+4x_4=0,\\x_1-x_2-2x_3+5x_4=0;\end{cases}$　　(2) $\begin{cases}x_1+2x_2+2x_3+x_4=0,\\2x_1+x_2-2x_3-2x_4=0,\\x_1-x_2-4x_3-3x_4=0.\end{cases}$

2. 写出下列非齐次线性方程组的矩阵形式和向量形式:

(1) $\begin{cases}3x_1+2x_2+x_3-x_4=1,\\2x_1+x_2-x_3+4x_4=2,\\-x_1-x_2-2x_3+5x_4=3;\end{cases}$　　(2) $\begin{cases}-x_1+2x_2+x_3+x_4=5,\\2x_1+x_2+2x_3-2x_4=0,\\3x_1-x_2+3x_3-3x_4=1.\end{cases}$

3. 求解下列齐次线性方程组:

(1) $\begin{cases}x_1+2x_2+2x_3+x_4=0,\\2x_1+x_2-2x_3-2x_4=0,\\x_1-x_2-4x_3-3x_4=0;\end{cases}$　　(2) $\begin{cases}x_1+x_2+2x_3-x_4=0,\\2x_1+x_2+x_3-x_4=0,\\2x_1+2x_2+x_3+2x_4=0.\end{cases}$

4. 求解下列非齐次线性方程组:

(1) $\begin{cases}x_1+x_2-3x_3-x_4=1,\\3x_1-x_2-3x_3+4x_4=4,\\x_1+5x_2-9x_3-8x_4=0;\end{cases}$　　(2) $\begin{cases}x_1-2x_2+3x_3-x_4=1,\\3x_1-x_2+5x_3-3x_4=2,\\2x_1+x_2+2x_3-2x_4=3;\end{cases}$

(3) $\begin{cases} x_1+x_2+x_3=1, \\ x_1+2x_2-5x_3=2, \\ 2x_1+3x_2-4x_3=5; \end{cases}$ (4) $\begin{cases} x_1+3x_2+5x_3+7x_4=12, \\ 3x_1+5x_2+7x_3+x_4=0, \\ 5x_1+7x_2+x_3+3x_4=4, \\ 7x_1+x_2+3x_3+5x_4=16. \end{cases}$

5. λ 取何值时，非齐次线性方程组

$$\begin{cases} (1+\lambda)x_1+x_2+x_3=0, \\ x_1+(1+\lambda)x_2+x_3=3, \\ x_1+x_2+(1+\lambda)x_3=\lambda \end{cases}$$

(1) 有唯一解？ (2) 无解？ (3) 有无穷多个解？并求其通解.

6. 写出一个以 $\begin{bmatrix} x_1 \\ x_2 \\ x_3 \\ x_4 \end{bmatrix}=c_1\begin{bmatrix} -3 \\ 2 \\ 1 \\ 0 \end{bmatrix}+c_2\begin{bmatrix} 2 \\ -5 \\ 0 \\ 1 \end{bmatrix}$ 为通解的齐次线性方程组.

7. a,b 为何值时，线性方程组

$$\begin{cases} x_1+x_2+x_3+x_4=0, \\ x_2+2x_3+2x_4=1, \\ -x_2+(a-3)x_3-2x_4=b, \\ 3x_1+2x_2+x_3+ax_4=-1 \end{cases}$$

有唯一解？无解？有无穷多解？

8. 判定线性方程组 $\begin{cases} x_1-2x_2+3x_3-4x_4=4, \\ x_2-x_3+x_4=-3, \\ x_1+3x_2-3x_4=1, \\ -7x_2+3x_3+5x_4=-1 \end{cases}$ 是否有解.

9. k 取何值时，线性方程组 $\begin{cases} kx_1+x_2+x_3=k-3, \\ x_1+kx_2+x_3=-2, \\ x_1+x_2+kx_3=-2 \end{cases}$ 无解？有唯一解？有无穷多解？

10. a 取何值时，线性方程组 $\begin{cases} x_1+x_2+x_3=a, \\ ax_1+x_2+x_3=1, \\ x_1+x_2+ax_3=1 \end{cases}$ 有解？

11. 根据 k 的取值，讨论线性方程组 $\begin{cases} x_1+x_2+kx_3=4, \\ -x_1+kx_2+x_3=k^2, \\ x_1-x_2+2x_3=-4 \end{cases}$ 解的情况.

12. 讨论 k 取何值时线性方程组

$$\begin{cases}(2-k)x_1+2x_2-2x_3=1,\\2x_1+(5-k)x_2-4x_3=2,\\-2x_1-4x_2+(5-k)x_3=-k-1\end{cases}$$

有唯一解、无解或有无穷多解，并在有无穷多解时求其通解.

§3.6 线性方程组解的结构

上一节学习了线性方程组的消元法，使用消元法我们已经能够判断和求解一般的线性方程组.下面进一步讨论线性方程组解的结构.所谓解的结构问题就是解与解之间的关系问题.在线性方程组无解和有唯一解的情况下，不存在解的结构问题.在线性方程组有无穷多个解时，它的全部解是否可以用有限多个解来表示？如果可以，如何来表示？为了回答这一问题，需要研究不同解之间的关系.这就是本节要讨论的主要问题.

一、齐次线性方程组解的结构

齐次线性方程组

$$\begin{cases}a_{11}x_1+a_{12}x_2+\cdots+a_{1n}x_n=0,\\a_{21}x_1+a_{22}x_2+\cdots+a_{2n}x_n=0,\\\cdots\cdots\cdots\cdots\cdots\cdots\cdots\cdots\\a_{m1}x_1+a_{m2}x_2+\cdots+a_{mn}x_n=0\end{cases}\tag{1}$$

的矩阵形式为

$$\boldsymbol{Ax}=\boldsymbol{0},$$

其中

$$\boldsymbol{A}=\begin{bmatrix}a_{11}&a_{12}&\cdots&a_{1n}\\a_{21}&a_{22}&\cdots&a_{2n}\\\vdots&\vdots&&\vdots\\a_{m1}&a_{m2}&\cdots&a_{mn}\end{bmatrix},\quad \boldsymbol{x}=\begin{bmatrix}x_1\\x_2\\\vdots\\x_n\end{bmatrix}.$$

下面先讨论齐次线性方程组 $\boldsymbol{Ax}=\boldsymbol{0}$ 的解的性质.

定理 1 若 $\boldsymbol{\xi}_1,\boldsymbol{\xi}_2$ 为线性方程组 $\boldsymbol{Ax}=\boldsymbol{0}$ 的解，则 $\boldsymbol{\xi}_1+\boldsymbol{\xi}_2$ 也是 $\boldsymbol{Ax}=\boldsymbol{0}$ 的解.

证 因为 $\boldsymbol{A}(\boldsymbol{\xi}_1+\boldsymbol{\xi}_2)=\boldsymbol{A\xi}_1+\boldsymbol{A\xi}_2=\boldsymbol{0}+\boldsymbol{0}=\boldsymbol{0}$，所以 $\boldsymbol{\xi}_1+\boldsymbol{\xi}_2$ 是线性方程组 $\boldsymbol{Ax}=\boldsymbol{0}$ 的解.

定理 2 若 $\boldsymbol{\xi}$ 为线性方程组 $\boldsymbol{Ax}=\boldsymbol{0}$ 的解，k 为实数，则 $k\boldsymbol{\xi}$ 也是 $\boldsymbol{Ax}=\boldsymbol{0}$ 的解.

证 因为 $\boldsymbol{A}(k\boldsymbol{\xi})=k\boldsymbol{A\xi}=\boldsymbol{0}$，所以 $k\boldsymbol{\xi}$ 是线性方程组 $\boldsymbol{Ax}=\boldsymbol{0}$ 的解.

由定理 1 和定理 2 可知，若 $\boldsymbol{\xi}_1,\boldsymbol{\xi}_2,\cdots,\boldsymbol{\xi}_t$ 为齐次线性方程组 $\boldsymbol{Ax}=\boldsymbol{0}$ 的解，则

$$\boldsymbol{x}=k_1\boldsymbol{\xi}_1+k_2\boldsymbol{\xi}_2+\cdots+k_t\boldsymbol{\xi}_t$$

也是 $\boldsymbol{Ax}=\boldsymbol{0}$ 的解，其中 $k_1,k_2,\cdots,k_t$ 为任意实数.

定义 如果 $\boldsymbol{\xi}_1,\boldsymbol{\xi}_2,\cdots,\boldsymbol{\xi}_s$ 是齐次线性方程组(1)的非零解向量组的一个极大线性无关组,则称 $\boldsymbol{\xi}_1,\boldsymbol{\xi}_2,\cdots,\boldsymbol{\xi}_s$ 是方程组(1)的**基础解系**.

定理 3 设 n 元齐次线性方程组(1)的系数矩阵的秩 $\mathrm{r}(\boldsymbol{A})=r<n$,则方程组(1)的基础解系存在,并且基础解系所含线性无关解向量的个数等于 $n-r$.

证 由于 $\mathrm{r}(\boldsymbol{A})=r<n$,不妨设 $\boldsymbol{A}$ 的前 r 个列向量线性无关,于是利用初等行变换可将 $\boldsymbol{A}$ 化为最简行阶梯形矩阵

$$\boldsymbol{A}_1=\begin{bmatrix}1 & \cdots & 0 & b_{11} & \cdots & b_{1,n-r}\\ \vdots & \ddots & \vdots & \vdots & & \vdots\\ 0 & \cdots & 1 & b_{r1} & \cdots & b_{r,n-r}\\ 0 & \cdots & 0 & 0 & \cdots & 0\\ \vdots & & \vdots & \vdots & & \vdots\\ 0 & \cdots & 0 & 0 & \cdots & 0\end{bmatrix}.$$

与 $\boldsymbol{A}_1$ 对应的方程组为

$$\begin{cases}x_1=-b_{11}x_{r+1}-\cdots-b_{1,n-r}x_n,\\ \cdots\cdots\cdots\cdots\cdots\cdots\cdots\cdots\cdots\\ x_r=-b_{r1}x_{r+1}-\cdots-b_{r,n-r}x_n,\end{cases}\tag{2}$$

其中 $x_{r+1},\cdots,x_n$ 为自由未知量. 分别取

$$\begin{bmatrix}x_{r+1}\\ x_{r+2}\\ \vdots\\ x_n\end{bmatrix}=\begin{bmatrix}1\\ 0\\ \vdots\\ 0\end{bmatrix},\begin{bmatrix}0\\ 1\\ \vdots\\ 0\end{bmatrix},\cdots,\begin{bmatrix}0\\ 0\\ \vdots\\ 1\end{bmatrix},$$

代入方程组(2),得到 $\boldsymbol{Ax}=\boldsymbol{0}$ 的 $n-r$ 个解,分别为

$$\boldsymbol{\xi}_1=\begin{bmatrix}-b_{11}\\ \vdots\\ -b_{r1}\\ 1\\ 0\\ \vdots\\ 0\end{bmatrix},\quad \boldsymbol{\xi}_2=\begin{bmatrix}-b_{12}\\ \vdots\\ -b_{r2}\\ 0\\ 1\\ \vdots\\ 0\end{bmatrix},\quad \cdots,\quad \boldsymbol{\xi}_{n-r}=\begin{bmatrix}-b_{1,n-r}\\ \vdots\\ -b_{r,n-r}\\ 0\\ 0\\ \vdots\\ 1\end{bmatrix}.$$

现在来证明 $\boldsymbol{\xi}_1,\boldsymbol{\xi}_2,\cdots,\boldsymbol{\xi}_{n-r}$ 是方程组 $\boldsymbol{Ax}=\boldsymbol{0}$ 的一个基础解系.

首先,证明 $\boldsymbol{\xi}_1,\boldsymbol{\xi}_2,\cdots,\boldsymbol{\xi}_{n-r}$ 线性无关. 因为矩阵 $[\boldsymbol{\xi}_1\ \ \boldsymbol{\xi}_2\ \ \cdots\ \ \boldsymbol{\xi}_{n-r}]$ 的后 $n-r$ 行所构成的 $n-r$ 阶子式 $|\boldsymbol{I}_{n-r}|\neq 0$,而无高于 $n-r$ 阶的子式,从而 $\mathrm{r}(\boldsymbol{\xi}_1,\boldsymbol{\xi}_2,\cdots,\boldsymbol{\xi}_{n-r})=n-r$,所以 $\boldsymbol{\xi}_1$, $\boldsymbol{\xi}_2,\cdots,\boldsymbol{\xi}_{n-r}$ 线性无关.

其次,证明方程组 $\boldsymbol{Ax}=\boldsymbol{0}$ 的任一个解 $\boldsymbol{\xi}$ 都可以由 $\boldsymbol{\xi}_1,\boldsymbol{\xi}_2,\cdots,\boldsymbol{\xi}_{n-r}$ 线性表示. 不妨设

$$\boldsymbol{\xi}=[c_1,\cdots,c_r,c_{r+1},c_{r+2},\cdots,c_n]^{\mathrm{T}} \tag{3}$$

是 $\boldsymbol{Ax}=\mathbf{0}$ 的一个解，由于 $\boldsymbol{\xi}_1,\boldsymbol{\xi}_2,\cdots,\boldsymbol{\xi}_{n-r}$ 是 $\boldsymbol{Ax}=\mathbf{0}$ 的解，所以其线性组合

$$c_{r+1}\boldsymbol{\xi}_1+c_{r+2}\boldsymbol{\xi}_2+\cdots+c_n\boldsymbol{\xi}_{n-r} \tag{4}$$

也是 $\boldsymbol{Ax}=\mathbf{0}$ 的一个解. 比较解向量(3)和(4)的最后 $n-r$ 个分量可知，自由未知量有相同的值，从而这两个解完全一样，即

$$\boldsymbol{\xi}=c_{r+1}\boldsymbol{\xi}_1+c_{r+2}\boldsymbol{\xi}_2+\cdots+c_n\boldsymbol{\xi}_{n-r}.$$

这就是说，任一个解都可以由 $\boldsymbol{\xi}_1,\boldsymbol{\xi}_2,\cdots,\boldsymbol{\xi}_{n-r}$ 线性表示.

综合以上两点，就证明了 $\boldsymbol{\xi}_1,\boldsymbol{\xi}_2,\cdots,\boldsymbol{\xi}_{n-r}$ 是方程组 $\boldsymbol{Ax}=\mathbf{0}$ 的一个基础解系，因而齐次线性方程组基础解系存在，是由 $n-r$ 个线性无关的解向量组成.

由定理 3 的证明过程知，当 $\boldsymbol{\xi}_1,\boldsymbol{\xi}_2,\cdots,\boldsymbol{\xi}_{n-r}$ 为方程组 $\boldsymbol{Ax}=\mathbf{0}$ 的基础解系时，方程组 $\boldsymbol{Ax}=\mathbf{0}$ 的通解可以表示为

$$\boldsymbol{x}=k_1\boldsymbol{\xi}_1+k_2\boldsymbol{\xi}_2+\cdots k_{n-r}\boldsymbol{\xi}_{n-r}\quad（其中 k_1,k_2,\cdots,k_{n-r} 为任意实数）.$$

定理 3 的证明过程提供了一种求线性方程组 $\boldsymbol{Ax}=\mathbf{0}$ 基础解系的方法. 需要注意的是基础解系并不是唯一的，只要线性方程组 $\boldsymbol{Ax}=\mathbf{0}$ 的系数矩阵的秩满足条件 $\mathrm{r}(\boldsymbol{A})=r<n$，线性方程组 $\boldsymbol{Ax}=\mathbf{0}$ 的任何 $n-r$ 个线性无关的解向量，都可作为 $\boldsymbol{Ax}=\mathbf{0}$ 的基础解系. 当 $\mathrm{r}(\boldsymbol{A})=n$ 时，线性方程组 $\boldsymbol{Ax}=\mathbf{0}$ 只有零解，因而没有基础解系.

例 1 求齐次线性方程组

$$\begin{cases} x_1+2x_2+x_3-x_4=0, \\ 2x_1+x_2-x_3+4x_4=0, \\ x_1-x_2-2x_3+5x_4=0 \end{cases}$$

的基础解系、通解.

解 对方程组的系数矩阵 $\boldsymbol{A}$ 施行初等行变换，化为最简行阶梯形矩阵：

$$\boldsymbol{A}=\begin{bmatrix}1&2&1&-1\\2&1&-1&4\\1&-1&-2&5\end{bmatrix}\xrightarrow[r_3+(-1)r_1]{r_2+(-2)r_1}\begin{bmatrix}1&2&1&-1\\0&-3&-3&6\\0&-3&-3&6\end{bmatrix}$$

$$\xrightarrow[r_2\times\left(-\frac{1}{3}\right)]{r_3+(-1)r_2}\begin{bmatrix}1&2&1&-1\\0&1&1&-2\\0&0&0&0\end{bmatrix}\xrightarrow{r_1+(-2)r_2}\begin{bmatrix}1&0&-1&3\\0&1&1&-2\\0&0&0&0\end{bmatrix}.$$

由于原方程组系数矩阵的秩 r 小于方程的个数 n，故原方程组存在基础解系. 最后一个矩阵相应的方程组为

$$\begin{cases} x_1-x_3+3x_4=0, \\ x_2+x_3-2x_4=0 \end{cases}\Longrightarrow\begin{cases} x_1=x_3-3x_4, \\ x_2=-x_3+2x_4, \end{cases} \tag{5}$$

其中 x_3,x_4 为自由未知量. 令 $\begin{bmatrix}x_3\\x_4\end{bmatrix}=\begin{bmatrix}1\\0\end{bmatrix}$ 及 $\begin{bmatrix}0\\1\end{bmatrix}$，则对应地有 $\begin{bmatrix}x_1\\x_2\end{bmatrix}=\begin{bmatrix}1\\-1\end{bmatrix}$ 及 $\begin{bmatrix}-3\\2\end{bmatrix}$. 由此

得原方程组的基础解系为

$$\boldsymbol{\xi}_1=[1,-1,1,0]^{\mathrm{T}},\quad \boldsymbol{\xi}_2=[-3,2,0,1]^{\mathrm{T}},$$

于是通解为

$$\boldsymbol{x}=c_1\boldsymbol{\xi}_1+c_2\boldsymbol{\xi}_2\quad(c_1,c_2\in\mathbf{R}),$$

即

$$\begin{bmatrix}x_1\\x_2\\x_3\\x_4\end{bmatrix}=c_1\begin{bmatrix}1\\-1\\1\\0\end{bmatrix}+c_2\begin{bmatrix}-3\\2\\0\\1\end{bmatrix}\quad(c_1,c_2\in\mathbf{R}).$$

根据(5)式,若取$\begin{bmatrix}x_3\\x_4\end{bmatrix}=\begin{bmatrix}1\\-1\end{bmatrix}$及$\begin{bmatrix}0\\1\end{bmatrix}$(两个向量只要线性无关即可),则对应地有$\begin{bmatrix}x_1\\x_2\end{bmatrix}=\begin{bmatrix}4\\-3\end{bmatrix}$及$\begin{bmatrix}-3\\2\end{bmatrix}$. 此时基础解系为

$$\boldsymbol{\eta}_1=[4,-3,1,-1]^{\mathrm{T}},\quad \boldsymbol{\eta}_2=[-3,2,0,1]^{\mathrm{T}},$$

得通解为

$$\boldsymbol{x}=k_1\boldsymbol{\eta}_1+k_2\boldsymbol{\eta}_2\quad(k_1,k_2\in\mathbf{R}).$$

显然 $\boldsymbol{\xi}_1,\boldsymbol{\xi}_2$ 与 $\boldsymbol{\eta}_1,\boldsymbol{\eta}_2$ 这两个基础解系是等价的,它们都可以表示原方程组的任一解. 从上面的求解过程中,需要注意以下两点:

(1) 本节是从(5)式先取基础解系,再写出通解;而上一节中线性方程组的解法是从(5)式写出通解,从通解的表达式即可得基础解系.

(2) 齐次线性方程组的基础解系并不是唯一的,对例 1 来说,任意两个线性无关的解向量都可以构成该方程组的基础解系,并且不同基础解系是等价的.

二、非齐次线性方程组解的结构

在非齐次线性方程组 $\boldsymbol{Ax}=\boldsymbol{b}$ 中,取 $\boldsymbol{b}=\boldsymbol{0}$,所得到的齐次线性方程组 $\boldsymbol{Ax}=\boldsymbol{0}$ 称为 $\boldsymbol{Ax}=\boldsymbol{b}$ 的**导出方程组**,简称**导出组**.

对于非齐次线性方程组 $\boldsymbol{Ax}=\boldsymbol{b}$,有如下性质:

定理 4 设 $\boldsymbol{\eta}_1$ 及 $\boldsymbol{\eta}_2$ 都是线性方程组 $\boldsymbol{Ax}=\boldsymbol{b}$ 的解,则 $\boldsymbol{\eta}_1-\boldsymbol{\eta}_2$ 为其导出组 $\boldsymbol{Ax}=\boldsymbol{0}$ 的解.

定理 5 设 $\boldsymbol{\eta}$ 是线性方程组 $\boldsymbol{Ax}=\boldsymbol{b}$ 的解,$\boldsymbol{\xi}$ 是其导出组 $\boldsymbol{Ax}=\boldsymbol{0}$ 的解,则 $\boldsymbol{\xi}+\boldsymbol{\eta}$ 为线性方程组 $\boldsymbol{Ax}=\boldsymbol{b}$ 的解.

请读者自行完成以上两个定理的证明.

由定理 4 可知,若 $\boldsymbol{\eta}^*$ 是线性方程组 $\boldsymbol{Ax}=\boldsymbol{b}$ 的某个解,$\boldsymbol{x}$ 为它的任一解,则

$$\boldsymbol{\xi}=\boldsymbol{x}-\boldsymbol{\eta}^*$$

是其导出组 $\boldsymbol{Ax}=\boldsymbol{0}$ 的解. 因此方程组 $\boldsymbol{Ax}=\boldsymbol{b}$ 的任一解 $\boldsymbol{x}$ 总可表示为

$$\boldsymbol{x}=\boldsymbol{\xi}+\boldsymbol{\eta}^*.$$

如果其导出组 $\boldsymbol{Ax}=\boldsymbol{0}$ 的通解为 $k_1\boldsymbol{\xi}_1+k_2\boldsymbol{\xi}_2+\cdots+k_{n-r}\boldsymbol{\xi}_{n-r}$，则方程组 $\boldsymbol{Ax}=\boldsymbol{b}$ 的任一解总可表示为如下形式：

$$\boldsymbol{x}=k_1\boldsymbol{\xi}_1+k_2\boldsymbol{\xi}_2+\cdots+k_{n-r}\boldsymbol{\xi}_{n-r}+\boldsymbol{\eta}^*.$$

而由定理 5 可知，对任何实数 $k_1,k_2,\cdots,k_{n-r}$，上式总是方程组 $\boldsymbol{Ax}=\boldsymbol{b}$ 的解. 于是，线性方程组 $\boldsymbol{Ax}=\boldsymbol{b}$ 的通解为

$$\boldsymbol{\xi}=k_1\boldsymbol{\xi}_1+k_2\boldsymbol{\xi}_2+\cdots+k_{n-r}\boldsymbol{\xi}_{n-r}+\boldsymbol{\eta}^* \quad (k_1,\ k_2,\cdots,k_{n-r}\in\mathbf{R}),$$

其中 $\boldsymbol{\xi}_1,\boldsymbol{\xi}_2,\cdots,\boldsymbol{\xi}_{n-r}$ 是其导出组 $\boldsymbol{Ax}=\boldsymbol{0}$ 的基础解系，而 $\boldsymbol{\eta}^*$ 是线性方程组 $\boldsymbol{Ax}=\boldsymbol{b}$ 的某一个解（称为**特解**）.

例 2 求解线性方程组

$$\begin{cases} x_1-x_2+x_3-x_4=1, \\ x_1-x_2-x_3+x_4=0, \\ 2x_1-2x_2-4x_3+4x_4=-1. \end{cases}$$

解 对方程组的增广矩阵 $\boldsymbol{B}=[\boldsymbol{A}\ \vdots\ \boldsymbol{b}]$ 施行初等行变换：

$$\boldsymbol{B}=\begin{bmatrix} 1 & -1 & 1 & -1 & 1 \\ 1 & -1 & -1 & 1 & 0 \\ 2 & -2 & -4 & 4 & -1 \end{bmatrix} \xrightarrow[r_3+(-2)r_1]{r_2+(-1)r_1} \begin{bmatrix} 1 & -1 & 1 & -1 & 1 \\ 0 & 0 & -2 & 2 & -1 \\ 0 & 0 & -6 & 6 & -3 \end{bmatrix},$$

$$\xrightarrow[\left(-\frac{1}{2}\right)r_2]{r_3+(-3)r_2,\ r_1+\frac{1}{2}r_2} \begin{bmatrix} 1 & -1 & 0 & 0 & 1/2 \\ 0 & 0 & 1 & -1 & 1/2 \\ 0 & 0 & 0 & 0 & 0 \end{bmatrix}.$$

可见 $\mathrm{r}(\boldsymbol{A})=\mathrm{r}(\boldsymbol{B})=2$，所以原方程组有解，且其导出组存在基础解系. 由上述最后一个矩阵得到原方程组的同解方程组

$$\begin{cases} x_1=x_2+1/2, \\ x_3=x_4+1/2, \end{cases}$$

其中 x_2,x_4 为自由未知量. 取 $x_2=x_4=0$，则 $x_1=x_3=1/2$，即得原方程组的一个特解

$$\boldsymbol{\eta}^*=[1/2,0,1/2,0]^{\mathrm{T}}.$$

与原方程组的导出组同解的方程组为 $\begin{cases} x_1=x_2, \\ x_3=x_4. \end{cases}$ 取 $\begin{bmatrix} x_2 \\ x_4 \end{bmatrix}=\begin{bmatrix} 1 \\ 0 \end{bmatrix}$ 及 $\begin{bmatrix} 0 \\ 1 \end{bmatrix}$，则 $\begin{bmatrix} x_1 \\ x_3 \end{bmatrix}=\begin{bmatrix} 1 \\ 0 \end{bmatrix}$ 及 $\begin{bmatrix} 0 \\ 1 \end{bmatrix}$. 由此得导出组的基础解系为

$$\boldsymbol{\xi}_1=[1,1,0,0]^{\mathrm{T}}, \quad \boldsymbol{\xi}_2=[0,0,1,1]^{\mathrm{T}},$$

从而原方程组的通解为

$$[x_1,x_2,x_3,x_4]^{\mathrm{T}}=c_1\boldsymbol{\xi}_1+c_2\boldsymbol{\xi}_2+\boldsymbol{\eta}^* \quad (c_1,c_2\in\mathbf{R}).$$

例 3 设四元非齐次线性方程组的系数矩阵的秩为 3，已知 $\boldsymbol{\eta}_1,\boldsymbol{\eta}_2,\boldsymbol{\eta}_3$ 是它的三个解向量，且

$$\boldsymbol{\eta}_1=[1,2,3,4]^{\mathrm{T}},\quad \boldsymbol{\eta}_2+\boldsymbol{\eta}_3=[4,3,2,1]^{\mathrm{T}},$$

求该方程组的通解.

解 记该非齐次线性方程组为 $\boldsymbol{Ax}=\boldsymbol{b}$,它的导出组为 $\boldsymbol{Ax}=\boldsymbol{0}$. 根据 $\mathrm{r}(\boldsymbol{A})=3$ 知,$\boldsymbol{Ax}=\boldsymbol{0}$ 的基础解系所含解向量的个数为 $4-3=1$,也即它的任一非零解都是它的一个基础解系. 下面求导出组的基础解系. 记向量 $\boldsymbol{\xi}=2\boldsymbol{\eta}_1-(\boldsymbol{\eta}_2+\boldsymbol{\eta}_3)$,则

$$\boldsymbol{A\xi}=\boldsymbol{A}(2\boldsymbol{\eta}_1-\boldsymbol{\eta}_2-\boldsymbol{\eta}_3)=2\boldsymbol{A\eta}_1-\boldsymbol{A\eta}_2-\boldsymbol{A\eta}_3=2\boldsymbol{b}-\boldsymbol{b}-\boldsymbol{b}=\boldsymbol{0},$$

且计算得 $\boldsymbol{\xi}=[-2,1,4,7]^{\mathrm{T}}\neq\boldsymbol{0}$. 这样,$\boldsymbol{\xi}$ 就是方程组 $\boldsymbol{Ax}=\boldsymbol{0}$ 的一个基础解系. 根据非齐次线性方程组解的结构知,原方程组的通解为

$$\boldsymbol{x}=c\boldsymbol{\xi}+\boldsymbol{\eta}_1=c[-2,1,4,7]^{\mathrm{T}}+[1,2,3,4]^{\mathrm{T}}\quad (c\in\mathbf{R}).$$

三、线性方程组可解性条件

前面已经介绍了求解线性方程组的消元法以及线性方程组解的存在性和结构理论,下面我们将从矩阵和向量理论的角度,给出线性方程组可解性判别条件的总结.

n 元线性方程组的一般形式为

$$\boldsymbol{Ax}=\boldsymbol{b},$$

其中 $\boldsymbol{A}\in\mathbf{R}^{m\times n}$,$\boldsymbol{x}\in\mathbf{R}^n$,$\boldsymbol{b}\in\mathbf{R}^m$,它也可表示为向量形式

$$x_1\boldsymbol{a}_1+x_2\boldsymbol{a}_2+\cdots+x_n\boldsymbol{a}_n=\boldsymbol{b},$$

其中 $\boldsymbol{a}_1,\boldsymbol{a}_2,\cdots,\boldsymbol{a}_n$ 是系数矩阵 $\boldsymbol{A}$ 的列向量. 显然,线性方程组 $\boldsymbol{Ax}=\boldsymbol{b}$ 有解的充分必要条件是向量 $\boldsymbol{b}$ 可以表示成 $\boldsymbol{A}$ 的列向量组 $\boldsymbol{a}_1,\boldsymbol{a}_2,\cdots,\boldsymbol{a}_n$ 的线性组合. 利用秩的定义,方程组 $\boldsymbol{Ax}=\boldsymbol{b}$ 有解的条件可叙述如下:

定理 6(线性方程组的可解性条件) 线性方程组 $\boldsymbol{Ax}=\boldsymbol{b}$ 有解的充分必要条件是它的系数矩阵 $\boldsymbol{A}$ 的秩等于增广矩阵 $\boldsymbol{B}=[\boldsymbol{A}\,\vdots\,\boldsymbol{b}]$的秩,即 $\mathrm{r}(\boldsymbol{A})=\mathrm{r}(\boldsymbol{B})$.

证 设 $\boldsymbol{a}_1,\boldsymbol{a}_2,\cdots,\boldsymbol{a}_n$ 是系数矩阵 $\boldsymbol{A}$ 的列向量组.

必要性 设线性方程组 $\boldsymbol{Ax}=\boldsymbol{b}$ 有解,则存在一组数 $x_1,x_2,\cdots,x_n$,使得

$$x_1\boldsymbol{a}_1+x_2\boldsymbol{a}_2+\cdots+x_n\boldsymbol{a}_n=\boldsymbol{b}.$$

这表明 $\boldsymbol{b}$ 可由 $\boldsymbol{A}$ 的列向量组 $\boldsymbol{a}_1,\boldsymbol{a}_2,\cdots,\boldsymbol{a}_n$ 线性表示,即向量组 $\boldsymbol{a}_1,\boldsymbol{a}_2,\cdots,\boldsymbol{a}_n$ 与 $\boldsymbol{a}_1,\boldsymbol{a}_2,\cdots,\boldsymbol{a}_n,\boldsymbol{b}$ 等价,因而有相同的秩. 这两个向量组分别是矩阵 $\boldsymbol{A}$ 和 $\boldsymbol{B}$ 的列向量组,因此 $\mathrm{r}(\boldsymbol{A})=\mathrm{r}(\boldsymbol{B})$.

充分性 设 $\mathrm{r}(\boldsymbol{A})=\mathrm{r}(\boldsymbol{B})=r$,则矩阵 $\boldsymbol{A}$ 和 $\boldsymbol{B}$ 的列向量组有相同的秩,即

$$\mathrm{r}(\boldsymbol{a}_1,\boldsymbol{a}_2,\cdots,\boldsymbol{a}_n)=\mathrm{r}(\boldsymbol{a}_1,\boldsymbol{a}_2,\cdots,\boldsymbol{a}_n,\boldsymbol{b})=r.$$

于是向量组 $\boldsymbol{a}_1,\boldsymbol{a}_2,\cdots,\boldsymbol{a}_n$ 中的极大无关组由 r 个向量组成,不妨设 $\boldsymbol{a}_1,\boldsymbol{a}_2,\cdots,\boldsymbol{a}_r$ 是它的一个极大无关组. 显然 $\boldsymbol{a}_1,\boldsymbol{a}_2,\cdots,\boldsymbol{a}_r$ 也是向量组 $\boldsymbol{a}_1,\boldsymbol{a}_2,\cdots,\boldsymbol{a}_n,\boldsymbol{b}$ 的一个极大无关组,因此向量 $\boldsymbol{b}$ 可以由 $\boldsymbol{a}_1,\boldsymbol{a}_2,\cdots,\boldsymbol{a}_r$ 线性表示. 既然向量 $\boldsymbol{b}$ 可以由 $\boldsymbol{a}_1,\boldsymbol{a}_2,\cdots,\boldsymbol{a}_r$ 线性表示,当然它也可以由 $\boldsymbol{a}_1,\boldsymbol{a}_2,\cdots,\boldsymbol{a}_n$ 线性表示. 因此,方程组 $\boldsymbol{Ax}=\boldsymbol{b}$ 有解.

这个判别条件与前面讲的消元法所得到的结论显然是一致的. 因为用消元法解线性方程

组 $\boldsymbol{Ax}=\boldsymbol{b}$ 的第一步，就是用初等行变换把线性方程组的增广矩阵 $\boldsymbol{B}$ 化为如下行阶梯形矩阵：

$$\begin{bmatrix} c_{11} & c_{12} & \cdots & c_{1r} & \cdots & c_{1n} & d_1 \\ 0 & c_{22} & \cdots & c_{2r} & \cdots & c_{2n} & d_2 \\ \vdots & \vdots & & \vdots & & \vdots & \vdots \\ 0 & 0 & \cdots & c_{rr} & \cdots & c_{rn} & d_r \\ 0 & 0 & \cdots & 0 & \cdots & 0 & d_{r+1} \\ 0 & 0 & \cdots & 0 & \cdots & 0 & 0 \\ \vdots & \vdots & & \vdots & & \vdots & \vdots \\ 0 & 0 & \cdots & 0 & \cdots & 0 & 0 \end{bmatrix} \tag{6}$$

或者

$$\begin{bmatrix} c_{11} & c_{12} & \cdots & c_{1r} & \cdots & c_{1n} & d_1 \\ 0 & c_{22} & \cdots & c_{2r} & \cdots & c_{2n} & d_2 \\ \vdots & \vdots & & \vdots & & \vdots & \vdots \\ 0 & 0 & \cdots & c_{rr} & \cdots & c_{rn} & d_r \\ 0 & 0 & \cdots & 0 & \cdots & 0 & 0 \\ 0 & 0 & \cdots & 0 & \cdots & 0 & 0 \\ \vdots & \vdots & & \vdots & & \vdots & \vdots \\ 0 & 0 & \cdots & 0 & \cdots & 0 & 0 \end{bmatrix}, \tag{7}$$

其中 $c_{ii}\neq 0(i=1,2,\cdots,r)$，$d_{r+1}\neq 0$. 对于(6)式的情况，显然 $\mathrm{r}(\boldsymbol{A})\neq\mathrm{r}(\boldsymbol{B})$，实际上 $\mathrm{r}(\boldsymbol{B})=\mathrm{r}(\boldsymbol{A})+1$，此时原方程组无解. 而对于(7)式，有 $\mathrm{r}(\boldsymbol{A})=\mathrm{r}(\boldsymbol{B})$，此时方程组有解.

推论 n 元线性方程组 $\boldsymbol{Ax}=\boldsymbol{b}$ 有唯一解的充要条件是 $\mathrm{r}(\boldsymbol{A}\,\vdots\,\boldsymbol{b})=\mathrm{r}(\boldsymbol{A})=n$.

这是因为，$\boldsymbol{b}$ 可由 $\boldsymbol{A}$ 的列向量组 $\boldsymbol{a}_1,\boldsymbol{a}_2,\cdots,\boldsymbol{a}_n$ 线性表示，且表示法唯一的充要条件是 $\boldsymbol{a}_1,\boldsymbol{a}_2,\cdots,\boldsymbol{a}_n$ 线性无关，或者由(6)式得

$$\boldsymbol{Ax}=\boldsymbol{b}\text{ 有唯一解}\iff d_{r+1}=0,\text{且 } r=n\iff \mathrm{r}(\boldsymbol{A},\ \boldsymbol{b})=\mathrm{r}(\boldsymbol{A})=n.$$

由于齐次线性方程组 $\boldsymbol{Ax}=\boldsymbol{0}$ 总是有解(至少有零解)，因此，主要讨论它的非零解.

定理 7 n 元齐次线性方程组 $\boldsymbol{Ax}=\boldsymbol{0}$ 有非零解的充分必要条件是 $\mathrm{r}(\boldsymbol{A})<n$.

证 齐次线性方程组 $\boldsymbol{Ax}=\boldsymbol{0}$ 的向量形式为 $x_1\boldsymbol{a}_1+x_2\boldsymbol{a}_2+\cdots+x_n\boldsymbol{a}_n=\boldsymbol{0}$，所以 $\boldsymbol{Ax}=\boldsymbol{0}$ 有非零解的充要条件是 $\boldsymbol{a}_1,\boldsymbol{a}_2,\cdots,\boldsymbol{a}_n$ 线性相关，即 $\mathrm{r}(\boldsymbol{A})=\mathrm{r}(\boldsymbol{a}_1,\boldsymbol{a}_2,\cdots,\boldsymbol{a}_n)<n$.

与定理 7 等价的说法是：n 元齐次线性方程组 $\boldsymbol{Ax}=\boldsymbol{0}$ 只有零解的充要条件是 $\mathrm{r}(\boldsymbol{A})=n$.

推论 1 若 n 元齐次线性方程组 $\boldsymbol{Ax}=\boldsymbol{0}$ 中方程的个数 m 小于未知量的个数 n，则该方程组必有非零解.

这是因为总有 $\mathrm{r}(\boldsymbol{A})\leqslant m<n$，由定理 7 知，该齐次线性方程组有非零解.

推论 2 当 $\boldsymbol{A}$ 为 n 阶方阵时，若齐次线性方程组 $\boldsymbol{Ax}=\boldsymbol{0}$ 的系数行列式 $|\boldsymbol{A}|=0$，则该方程组有非零解.

事实上,因为$|\boldsymbol{A}|=0$,即$r(\boldsymbol{A})<n$,故该齐次线性方程组有非零解.结合§1.5的内容,可得到如下结论:当$\boldsymbol{A}$为n阶方阵时,齐次线性方程组$\boldsymbol{Ax}=\boldsymbol{0}$有非零解的充要条件是$|\boldsymbol{A}|=0$.

习 题 3.6

1. 求下列齐次线性方程组的基础解系:

(1) $\begin{cases} x_1-3x_2+5x_3-2x_4=0, \\ -2x_1+x_2-3x_3+x_4=0, \\ -x_1-7x_2+9x_3-4x_4=0; \end{cases}$　　(2) $\begin{cases} x_1-3x_2+x_3-2x_4=0, \\ -5x_1+x_2-2x_3+3x_4=0, \\ -x_1-11x_2+2x_3-5x_4=0, \\ 3x_1+5x_2+x_4=0. \end{cases}$

2. 求下列非齐次线性方程组的一个特解及其导出组的基础解系:

(1) $\begin{cases} 5x_1+3x_2+6x_3-x_4=-1, \\ x_1-5x_2+2x_3-3x_4=11, \\ 2x_1+4x_2+2x_3+x_4=-6; \end{cases}$　　(2) $\begin{cases} x_1+x_2=5, \\ 2x_1+x_2+x_3+2x_4=1, \\ 5x_1+3x_2+2x_3+2x_4=3. \end{cases}$

3. 求一个齐次线性方程组,使得它的基础解系为

$$\boldsymbol{\xi}_1=[0,1,2,3]^{\mathrm{T}},\quad \boldsymbol{\xi}_2=[3,2,1,0]^{\mathrm{T}}.$$

4. 求齐次线性方程组$\begin{cases} x_1-x_2+5x_3-x_4=0, \\ x_1+x_2-2x_3+3x_4=0, \\ 3x_1-x_2+8x_3+x_4=0, \\ x_1+3x_2-9x_3+7x_4=0 \end{cases}$的基础解系、通解.

5. 设四元非齐次线性方程组的系数矩阵的秩为3,已知$\boldsymbol{\eta}_1,\boldsymbol{\eta}_2,\boldsymbol{\eta}_3$是它的三个解向量,且$\boldsymbol{\eta}_1=[2,3,4,5]^{\mathrm{T}}$,$\boldsymbol{\eta}_2+\boldsymbol{\eta}_3=[1,2,3,4]^{\mathrm{T}}$,求该方程组的通解.

6. 设三阶矩阵$\boldsymbol{A}=\begin{bmatrix} 1 & 2 & -2 \\ 4 & t & 3 \\ 3 & -1 & 1 \end{bmatrix}$,$\boldsymbol{B}$为三阶非零方阵,且$\boldsymbol{AB}=\boldsymbol{O}$,求$t$的值.

7. 设$\boldsymbol{\xi}_1,\boldsymbol{\xi}_2,\boldsymbol{\xi}_3$是齐次线性方程组$\boldsymbol{Ax}=\boldsymbol{0}$的一个基础解系,记$\boldsymbol{\eta}_1=\boldsymbol{\xi}_1+\boldsymbol{\xi}_2+\boldsymbol{\xi}_3$,$\boldsymbol{\eta}_2=\boldsymbol{\xi}_2-\boldsymbol{\xi}_3$,$\boldsymbol{\eta}_3=\boldsymbol{\xi}_2+\boldsymbol{\xi}_3$,判定$\boldsymbol{\eta}_1,\boldsymbol{\eta}_2,\boldsymbol{\eta}_3$是否也是$\boldsymbol{Ax}=\boldsymbol{0}$的基础解系.

8. 判定线性方程组$\begin{cases} 2x_1-x_2+3x_3=1, \\ 4x_1-2x_2+5x_3=4, \\ 2x_1-x_2+4x_3=0 \end{cases}$是否有解.

9. 判定线性方程组$\begin{cases} 2x_1-x_2+3x_3=1, \\ 2x_1+2x_3=6, \\ 4x_1+2x_2+5x_3=7 \end{cases}$解的情况.

10. 判定线性方程组$\begin{cases} 2x_1-x_2+3x_3=1, \\ 2x_1+2x_3=6, \\ 4x_1+2x_2+2x_3=22 \end{cases}$解的情况.

11. 问：a,b 取何值时，齐次线性方程组 $\begin{cases} ax_1+x_2+x_3=0, \\ x_1+bx_2+x_3=0, \\ x_1+2bx_2+x_3=0 \end{cases}$ 有非零解？

12. 问：k 取何值时，齐次线性方程组 $\begin{cases} kx_1+x_2+x_3=0, \\ x_1+kx_2+x_3=0, \\ x_1+x_2+kx_3=0 \end{cases}$ 只有零解或有非零解？

13. 设有线性方程组 $\begin{cases} -2x_1+x_2+x_3=-2, \\ x_1-2x_2+x_3=k, \\ x_1+x_2-2x_3=k^2, \end{cases}$ 讨论当 k 取何值时此方程组有解、无解.

14. 讨论线性方程组 $\begin{cases} x_1+3x_2+2x_3+x_4=1, \\ x_2+kx_3-kx_4=-1, \\ x_1+2x_2+3x_4=3 \end{cases}$ 解的情况.

总练习题三

1. 判别下列向量组的线性相关性：

(1) $\boldsymbol{a}_1=[1,2,3]^{\mathrm{T}},\boldsymbol{a}_2=[3,2,1]^{\mathrm{T}},\boldsymbol{a}_3=[1,3,1]^{\mathrm{T}}$；

(2) $\boldsymbol{a}_1=[1,0,1,0]^{\mathrm{T}},\boldsymbol{a}_2=[0,1,2,1]^{\mathrm{T}},\boldsymbol{a}_3=[-2,1,0,1]^{\mathrm{T}},\boldsymbol{a}_4=[4,-2,1,7]^{\mathrm{T}}$.

2. 设矩阵 $\boldsymbol{A}=\begin{bmatrix} 1 & 4 & -1 & 1 & 0 \\ 2 & -1 & 1 & -3 & 1 \\ 1 & -5 & 2 & -4 & 1 \\ 3 & -6 & 3 & -7 & 2 \end{bmatrix}$，求 $\boldsymbol{A}$ 的列向量组的一个极大无关组，并把其余的列向量用所求得的极大无关组线性表示.

3. 已知 $\boldsymbol{a}_1=[1,4,0,2]^{\mathrm{T}},\boldsymbol{a}_2=[2,7,1,3]^{\mathrm{T}},\boldsymbol{a}_3=[0,1,-1,\lambda]^{\mathrm{T}},\boldsymbol{b}=[3,10,\mu,4]^{\mathrm{T}}$，问：

(1) 当 λ,μ 取何值时，$\boldsymbol{b}$ 不能由 $\boldsymbol{a}_1,\boldsymbol{a}_2,\boldsymbol{a}_3$ 线性表示？

(2) 当 λ,μ 取何值时，$\boldsymbol{b}$ 可由 $\boldsymbol{a}_1,\boldsymbol{a}_2,\boldsymbol{a}_3$ 线性表示，且表示法唯一？

(3) 当 λ,μ 取何值时，$\boldsymbol{b}$ 可由 $\boldsymbol{a}_1,\boldsymbol{a}_2,\boldsymbol{a}_3$ 线性表示，但表示法不唯一？

4. 设矩阵 $\boldsymbol{A}=\begin{bmatrix} 1 & 2 & -1 & 1 \\ 2 & 0 & t & 0 \\ 0 & -4 & 5 & -2 \end{bmatrix}$，且 $\boldsymbol{A}$ 的秩为 2，求 t 的值，并将第 3 行用第 1 行和第 2 行线性表示.

5. 设向量 $\boldsymbol{b}$ 可由向量组 $\boldsymbol{a}_1,\boldsymbol{a}_2,\cdots,\boldsymbol{a}_{r-1},\boldsymbol{a}_r$ 线性表示，但不能由向量组 $\boldsymbol{a}_1,\boldsymbol{a}_2,\cdots,\boldsymbol{a}_{r-1}$ 线性表示，证明：

(1) $\boldsymbol{a}_r$ 不能由向量组 $\boldsymbol{a}_1,\boldsymbol{a}_2,\cdots,\boldsymbol{a}_{r-1}$ 线性表示；

(2) $\boldsymbol{a}_r$ 能由向量组 $\boldsymbol{a}_1,\boldsymbol{a}_2,\cdots,\boldsymbol{a}_{r-1},\boldsymbol{b}$ 线性表示.

6. 设 $\boldsymbol{a}_1,\boldsymbol{a}_2,\cdots,\boldsymbol{a}_n$ 是一组 n 维向量,证明：$\boldsymbol{a}_1,\boldsymbol{a}_2,\cdots,\boldsymbol{a}_n$ 线性无关的充分必要条件是任意 n 维向量均可由它们线性表示.

7. 设向量组Ⅱ：$\boldsymbol{b}_1,\boldsymbol{b}_2,\cdots,\boldsymbol{b}_r$ 能由向量组Ⅰ：$\boldsymbol{a}_1,\boldsymbol{a}_2,\cdots,\boldsymbol{a}_s$ 线性表示为

$$[\boldsymbol{b}_1 \quad \boldsymbol{b}_2 \quad \cdots \quad \boldsymbol{b}_r]=[\boldsymbol{a}_1 \quad \boldsymbol{a}_2 \quad \cdots \quad \boldsymbol{a}_s]\boldsymbol{K},$$

其中 $\boldsymbol{K}$ 为 $s\times r$ 矩阵,且向量组Ⅰ线性无关. 证明：向量组Ⅱ线性无关的充分必要条件是矩阵 $\boldsymbol{K}$ 的秩 $\mathrm{r}(\boldsymbol{K})=r$.

8. 已知方程组 $\begin{bmatrix}1 & 2 & 1\\ 2 & 3 & a+2\\ 1 & a & -2\end{bmatrix}\begin{bmatrix}x_1\\ x_2\\ x_3\end{bmatrix}=\begin{bmatrix}1\\ 3\\ 0\end{bmatrix}$ 无解,求 a.

9. 设向量组：$\boldsymbol{\alpha}_1=[a,2,10]^{\mathrm{T}},\boldsymbol{\alpha}_2=[-2,1,5]^{\mathrm{T}},\boldsymbol{\alpha}_3=[-1,1,4]^{\mathrm{T}}$. 又向量 $\boldsymbol{\beta}=[1,b,c]^{\mathrm{T}}$,试问当 a,b,c 满足什么条件时,下列结论成立：

(1) $\boldsymbol{\beta}$ 可由 $\boldsymbol{\alpha}_1,\boldsymbol{\alpha}_2,\boldsymbol{\alpha}_3$ 线性表示,且表示法唯一；

(2) $\boldsymbol{\beta}$ 不能由 $\boldsymbol{\alpha}_1,\boldsymbol{\alpha}_2,\boldsymbol{\alpha}_3$ 线性表示；

(3) $\boldsymbol{\beta}$ 可由 $\boldsymbol{\alpha}_1,\boldsymbol{\alpha}_2,\boldsymbol{\alpha}_3$ 线性表示,但表示法不唯一,并求一般表达式.

10. 设矩阵 $\boldsymbol{A}=[\boldsymbol{a}_1 \quad \boldsymbol{a}_2 \quad \boldsymbol{a}_3 \quad \boldsymbol{a}_4]$,其中 $\boldsymbol{a}_2,\boldsymbol{a}_3,\boldsymbol{a}_4$ 线性无关,$\boldsymbol{a}_1=2\boldsymbol{a}_2-\boldsymbol{a}_3$,向量 $\boldsymbol{b}=\boldsymbol{a}_1+\boldsymbol{a}_2+\boldsymbol{a}_3+\boldsymbol{a}_4$,求方程组 $\boldsymbol{Ax}=\boldsymbol{b}$ 的通解.

11. 设 $\boldsymbol{A}$ 是 n 阶方阵,若向量 $\boldsymbol{\alpha}$ 是齐次线性方程组 $\boldsymbol{A}^k\boldsymbol{x}=\boldsymbol{0}$ 的解,但不是齐次线性方程组 $\boldsymbol{A}^{k-1}\boldsymbol{x}=\boldsymbol{0}$ 的解,证明：向量组 $\boldsymbol{\alpha},\boldsymbol{A\alpha},\cdots,\boldsymbol{A}^{k-1}\boldsymbol{\alpha}$ 线性无关.

12. 设 $\boldsymbol{\eta}_1,\boldsymbol{\eta}_2,\cdots,\boldsymbol{\eta}_s$ 是非齐次线性方程组 $\boldsymbol{Ax}=\boldsymbol{b}$ 的 s 个解,$k_1,k_2,\cdots,k_s$ 为实数,满足 $k_1+k_2+\cdots+k_s=1$,证明：$\boldsymbol{x}=k_1\boldsymbol{\eta}_1+k_2\boldsymbol{\eta}_2+\cdots+k_s\boldsymbol{\eta}_s$ 也是它的解.

13. 设 $\boldsymbol{\alpha}_1,\boldsymbol{\alpha}_2,\boldsymbol{\alpha}_3$ 是某齐次线性方程组的基础解系,试证：$\boldsymbol{\alpha}_1+\boldsymbol{\alpha}_2,\boldsymbol{\alpha}_2+\boldsymbol{\alpha}_3,\boldsymbol{\alpha}_3+\boldsymbol{\alpha}_1$ 也是它的基础解系.

14. 设向量 $\boldsymbol{\alpha}=[1,2,1]^{\mathrm{T}},\boldsymbol{\beta}=[1,1/2,0]^{\mathrm{T}},\boldsymbol{\gamma}=[0,0,8]^{\mathrm{T}}$,矩阵 $\boldsymbol{A}=\boldsymbol{\alpha}\boldsymbol{\beta}^{\mathrm{T}},\boldsymbol{B}=\boldsymbol{\beta}^{\mathrm{T}}\boldsymbol{\alpha}$,其中 $\boldsymbol{\beta}^{\mathrm{T}}$ 是 $\boldsymbol{\beta}$ 的转置,求解方程组 $2\boldsymbol{B}^2\boldsymbol{A}^2\boldsymbol{x}=\boldsymbol{A}^4\boldsymbol{x}+\boldsymbol{B}^4\boldsymbol{x}+\boldsymbol{\gamma}$.

15. 设有四元齐次线性方程组Ⅰ：$\begin{cases}x_1+x_2=0,\\ x_2-x_4=0,\end{cases}$ 又已知某四元齐次线性方程组Ⅱ的通解为 $k_1[0,1,1,0]^{\mathrm{T}}+k_2[-1,2,2,1]^{\mathrm{T}}$.

(1) 求方程组Ⅰ的一个基础解系.

(2) 方程组Ⅰ与Ⅱ是否有非零公共解？若有,求出全部非零解；若没有,则说明理由.

16. 设 $\boldsymbol{\eta}^*$ 是非齐次线性方程组 $\boldsymbol{Ax}=\boldsymbol{b}$ 的一个解,$\boldsymbol{\xi}_1,\boldsymbol{\xi}_2,\cdots,\boldsymbol{\xi}_{n-r}$ 是其导出组的一个基础解系,证明：

(1) $\boldsymbol{\eta}^*,\boldsymbol{\xi}_1,\boldsymbol{\xi}_2,\cdots,\boldsymbol{\xi}_{n-r}$ 线性无关；

(2) $\boldsymbol{\eta}^*,\boldsymbol{\eta}^*+\boldsymbol{\xi}_1,\boldsymbol{\eta}^*+\boldsymbol{\xi}_2,\cdots,\boldsymbol{\eta}^*+\boldsymbol{\xi}_{n-r}$ 线性无关.

第四章 矩阵的特征值与特征向量

矩阵的特征值与特征向量是线性代数中最基本的概念之一，在理论上有非常重要的地位，在实际中有广泛的应用. 工程技术和经济领域中的许多定量分析问题，如振动问题、稳定性问题以及动态经济模型，常可通过求一个矩阵的特征值和特征向量来解决；数学中矩阵的对角化以及解微分方程组等问题，也都要用到特征值的理论. 本章介绍特征值和特征向量的概念、计算方法及它们的一些基本性质，并讨论矩阵在相似意义下化为对角矩阵的问题.

§4.1 矩阵的特征值与特征向量

一、特征值与特征向量的概念

定义 1 设 $\boldsymbol{A}$ 为 n 阶方阵，若有数 λ 和 n 维非零列向量 $\boldsymbol{x}$，使得

$$\boldsymbol{A}\boldsymbol{x}=\lambda\boldsymbol{x}, \tag{1}$$

则称数 λ 是矩阵 $\boldsymbol{A}$ 的**特征值**，而称非零向量 $\boldsymbol{x}$ 是矩阵 $\boldsymbol{A}$ 的属于(或对应于)特征值 λ 的**特征向量**.

例如，$\begin{bmatrix}3 & -4\\ 2 & -3\end{bmatrix}\begin{bmatrix}2\\ 1\end{bmatrix}=1\cdot\begin{bmatrix}2\\ 1\end{bmatrix}$，则 $\lambda=1$ 为 $\boldsymbol{A}=\begin{bmatrix}3 & -4\\ 2 & -3\end{bmatrix}$ 的特征值，$\boldsymbol{x}=\begin{bmatrix}2\\ 1\end{bmatrix}$ 为 $\boldsymbol{A}$ 的属于特征值 $\lambda=1$ 的特征向量.

由定义可知，特征值与特征向量是对方阵而言的，且特征向量 $\boldsymbol{x}\neq\boldsymbol{0}$，而特征值不一定非零.

特征向量不是被特征值所唯一确定的. 因为如果 $\boldsymbol{x}$ 是矩阵 $\boldsymbol{A}$ 的属于特征值 λ 的特征向量，则对任何非零的数 k，非零向量 $k\boldsymbol{x}$ 也是矩阵 $\boldsymbol{A}$ 的属于特征值 λ 的特征向量. 但是特征值却是被特征向量所唯一确定的，即一个特征向量只能属于一个特征值. 事实上，若 $\boldsymbol{x}$ 是矩阵 $\boldsymbol{A}$ 的属于两个特征值 λ_1,λ_2 的特征向量，即

$$\boldsymbol{A}\boldsymbol{x}=\lambda_1\boldsymbol{x},\quad \boldsymbol{A}\boldsymbol{x}=\lambda_2\boldsymbol{x},$$

于是$(\lambda_1-\lambda_2)\boldsymbol{x}=\boldsymbol{0}$. 由于 $\boldsymbol{x}\neq\boldsymbol{0}$,所以 $\lambda_1=\lambda_2$.

二、特征值与特征向量的计算

设λ是n阶方阵$\boldsymbol{A}=(a_{ij})_{n\times n}$的特征值,$\boldsymbol{x}$为$\boldsymbol{A}$的属于特征值$\lambda$的特征向量,将(1)式改写成

$$(\boldsymbol{A}-\lambda\boldsymbol{I})\boldsymbol{x}=\boldsymbol{0}, \tag{2}$$

即$\boldsymbol{x}$是齐次线性方程组(2)的非零解. 齐次线性方程组(2)有非零解的充分必要条件是系数矩阵行列式

$$|\boldsymbol{A}-\lambda\boldsymbol{I}|=0. \tag{3}$$

定义 2 设矩阵$\boldsymbol{A}=(a_{ij})_{n\times n}$,称

$$|\boldsymbol{A}-\lambda\boldsymbol{I}|=\begin{vmatrix} a_{11}-\lambda & a_{12} & \cdots & a_{1n} \\ a_{21} & a_{22}-\lambda & \cdots & a_{2n} \\ \vdots & \vdots & & \vdots \\ a_{n1} & a_{n2} & \cdots & a_{nn}-\lambda \end{vmatrix}$$

为矩阵$\boldsymbol{A}$的**特征多项式**,它是以λ为未知量的一元n次多项式,记为$f_{\boldsymbol{A}}(\lambda)$;称

$$f_{\boldsymbol{A}}(\lambda)=|\boldsymbol{A}-\lambda\boldsymbol{I}|=0 \tag{4}$$

为矩阵$\boldsymbol{A}$的**特征方程**,式(2)称为**特征方程组**.

因此,n阶矩阵$\boldsymbol{A}$的全部特征值就是特征方程的所有根;$\boldsymbol{A}$的属于特征值λ的全部特征向量恰好是特征方程组$(\boldsymbol{A}-\lambda\boldsymbol{I})\boldsymbol{x}=\boldsymbol{0}$的全部非零解.

根据代数基本定理,在复数域内一元n次方程$f_{\boldsymbol{A}}(\lambda)=0$恰好有$n$个根(重根按重数计算),因此$n$阶方阵$\boldsymbol{A}$在复数域上恰有$n$个特征值. 设$\boldsymbol{A}$的特征多项式$f_{\boldsymbol{A}}(\lambda)$可以分解成互不相同的一次因式幂次的乘积,即

$$f_{\boldsymbol{A}}(\lambda)=(\lambda_1-\lambda)^{r_1}(\lambda_2-\lambda)^{r_2}\cdots(\lambda_m-\lambda)^{r_m},$$

其中$\lambda_1,\lambda_2,\cdots,\lambda_m$是$\boldsymbol{A}$的所有互异特征值,则称$r_i$为特征值$\lambda_i$的**代数重数**,即$\lambda_i$的代数重数等于其作为特征方程根的重数. 显然$\sum\limits_{i=1}^{m} r_i=n$. 对应于特征值$\lambda$的线性无关的特征向量的最大个数称为特征值$\lambda$的**几何重数**.

综上所述,可以得到求n阶方阵$\boldsymbol{A}$的特征值与特征向量的步骤:

(1) 从$|\boldsymbol{A}-\lambda\boldsymbol{I}|=0$中求出$\boldsymbol{A}$的全部特征值;

(2) 设$\lambda_1,\lambda_2,\cdots,\lambda_s\,(s\leqslant n)$是方阵$\boldsymbol{A}$的全部互异的特征值,对于每个特征值$\lambda_i\,(1\leqslant i\leqslant s)$,求出属于它的特征向量,即从特征方程组

$$(\boldsymbol{A}-\lambda_i\boldsymbol{I})\boldsymbol{x}=\boldsymbol{0}$$

求出基础解系$\boldsymbol{\xi}_{i1},\boldsymbol{\xi}_{i2},\cdots,\boldsymbol{\xi}_{it_i}$,其线性组合

$$k_{i1}\boldsymbol{\xi}_{i1}+k_{i2}\boldsymbol{\xi}_{i2}+\cdots+k_{it_i}\boldsymbol{\xi}_{it_i}\quad (k_{ij}\,(j=1,2,\cdots,t_i)\text{是不全为零的任意实数})$$

就是 $\boldsymbol{A}$ 的属于特征值 $\lambda_i(1\leqslant i\leqslant s)$ 的全部特征向量.

例 1 求矩阵 $\boldsymbol{A}=\begin{bmatrix}3&-4&0\\1&-1&0\\1&0&2\end{bmatrix}$ 的特征值与特征向量,并指出相应的代数重数与几何重数.

解 $\boldsymbol{A}$ 的特征多项式为

$$|\boldsymbol{A}-\lambda\boldsymbol{I}|=\begin{vmatrix}3-\lambda&-4&0\\1&-1-\lambda&0\\1&0&2-\lambda\end{vmatrix}=(\lambda-1)^2(2-\lambda),$$

特征方程为 $(\lambda-1)^2(2-\lambda)=0$,所以 $\boldsymbol{A}$ 的特征值为 $\lambda_1=\lambda_2=1,\lambda_3=2$.

当 $\lambda_1=\lambda_2=1$ 时,解方程组 $(\boldsymbol{A}-\boldsymbol{I})\boldsymbol{x}=\boldsymbol{0}$. 由

$$\boldsymbol{A}-\boldsymbol{I}=\begin{bmatrix}2&-4&0\\1&-2&0\\1&0&1\end{bmatrix}\longrightarrow\begin{bmatrix}1&0&1\\0&2&1\\0&0&0\end{bmatrix}$$

得到此方程组的同解方程组 $\begin{cases}x_1=-x_3,\\x_2=-\dfrac{1}{2}x_3.\end{cases}$ 取 $x_3=2$,得特征方程组的一个基础解系为 $\boldsymbol{\xi}_1=[-2,\ -1,\ 2]^{\mathrm{T}}$,所以 $\boldsymbol{A}$ 的属于特征值 $\lambda_1=\lambda_2=1$ 的全部特征向量为 $k_1\boldsymbol{\xi}_1$(k_1 为非零的任意实数),且特征值 1 的代数重数为 2,几何重数为 1.

当 $\lambda_3=2$ 时,解方程组 $(\boldsymbol{A}-2\boldsymbol{I})\boldsymbol{x}=\boldsymbol{0}$. 由

$$\boldsymbol{A}-2\boldsymbol{I}=\begin{bmatrix}1&-4&0\\1&-3&0\\1&0&0\end{bmatrix}\longrightarrow\begin{bmatrix}1&0&0\\0&1&0\\0&0&0\end{bmatrix}$$

得到此方程组的一个基础解系为 $\boldsymbol{\xi}_2=[0,0,1]^{\mathrm{T}}$,所以 $\boldsymbol{A}$ 的属于特征值 $\lambda_3=2$ 的全部特征向量为 $k_2\boldsymbol{\xi}_2$(k_2 为非零的任意实数),且特征值 2 的代数重数为 1,几何重数为 1.

例 2 求矩阵 $\boldsymbol{A}=\begin{bmatrix}0&-2&-1\\-2&3&2\\-1&2&0\end{bmatrix}$ 的特征值与特征向量,并指出相应的代数重数与几何重数.

解 $\boldsymbol{A}$ 的特征多项式为

$$|\boldsymbol{A}-\lambda\boldsymbol{I}|=\begin{vmatrix}-\lambda&-2&-1\\-2&3-\lambda&2\\-1&2&-\lambda\end{vmatrix}=(\lambda+1)^2(5-\lambda),$$

特征方程为 $(\lambda+1)^2(5-\lambda)=0$,所以 $\boldsymbol{A}$ 的特征值为 $\lambda_1=\lambda_2=-1,\lambda_3=5$.

当 $\lambda_1=\lambda_2=-1$ 时，解方程组 $(\boldsymbol{A}+\boldsymbol{I})\boldsymbol{x}=\boldsymbol{0}$. 由

$$\boldsymbol{A}+\boldsymbol{I}=\begin{bmatrix}1&-2&-1\\-2&4&2\\-1&2&1\end{bmatrix}\longrightarrow\begin{bmatrix}1&-2&-1\\0&0&0\\0&0&0\end{bmatrix}$$

得到此方程组的一个基础解系为 $\boldsymbol{\xi}_1=[1,0,1]^{\mathrm{T}}$，$\boldsymbol{\xi}_2=[2,1,0]^{\mathrm{T}}$. 所以 $\boldsymbol{A}$ 的属于特征值 $\lambda_1=\lambda_2=-1$ 的全部特征向量为 $k_1\boldsymbol{\xi}_1+k_2\boldsymbol{\xi}_2$（$k_1,k_2$ 是不全为零的任意实数），且特征值 -1 的代数重数为 2，几何重数为 2.

当 $\lambda_3=5$ 时，解方程组 $(\boldsymbol{A}-5\boldsymbol{I})\boldsymbol{x}=\boldsymbol{0}$. 由

$$\boldsymbol{A}-5\boldsymbol{I}=\begin{bmatrix}-5&-2&-1\\-2&-2&2\\-1&2&-5\end{bmatrix}\longrightarrow\begin{bmatrix}1&0&1\\0&1&-2\\0&0&0\end{bmatrix}$$

得到此方程组的一个基础解系为 $\boldsymbol{\xi}_3=[-1,2,1]^{\mathrm{T}}$，所以 $\boldsymbol{A}$ 的属于特征值 $\lambda_3=5$ 的全部特征向量为 $k_3\boldsymbol{\xi}_3$（k_3 为非零的任意实数），且特征值 5 的代数重数为 1，几何重数为 1.

三、特征值与特征向量的性质

定理 1 方阵 $\boldsymbol{A}$ 与 $\boldsymbol{A}^{\mathrm{T}}$ 有相同的特征值.

证 因为 $|\boldsymbol{A}^{\mathrm{T}}-\lambda\boldsymbol{I}|=|(\boldsymbol{A}-\lambda\boldsymbol{I})^{\mathrm{T}}|=|\boldsymbol{A}-\lambda\boldsymbol{I}|$，所以 $\boldsymbol{A}$ 与 $\boldsymbol{A}^{\mathrm{T}}$ 的特征多项式相同，故有相同的特征值.

定理 2 设矩阵 $\boldsymbol{A}=(a_{ij})_{n\times n}$ 的特征值为 $\lambda_1,\lambda_2,\cdots,\lambda_n$，则

(1) $\lambda_1+\lambda_2+\cdots+\lambda_n=\mathrm{tr}(\boldsymbol{A})$；

(2) $\lambda_1\lambda_2\cdots\lambda_n=|\boldsymbol{A}|$.

证 一方面，有

$$\begin{aligned}f_{\boldsymbol{A}}(\lambda)=|\boldsymbol{A}-\lambda\boldsymbol{I}|&=\begin{vmatrix}a_{11}-\lambda&a_{12}&\cdots&a_{1n}\\a_{21}&a_{22}-\lambda&\cdots&a_{2n}\\\vdots&\vdots&&\vdots\\a_{n1}&a_{n2}&\cdots&a_{nn}-\lambda\end{vmatrix}\\&=(a_{11}-\lambda)(a_{22}-\lambda)\cdots(a_{nn}-\lambda)+f_{n-2}(\lambda)\\&=(-1)^n\lambda^n+(-1)^{n-1}(a_{11}+a_{22}+\cdots+a_{nn})\lambda^{n-1}+g_{n-2}(\lambda)+f_{n-2}(\lambda),\end{aligned}\tag{5}$$

其中 $g_{n-2}(\lambda)$，$f_{n-2}(\lambda)$ 都是次数不超过 $n-2$ 的多项式. 另一方面，有

$$\begin{aligned}f_{\boldsymbol{A}}(\lambda)&=(\lambda_1-\lambda)(\lambda_2-\lambda)\cdots(\lambda_n-\lambda)\\&=(-1)^n\lambda^n+(-1)^{n-1}(\lambda_1+\lambda_2+\cdots+\lambda_n)\lambda^{n-1}+\cdots+\lambda_1\lambda_2\cdots\lambda_n.\end{aligned}\tag{6}$$

比较(5)，(6)两式中 λ^{n-1} 的系数与常数项得

$$\lambda_1+\lambda_2+\cdots+\lambda_n=a_{11}+a_{22}+\cdots+a_{nn}=\mathrm{tr}(\boldsymbol{A}),$$

$$|\boldsymbol{A}|=f_{\boldsymbol{A}}(0)=\lambda_1\lambda_2\cdots\lambda_n.$$

推论 n 阶方阵 $\boldsymbol{A}$ 可逆的充分必要条件是 $\boldsymbol{A}$ 的特征值都不为零.

定理 3 设 λ 是 n 阶方阵 $\boldsymbol{A}$ 的特征值,$\boldsymbol{x}$ 为 $\boldsymbol{A}$ 的属于特征值 λ 的特征向量,则有

(1) 对于任意 $k\in\mathbf{R}$,$k\lambda$ 是 $k\boldsymbol{A}$ 的特征值,$\boldsymbol{x}$ 为对应的特征向量;

(2) 对于任何正整数 m,λ^m 是 $\boldsymbol{A}^m$ 的特征值,$\boldsymbol{x}$ 为对应的特征向量;

(3) 当 $\boldsymbol{A}$ 可逆时,λ^{-1} 是 $\boldsymbol{A}^{-1}$ 的特征值,x 为对应的特征向量;

(4) 对于任何正整数 m,设 $\varphi(t)=c_0+c_1t+c_2t^2+\cdots+c_mt^m(c_i\in\mathbf{R},i=0,1,2,\cdots,m)$,$\varphi(\boldsymbol{A})$ 是矩阵 $\boldsymbol{A}$ 的多项式,则 $\varphi(\lambda)$ 是 $\varphi(\boldsymbol{A})$ 的特征值,$\boldsymbol{x}$ 为对应的特征向量.

证 (1)和(4)作为练习,下面证明(2)和(3).

(2) 因为 $\boldsymbol{Ax}=\lambda\boldsymbol{x}$,所以 $\boldsymbol{A}(\boldsymbol{Ax})=\boldsymbol{A}(\lambda\boldsymbol{x})=\lambda(\boldsymbol{Ax})=\lambda(\lambda\boldsymbol{x})=\lambda^2\boldsymbol{x}$,即 $\boldsymbol{A}^2\boldsymbol{x}=\lambda^2\boldsymbol{x}$. 再继续施行上述步骤 $m-2$ 次,就得 $\boldsymbol{A}^m\boldsymbol{x}=\lambda^m\boldsymbol{x}$,故 λ^m 是 $\boldsymbol{A}^m$ 的特征值,$\boldsymbol{x}$ 是 $\boldsymbol{A}^m$ 的对应于特征值 λ^m 的特征向量.

(3) 当 $\boldsymbol{A}$ 可逆时,由定理 2 的推论得 $\lambda\neq0$. 因为 $\boldsymbol{Ax}=\lambda\boldsymbol{x}$,所以

$$\boldsymbol{A}^{-1}(\boldsymbol{Ax})=\boldsymbol{A}^{-1}(\lambda\boldsymbol{x})=\lambda(\boldsymbol{A}^{-1}\boldsymbol{x}),\quad 即\quad \boldsymbol{A}^{-1}\boldsymbol{x}=\lambda^{-1}\boldsymbol{x}.$$

因此 λ^{-1} 是 $\boldsymbol{A}^{-1}$ 的特征值,$\boldsymbol{x}$ 是 $\boldsymbol{A}^{-1}$ 的对应于特征值 λ^{-1} 的特征向量.

例 3 已知三阶方阵 $\boldsymbol{A}$ 的特征值为 $1,2,-3$,求 $|\boldsymbol{A}^*+3\boldsymbol{A}+2\boldsymbol{I}|$.

解 因为 $|\boldsymbol{A}|=1\times2\times(-3)=-6\neq0$,所以 $\boldsymbol{A}$ 可逆,且 $\boldsymbol{A}^*=|\boldsymbol{A}|\boldsymbol{A}^{-1}=-6\boldsymbol{A}^{-1}$, 故

$$\boldsymbol{A}^*+3\boldsymbol{A}+2\boldsymbol{I}=-6\boldsymbol{A}^{-1}+3\boldsymbol{A}+2\boldsymbol{I}.$$

令 $\varphi(\lambda)=-6\lambda^{-1}+3\lambda+2$,则 $\varphi(1)=-1,\varphi(2)=5,\varphi(-3)=-5$ 是 $\varphi(\boldsymbol{A})$ 的特征值,所以

$$\begin{aligned}|\boldsymbol{A}^*+3\boldsymbol{A}+2\boldsymbol{I}|&=|-6\boldsymbol{A}^{-1}+3\boldsymbol{A}+2\boldsymbol{I}|=|\varphi(\boldsymbol{A})|\\&=\varphi(1)\varphi(2)\varphi(-3)=(-1)\times5\times(-5)=25.\end{aligned}$$

定理 4 设 $\lambda_1,\lambda_2,\cdots,\lambda_m$ 是矩阵 $\boldsymbol{A}$ 的互异特征值,对应的特征向量依次为 $\boldsymbol{p}_1,\boldsymbol{p}_2,\cdots,\boldsymbol{p}_m$,则向量组 $\boldsymbol{p}_1,\boldsymbol{p}_2,\cdots,\boldsymbol{p}_m$ 线性无关.

证 对特征值的个数 m 用数学归纳法.

当 $m=1$ 时,因为 $\boldsymbol{p}_1\neq\boldsymbol{0}$,所以 $\boldsymbol{p}_1$ 线性无关.

假设 $m-1$ 个不同的特征值 $\lambda_1,\cdots,\lambda_{m-1}$ 对应的特征向量 $\boldsymbol{p}_1,\cdots,\boldsymbol{p}_{m-1}$ 线性无关. 下面证明 $\boldsymbol{p}_1,\cdots,\boldsymbol{p}_{m-1},\boldsymbol{p}_m$ 线性无关. 设有数 $k_1,\cdots,k_{m-1},k_m$,使得

$$k_1\boldsymbol{p}_1+\cdots+k_{m-1}\boldsymbol{p}_{m-1}+k_m\boldsymbol{p}_m=\boldsymbol{0}. \tag{7}$$

以 λ_m 乘以(7)式两边得

$$k_1\lambda_m\boldsymbol{p}_1+\cdots+k_{m-1}\lambda_m\boldsymbol{p}_{m-1}+k_m\lambda_m\boldsymbol{p}_m=\boldsymbol{0}. \tag{8}$$

将(7)式两端左乘 $\boldsymbol{A}$ 得

$$k_1\lambda_1\boldsymbol{p}_1+\cdots+k_{m-1}\lambda_{m-1}\boldsymbol{p}_{m-1}+k_m\lambda_m\boldsymbol{p}_m=\boldsymbol{0}, \tag{9}$$

其中用到 $\boldsymbol{Ap}_1=\lambda_1\boldsymbol{p}_1,\cdots,\boldsymbol{Ap}_m=\lambda_m\boldsymbol{p}_m$. (9)式减去(8)式得

$$k_1(\lambda_1-\lambda_m)\boldsymbol{p}_1+\cdots+k_{m-1}(\lambda_{m-1}-\lambda_m)\boldsymbol{p}_{m-1}=\boldsymbol{0}.$$

由归纳法假设 $\boldsymbol{p}_1,\cdots,\boldsymbol{p}_{m-1}$ 线性无关, 所以

$$k_1(\lambda_1-\lambda_m)=0,\quad \cdots,\quad k_{m-1}(\lambda_{m-1}-\lambda_m)=0.$$

但 $\lambda_1-\lambda_m\neq 0,\cdots,\lambda_{m-1}-\lambda_m\neq 0$，所以 $k_1=0,\cdots,k_{m-1}=0$. 这时(7)式变成 $k_m\boldsymbol{p}_m=\boldsymbol{0}$，而 $\boldsymbol{p}_m\neq\boldsymbol{0}$，所以只有 $k_m=0$. 这就证明了向量组 $\boldsymbol{p}_1,\boldsymbol{p}_2,\cdots,\boldsymbol{p}_m$ 线性无关.

上面的定理 4 可以进一步推广为下面的结论：

定理 5 设 n 阶方阵 $\boldsymbol{A}$ 的互异特征值为 $\lambda_1,\lambda_2,\cdots,\lambda_m$，它们的代数重数依次为 $r_1,r_2,\cdots,r_m$，对应于 λ_i 的线性无关的特征向量为 $\boldsymbol{p}_{i1},\boldsymbol{p}_{i2},\cdots,\boldsymbol{p}_{il_i}$，则向量组 $\boldsymbol{p}_{11},\cdots,\boldsymbol{p}_{1l_1},\cdots,\boldsymbol{p}_{m1},\cdots,\boldsymbol{p}_{ml_m}$ 是线性无关的.

这个定理的证明与定理 4 的证明类似，此处从略.

例 4 设 λ_1,λ_2 是矩阵 $\boldsymbol{A}$ 的两个不同的特征值，对应的特征向量依次为 $\boldsymbol{p}_1,\boldsymbol{p}_2$，证明：当 $k_1k_2\neq 0$ 时，$k_1\boldsymbol{p}_1+k_2\boldsymbol{p}_2$ 不是 $\boldsymbol{A}$ 的特征向量.

证 用反证法. 因为 $k_1k_2\neq 0$，故 k_1,k_2 全不为零，从而 $\boldsymbol{\xi}=k_1\boldsymbol{p}_1$，$\boldsymbol{\eta}=k_2\boldsymbol{p}_2$ 是分别属于 λ_1，λ_2 的特征向量. 假设 $\boldsymbol{\xi}+\boldsymbol{\eta}$ 是 $\boldsymbol{A}$ 的特征向量，则应存在数 λ，使得

$$\boldsymbol{A}(\boldsymbol{\xi}+\boldsymbol{\eta})=\lambda(\boldsymbol{\xi}+\boldsymbol{\eta}),$$

于是

$$\lambda(\boldsymbol{\xi}+\boldsymbol{\eta})=\lambda_1\boldsymbol{\xi}+\lambda_2\boldsymbol{\eta},\quad 即\quad (\lambda_1-\lambda)\boldsymbol{\xi}+(\lambda_2-\lambda)\boldsymbol{\eta}=\boldsymbol{0}.$$

因为 $\lambda_1\neq\lambda_2$，由定理 4 知 $\boldsymbol{\xi},\boldsymbol{\eta}$ 线性无关，故由上式得 $\lambda_1-\lambda=\lambda_2-\lambda=0$，即 $\lambda_1=\lambda_2$，与题设矛盾. 因此 $\boldsymbol{\xi}+\boldsymbol{\eta}=k_1\boldsymbol{p}_1+k_2\boldsymbol{p}_2$ 不是 $\boldsymbol{A}$ 的特征向量.

四、矩阵的谱半径

定义 3 设 $\lambda_i(i=1,2,\cdots,n)$（实数或复数）为 n 阶方阵 $\boldsymbol{A}$ 的全部特征值，则称 λ_i 的模的最大者为 $\boldsymbol{A}$ 的谱半径，记做 $\rho(\boldsymbol{A})$，即

$$\rho(\boldsymbol{A})=\max_{1\leqslant i\leqslant n}\{|\lambda_i|\}.$$

例如，本节例 1 中矩阵 $\boldsymbol{A}$ 的谱半径为 2，例 2 中矩阵 $\boldsymbol{A}$ 的谱半径为 5.

习 题 4.1

1. 求下列矩阵的特征值与特征向量：

(1) $\begin{bmatrix}3&1\\5&-1\end{bmatrix}$；　(2) $\begin{bmatrix}1&0&0\\2&4&5\\3&0&6\end{bmatrix}$；　(3) $\begin{bmatrix}3&-1&1\\2&0&1\\1&-1&2\end{bmatrix}$；

(4) $\begin{bmatrix}4&6&0\\-3&-5&0\\-3&-6&1\end{bmatrix}$；　(5) $\begin{bmatrix}1&-3&3\\3&-5&3\\6&-6&4\end{bmatrix}$；　(6) $\begin{bmatrix}2&-1&2\\5&-3&3\\-1&0&-2\end{bmatrix}$；

(7) $\begin{bmatrix} 1 & -1 & 1 \\ 2 & -2 & 2 \\ -1 & 1 & -1 \end{bmatrix}$； (8) $\begin{bmatrix} -1 & 0 & 1 \\ 1 & 2 & 0 \\ -4 & 0 & 3 \end{bmatrix}$.

2. 设 λ 是可逆矩阵 $\boldsymbol{A}$ 的特征值，$\boldsymbol{x}$ 是 $\boldsymbol{A}$ 的属于特征值 λ 的特征向量，证明：$\lambda^{-1}|\boldsymbol{A}|$ 为 $\boldsymbol{A}^*$ 的特征值，$\boldsymbol{x}$ 为 $\boldsymbol{A}^*$ 的属于特征值 $\lambda^{-1}|\boldsymbol{A}|$ 的特征向量.

3. 设三阶方阵 $\boldsymbol{A}$ 的特征值为 0,1,2，记 $\boldsymbol{B}=2\boldsymbol{A}^3-5\boldsymbol{A}^2+\boldsymbol{I}$，求 $|\boldsymbol{B}|$.

4. 设三阶方阵 $\boldsymbol{A}$ 的特征值为 $-1,1,2$，求 $|\boldsymbol{A}^*+3\boldsymbol{A}-2\boldsymbol{I}|$.

5. 已知矩阵 $\begin{bmatrix} 7 & 4 & -1 \\ 4 & 7 & -1 \\ -4 & -4 & x \end{bmatrix}$ 的特征值为 $\lambda_1=\lambda_2=3,\lambda_3=12$，求 x 的值.

6. 设 $\boldsymbol{A}$ 为 n 阶方阵，若 $\boldsymbol{A}$ 的各行元素之和都是 a，求 $\boldsymbol{A}$ 的一个特征值及其对应的特征向量.

7. 设 λ 是 n 阶方阵 $\boldsymbol{A}$ 的特征值，$f(t)=c_0+c_1t+c_2t^2+\cdots+c_mt^m$（$m$ 是正整数，$c_i\in\mathbf{R}$，$i=0,1,2,\cdots,n$），且 $f(\boldsymbol{A})=\boldsymbol{O}$，证明：$f(\lambda)=0$.

8. 设 $\boldsymbol{A}$ 为 n 阶方阵，试证：齐次线性方程组 $\boldsymbol{Ax}=\boldsymbol{0}$ 有非零解的充要条件是 $\boldsymbol{A}$ 有零特征值.

9. 设 n 阶方阵 $\boldsymbol{A}$ 满足 $\boldsymbol{A}^2=\boldsymbol{A}$，证明：

(1) $\boldsymbol{A}$ 的特征值只能是 1 或 0； (2) $\boldsymbol{A}+\boldsymbol{I}$ 可逆.

10. 设 $\boldsymbol{A}$ 是 n 阶方阵，证明：

(1) 若 $\boldsymbol{A}^2=\boldsymbol{I}$，则 $\boldsymbol{A}$ 的特征值是 1 或 -1；

(2) 若 $\boldsymbol{A}^2=\boldsymbol{I}$，且 $\boldsymbol{A}$ 的特征值都是 1，则 $\boldsymbol{A}=\boldsymbol{I}$.

§4.2 相似矩阵

对角矩阵是最简单的一类矩阵，如果一个矩阵 $\boldsymbol{A}$ 能与一个对角矩阵建立某种关系，同时二者又有很多共同的性质，那么就可以通过研究对角矩阵的性质，来得到矩阵 $\boldsymbol{A}$ 的性质. 本节我们要研究如何将一个矩阵 $\boldsymbol{A}$ 转化为一个对角矩阵，即矩阵的对角化的问题.

一、相似矩阵及其性质

定义 1 设 $\boldsymbol{A}$ 和 $\boldsymbol{B}$ 都是 n 阶方阵，若存在可逆矩阵 $\boldsymbol{P}$，使得

$$\boldsymbol{P}^{-1}\boldsymbol{AP}=\boldsymbol{B},$$

则称 $\boldsymbol{B}$ 是 $\boldsymbol{A}$ 的**相似矩阵**，或说**矩阵** $\boldsymbol{A}$ **与** $\boldsymbol{B}$ **相似**，记做 $\boldsymbol{A}\sim\boldsymbol{B}$. 对 $\boldsymbol{A}$ 施行运算 $\boldsymbol{P}^{-1}\boldsymbol{AP}$ 称为对 $\boldsymbol{A}$ 进行**相似变换**，可逆矩阵 $\boldsymbol{P}$ 称为把 $\boldsymbol{A}$ 化为 $\boldsymbol{B}$ 的**相似变换矩阵**.

相似是矩阵之间的一种关系，易证它具有以下**性质**：

(1) **反身性**：$\boldsymbol{A}\sim\boldsymbol{A}$；

(2) **对称性**：若 $\boldsymbol{A}\sim\boldsymbol{B}$，则 $\boldsymbol{B}\sim\boldsymbol{A}$；

(3) **传递性**：若 $\boldsymbol{A}\sim\boldsymbol{B},\boldsymbol{B}\sim\boldsymbol{C}$，则 $\boldsymbol{A}\sim\boldsymbol{C}$.

这说明矩阵的相似关系是一种等价关系，因此可以利用相似关系对同阶的矩阵进行等价分类，即所有具有相似关系的矩阵归为一类. 属于同一类的相似矩阵具有一些共性，也称为**相似不变性**.

定理 1 若矩阵 $\boldsymbol{A}$ 与 $\boldsymbol{B}$ 相似，则 $\boldsymbol{A}$ 与 $\boldsymbol{B}$ 具有相同的特征多项式.

证 若 $\boldsymbol{A}\sim\boldsymbol{B}$，则存在可逆矩阵 $\boldsymbol{P}$，使得

$$\boldsymbol{P}^{-1}\boldsymbol{A}\boldsymbol{P}=\boldsymbol{B}.$$

由此可得

$$\boldsymbol{B}-\lambda\boldsymbol{I}=\boldsymbol{P}^{-1}\boldsymbol{A}\boldsymbol{P}-\lambda\boldsymbol{I}=\boldsymbol{P}^{-1}(\boldsymbol{A}-\lambda\boldsymbol{I})\boldsymbol{P},$$

于是

$$|\boldsymbol{B}-\lambda\boldsymbol{I}|=|\boldsymbol{P}^{-1}(\boldsymbol{A}-\lambda\boldsymbol{I})\boldsymbol{P}|=|\boldsymbol{P}^{-1}|\cdot|\boldsymbol{A}-\lambda\boldsymbol{I}|\cdot|\boldsymbol{P}|=|\boldsymbol{A}-\lambda\boldsymbol{I}|,$$

所以 $\boldsymbol{A}$ 与 $\boldsymbol{B}$ 具有相同的特征多项式.

根据定理 1 可以得到以下推论：

推论 1 若矩阵 $\boldsymbol{A}\sim\boldsymbol{B}$，则

(1) 矩阵 $\boldsymbol{A}$ 与 $\boldsymbol{B}$ 有相同的特征值；

(2) $\mathrm{tr}(\boldsymbol{A})=\mathrm{tr}(\boldsymbol{B})$，$|\boldsymbol{A}|=|\boldsymbol{B}|$.

推论 2 若矩阵 $\boldsymbol{A}$ 与 $\boldsymbol{\Lambda}=\mathrm{diag}(\lambda_1,\lambda_2,\cdots,\lambda_n)$ 相似，则 $\lambda_1,\lambda_2,\cdots,\lambda_n$ 是 $\boldsymbol{A}$ 的 n 个特征值.

这里有一点需要注意：定理 1 的逆命题不成立，即特征值多项式相同的两个矩阵未必相似. 例如，

$$\boldsymbol{I}=\begin{bmatrix}1&0\\0&1\end{bmatrix},\quad \boldsymbol{A}=\begin{bmatrix}1&0\\1&1\end{bmatrix},$$

显然 $\boldsymbol{I}$ 与 $\boldsymbol{A}$ 有相同的特征值，但由 $\boldsymbol{P}^{-1}\boldsymbol{I}\boldsymbol{P}=\boldsymbol{I}$ 知，与单位矩阵相似的矩阵只能是单位矩阵，所以 $\boldsymbol{I}$ 与 $\boldsymbol{A}$ 不相似.

另外，可以证明相似矩阵还具有以下性质：

性质 1 若矩阵 $\boldsymbol{A}\sim\boldsymbol{B}$，且 $\boldsymbol{A}$ 可逆，则 $\boldsymbol{B}$ 可逆，且 $\boldsymbol{A}^{-1}\sim\boldsymbol{B}^{-1}$.（证明略）

性质 2 若矩阵 $\boldsymbol{A}\sim\boldsymbol{B}$，则 $f(\boldsymbol{A})\sim f(\boldsymbol{B})$，其中 $f(t)$ 为任一多项式函数.

证 设 $f(t)=a_mt^m+\cdots+a_1t+a_0\ (a_i\in\mathbf{R},i=1,2,\cdots,m)$，则

$$f(\boldsymbol{A})=a_m\boldsymbol{A}^m+\cdots+a_1\boldsymbol{A}+a_0\boldsymbol{I}.$$

由 $\boldsymbol{A}\sim\boldsymbol{B}$ 可知，存在可逆矩阵 $\boldsymbol{P}$，使得 $\boldsymbol{P}^{-1}\boldsymbol{A}\boldsymbol{P}=\boldsymbol{B}$，于是

$$\begin{aligned}\boldsymbol{P}^{-1}f(\boldsymbol{A})\boldsymbol{P}&=\boldsymbol{P}^{-1}(a_m\boldsymbol{A}^m+\cdots+a_1\boldsymbol{A}+a_0\boldsymbol{I})\boldsymbol{P}\\&=a_m(\boldsymbol{P}^{-1}\boldsymbol{A}^m\boldsymbol{P})+\cdots+a_1(\boldsymbol{P}^{-1}\boldsymbol{A}\boldsymbol{P})+a_0\boldsymbol{P}^{-1}\boldsymbol{I}\boldsymbol{P}\\&=a_m\boldsymbol{B}^m+\cdots+a_1\boldsymbol{B}+a_0\boldsymbol{I}=f(\boldsymbol{B}),\end{aligned}$$

所以 $f(\boldsymbol{A})\sim f(\boldsymbol{B})$.

特别地,当 $f(t)=kt(k\in\mathbf{R})$ 及 $f(t)=t^m$(m 为正整数)时,分别得到

$$k\boldsymbol{A}\sim k\boldsymbol{B},\quad \boldsymbol{A}^m\sim\boldsymbol{B}^m.$$

另外,如果 $\boldsymbol{P}^{-1}\boldsymbol{A}\boldsymbol{P}=\boldsymbol{\Lambda}=\mathrm{diag}(\lambda_1,\lambda_2,\cdots,\lambda_n)$,就有

$$f(\boldsymbol{A})=\boldsymbol{P}f(\boldsymbol{\Lambda})\boldsymbol{P}^{-1}=\boldsymbol{P}\mathrm{diag}(f(\lambda_1),f(\lambda_2),\cdots,f(\lambda_n))\boldsymbol{P}^{-1}.$$

利用这个等式可以很方便地计算矩阵 $\boldsymbol{A}$ 的多项式.

例 1 设 $\boldsymbol{x}$ 是 $\boldsymbol{A}$ 的属于特征值 λ 的特征向量,$\boldsymbol{P}^{-1}\boldsymbol{A}\boldsymbol{P}=\boldsymbol{B}$,证明:$\boldsymbol{P}^{-1}\boldsymbol{x}$ 是 $\boldsymbol{B}$ 的对应于特征值 λ 的特征向量.

证 由已知条件 $\boldsymbol{A}\boldsymbol{x}=\lambda\boldsymbol{x},\boldsymbol{x}\neq\boldsymbol{0}$,有

$$\boldsymbol{B}(\boldsymbol{P}^{-1}\boldsymbol{x})=(\boldsymbol{P}^{-1}\boldsymbol{A}\boldsymbol{P})(\boldsymbol{P}^{-1}\boldsymbol{x})=\boldsymbol{P}^{-1}\boldsymbol{A}\boldsymbol{x}=\boldsymbol{P}^{-1}(\lambda\boldsymbol{x})=\lambda(\boldsymbol{P}^{-1}\boldsymbol{x}),$$

而 $\boldsymbol{P}^{-1}\boldsymbol{x}\neq\boldsymbol{0}$,所以 $\boldsymbol{P}^{-1}\boldsymbol{x}$ 是 $\boldsymbol{B}$ 的对应于特征值 λ 的特征向量.

例 2 设 $\boldsymbol{P}^{-1}\boldsymbol{A}\boldsymbol{P}=\boldsymbol{\Lambda}$,且 $\boldsymbol{P}=\begin{bmatrix}-1&-4\\1&1\end{bmatrix}$,$\boldsymbol{\Lambda}=\begin{bmatrix}-1&0\\0&2\end{bmatrix}$,求 $\boldsymbol{A}^{11}$.

解 因为 $\boldsymbol{P}^{-1}=\dfrac{1}{3}\begin{bmatrix}1&4\\-1&-1\end{bmatrix}$, $\boldsymbol{\Lambda}^{11}=\begin{bmatrix}-1&0\\0&2\end{bmatrix}^{11}=\begin{bmatrix}-1&0\\0&2^{11}\end{bmatrix}$,所以由性质 2 得

$$\boldsymbol{A}^{11}=\boldsymbol{P}\boldsymbol{\Lambda}^{11}\boldsymbol{P}^{-1}=\frac{1}{3}\begin{bmatrix}-1&-4\\1&1\end{bmatrix}\begin{bmatrix}-1&0\\0&2^{11}\end{bmatrix}\begin{bmatrix}1&4\\-1&-1\end{bmatrix}=\begin{bmatrix}2731&2732\\-683&-684\end{bmatrix}.$$

一般来说,对于任意两个同阶方阵 $\boldsymbol{A},\boldsymbol{B}$,要判断它们是否相似比较困难,因为很难直接判断是否存在相似变换矩阵 $\boldsymbol{P}$,不过我们可以通过相似变换把 $\boldsymbol{A},\boldsymbol{B}$ 都化成对角矩阵,再通过矩阵相似的传递性来判断 $\boldsymbol{A},\boldsymbol{B}$ 是否相似.下面讨论一个矩阵与对角矩阵相似的判定条件.

二、矩阵可对角化的条件

定义 2 如果矩阵 $\boldsymbol{A}$ 与一个对角矩阵相似,则称 $\boldsymbol{A}$ 可以**对角化**;否则,就称 $\boldsymbol{A}$ 不能对角化.

定理 2 n 阶方阵 $\boldsymbol{A}$ 可以对角化的充分必要条件是 $\boldsymbol{A}$ 有 n 个线性无关的特征向量.

证 *必要性* 设 $\boldsymbol{A}$ 可对角化,则存在可逆矩阵 $\boldsymbol{P}$,使得 $\boldsymbol{P}^{-1}\boldsymbol{A}\boldsymbol{P}$ 为某对角矩阵 $\boldsymbol{\Lambda}$,即

$$\boldsymbol{P}^{-1}\boldsymbol{A}\boldsymbol{P}=\boldsymbol{\Lambda}=\begin{bmatrix}\lambda_1&&&\\&\lambda_2&&\\&&\ddots&\\&&&\lambda_n\end{bmatrix}.$$

于是 $\boldsymbol{A}\boldsymbol{P}=\boldsymbol{P}\boldsymbol{\Lambda}$.利用矩阵分块将 $\boldsymbol{P}$ 表示成 $\boldsymbol{P}=[\boldsymbol{p}_1\ \ \boldsymbol{p}_2\ \ \cdots\ \ \boldsymbol{p}_n]$,则有

$$\boldsymbol{A}[\boldsymbol{p}_1\ \ \boldsymbol{p}_2\ \ \cdots\ \ \boldsymbol{p}_n]=[\boldsymbol{p}_1\ \ \boldsymbol{p}_2\ \ \cdots\ \ \boldsymbol{p}_n]\begin{bmatrix}\lambda_1&&&\\&\lambda_2&&\\&&\ddots&\\&&&\lambda_n\end{bmatrix},$$

所以

$$[\boldsymbol{A}\boldsymbol{p}_1 \quad \boldsymbol{A}\boldsymbol{p}_2 \quad \cdots \quad \boldsymbol{A}\boldsymbol{p}_n]=[\lambda_1\boldsymbol{p}_1 \quad \lambda_2\boldsymbol{p}_2 \quad \cdots \quad \lambda_n\boldsymbol{p}_n],$$

即

$$\boldsymbol{A}\boldsymbol{p}_i=\lambda_i\boldsymbol{p}_i \quad (i=1,2,\cdots,n).$$

因为 $\boldsymbol{P}$ 为可逆矩阵,所以它的列向量组 $\boldsymbol{p}_1,\boldsymbol{p}_2,\cdots,\boldsymbol{p}_n$ 线性无关.上式表明,$\boldsymbol{p}_1,\boldsymbol{p}_2,\cdots,\boldsymbol{p}_n$ 是 $\boldsymbol{A}$ 的 n 个线性无关的特征向量,而 $\lambda_1,\lambda_2,\cdots,\lambda_n$ 分别是它们对应的特征值.

充分性　设 $\boldsymbol{A}$ 有 n 个线性无关的特征向量 $\boldsymbol{p}_1,\boldsymbol{p}_2,\cdots,\boldsymbol{p}_n$,它们对应的特征值依次为 λ_1, $\lambda_2,\cdots,\lambda_n$,即 $\boldsymbol{A}\boldsymbol{p}_i=\lambda_i\boldsymbol{p}_i(i=1,2,\cdots,n)$.令

$$\boldsymbol{P}=[\boldsymbol{p}_1 \quad \boldsymbol{p}_2 \quad \cdots \quad \boldsymbol{p}_n],$$

则 $\boldsymbol{P}$ 为可逆矩阵,且有

$$\boldsymbol{A}\boldsymbol{P}=\boldsymbol{P}\boldsymbol{\Lambda}, \quad 其中 \quad \boldsymbol{\Lambda}=\begin{bmatrix}\lambda_1 & & & \\ & \lambda_2 & & \\ & & \ddots & \\ & & & \lambda_n\end{bmatrix},$$

即 $\boldsymbol{P}^{-1}\boldsymbol{A}\boldsymbol{P}=\boldsymbol{\Lambda}$,亦即 $\boldsymbol{A}$ 可以对角化.

以上的过程不仅给出了定理 2 的证明,而且提供了求与可对角化矩阵 $\boldsymbol{A}$ 相似的对角矩阵以及相似变换矩阵 $\boldsymbol{P}$ 的方法:与 $\boldsymbol{A}$ 相似的对角矩阵的主对角线上的元素恰好是 $\boldsymbol{A}$ 的 n 个特征值 $\lambda_1,\lambda_2,\cdots,\lambda_n$,而相似变换矩阵 $\boldsymbol{P}$ 是由 $\boldsymbol{A}$ 的分别对应于特征值 $\lambda_1,\lambda_2,\cdots,\lambda_n$ 的 n 个线性无关的特征向量 $\boldsymbol{p}_1$, $\boldsymbol{p}_2,\cdots,\boldsymbol{p}_n$ 作为列所构成的矩阵,即

$$\boldsymbol{P}=[\boldsymbol{p}_1 \quad \boldsymbol{p}_2 \quad \cdots \quad \boldsymbol{p}_n].$$

再者相似变换矩阵 $\boldsymbol{P}$ 不是唯一的.一方面特征向量的选取不唯一;另一方面特征向量 $\boldsymbol{p}_1,\boldsymbol{p}_2,\cdots,\boldsymbol{p}_n$ 的排列顺序随特征值 $\lambda_1,\lambda_2,\cdots,\lambda_n$ 的排列顺序不同而发生改变.

根据定理 2,n 阶方阵 $\boldsymbol{A}$ 的对角化问题转化为判断 $\boldsymbol{A}$ 是否有 n 个线性无关的特征向量的问题.n 阶方阵最多有 n 个线性无关的特征向量,那么什么样的矩阵有 n 个线性无关的特征向量呢?为了说明这个问题,我们给出以下的引理:

引理　n 阶方阵 $\boldsymbol{A}$ 的任一特征值 λ 的几何重数 s 不大于它的代数重数 r.

证明从略.引理表明对应于 r 重特征值 λ 的线性无关的特征向量的个数小于等于 r.特别地,单重特征值的几何重数等于它的代数重数.

定理 3　设 $\lambda_1,\lambda_2,\cdots,\lambda_m$ 是 n 阶方阵 $\boldsymbol{A}$ 的全部互异的特征值($m\leqslant n$),特征值 λ_i 的代数重数和几何重数依次为 r_i 和 $s_i(i=1,2,\cdots,m)$,则 $\boldsymbol{A}$ 可以对角化的充分必要条件是

$$r_i=s_i \quad (i=1,2,\cdots,m).$$

证　首先有 $r_1+r_2+\cdots+r_m=n$,且由引理知 $s_i\leqslant r_i(i=1,2,\cdots,m)$.

充分性　若 $r_i=s_i(i=1,2,\cdots,m)$,则对于每个特征值 λ_i,矩阵 $\boldsymbol{A}$ 有 r_i 个线性无关的特征向量.根据§4.1 定理 5,这 $r_1+r_2+\cdots+r_m=n$ 个特征向量线性无关,所以 $\boldsymbol{A}$ 可以对角化.

必要性　用反证法.假设存在一个 i_0,使得 $s_{i_0}<r_{i_0}$,则 $\boldsymbol{A}$ 的线性无关的特征向量个数小

于 n,从而 $\boldsymbol{A}$ 不能对角化,矛盾.故 $s_i=r_i(i=1,2,\cdots,m)$.

推论 1 设 n 阶方阵 $\boldsymbol{A}$ 的全部互异特征值为 $\lambda_1,\lambda_2,\cdots,\lambda_m$,重数依次为 $r_1,r_2,\cdots,r_m$,则 $\boldsymbol{A}$ 可对角化的充分必要条件是对应于每个特征值 λ_i,$\boldsymbol{A}$ 有 r_i 个线性无关的特征向量.

例如,§4.1 例 1 中 $\boldsymbol{A}$ 的特征值 1 的代数重数为 2,几何重数为 1,因此 $\boldsymbol{A}$ 不能对角化;而§4.1 例 2 中 $\boldsymbol{A}$ 的特征值 -1 的代数重数和几何重数都为 2 ,特征值 5 的代数重数和几何重数都为 1,因此 $\boldsymbol{A}$ 能对角化,并且由

$$\boldsymbol{A}\boldsymbol{\xi}_1=-\boldsymbol{\xi}_1,\quad \boldsymbol{A}\boldsymbol{\xi}_2=-\boldsymbol{\xi}_2,\quad \boldsymbol{A}\boldsymbol{\xi}_3=5\boldsymbol{\xi}_3,$$

取相似变换矩阵 $\boldsymbol{P}=[\boldsymbol{\xi}_1\quad\boldsymbol{\xi}_2\quad\boldsymbol{\xi}_3]$,则 $\boldsymbol{P}^{-1}\boldsymbol{A}\boldsymbol{P}=\mathrm{diag}(-1,-1,5)$,即

$$[\boldsymbol{\xi}_1\quad\boldsymbol{\xi}_2\quad\boldsymbol{\xi}_3]^{-1}\boldsymbol{A}[\boldsymbol{\xi}_1\quad\boldsymbol{\xi}_2\quad\boldsymbol{\xi}_3]=\begin{bmatrix}-1&&\\&-1&\\&&5\end{bmatrix}.$$

推论 2 若 n 阶方阵 $\boldsymbol{A}$ 有 n 个互异的特征值,则 $\boldsymbol{A}$ 一定可以对角化.

事实上,此时有 $r_i=s_i=1(i=1,2,\cdots,n)$,根据定理 3,即得该结论.需要注意的是,这个结论反过来不一定成立.

例 3 设矩阵 $\boldsymbol{A}=\begin{bmatrix}3&2&-2\\-k&-1&k\\4&2&-3\end{bmatrix}$,当 k 为何值时,$\boldsymbol{A}$ 可以对角化?并求出相似变换矩阵 $\boldsymbol{P}$.

解 $\boldsymbol{A}$ 的特征多项式为

$$|\boldsymbol{A}-\lambda\boldsymbol{I}|=\begin{vmatrix}3-\lambda&2&-2\\-k&-1-\lambda&k\\4&2&-3-\lambda\end{vmatrix}=(1-\lambda)(\lambda+1)^2,$$

所以 $\boldsymbol{A}$ 的特征值 $\lambda_1=1,\lambda_2=\lambda_3=-1$.根据定理 3,当 $\boldsymbol{A}$ 可以对角化时,对应于二重特征值 -1,$\boldsymbol{A}$ 应有两个线性无关的特征向量,故线性方程组 $(\boldsymbol{A}+\boldsymbol{I})\boldsymbol{x}=\boldsymbol{0}$ 的系数矩阵的秩应该是 $3-2=1$,即 $\mathrm{r}(\boldsymbol{A}+\boldsymbol{I})=1$.因此,由

$$\boldsymbol{A}+\boldsymbol{I}=\begin{bmatrix}4&2&-2\\-k&0&k\\4&2&-2\end{bmatrix}\longrightarrow\begin{bmatrix}1&1/2&-1/2\\0&k&k\\0&0&0\end{bmatrix}$$

知,当 $k=0$ 时,矩阵 $\boldsymbol{A}$ 可对角化.

经计算可得 $\boldsymbol{A}$ 的属于特征值 -1 的特征向量为

$$k_1[1,0,2]^{\mathrm{T}}+k_2[-1,2,0]^{\mathrm{T}}\quad(k_1,k_2\text{ 是不全为零的任意实数});$$

属于 1 的特征向量为

$$k_3[1,0,1]^{\mathrm{T}}\quad(k_3\text{ 是不为零的任意实数}).$$

因此

$$\boldsymbol{P}=\begin{bmatrix}1 & -1 & 1\\ 0 & 2 & 0\\ 2 & 0 & 1\end{bmatrix},\quad 且\quad \boldsymbol{P}^{-1}\boldsymbol{A}\boldsymbol{P}=\begin{bmatrix}-1 & & \\ & -1 & \\ & & 1\end{bmatrix}.$$

习 题 4.2

1. 判断习题 4.1 第 1 题中哪些矩阵可相似对角化;对能对角化的矩阵求相似变换矩阵 $\boldsymbol{P}$,使 $\boldsymbol{P}^{-1}\boldsymbol{A}\boldsymbol{P}$ 为对角矩阵.

2. 设矩阵

$$\boldsymbol{A}=\begin{bmatrix}-1 & 1 & 2\\ -2 & 2 & 2\\ -2 & 1 & 3\end{bmatrix}.$$

(1) 试问: $\boldsymbol{A}$ 是否与对角阵相似?

(2) 若 $\boldsymbol{A}$ 与对角阵相似,试求 $\boldsymbol{P}$,使得 $\boldsymbol{P}^{-1}\boldsymbol{A}\boldsymbol{P}$ 为对角矩阵;

(3) 求 $\boldsymbol{A}^m$.

3. 已知矩阵 $\boldsymbol{A}=\begin{bmatrix}-2 & 0 & 0\\ 2 & x & 2\\ 3 & 1 & 1\end{bmatrix}$ 与 $\boldsymbol{B}=\begin{bmatrix}-1 & & \\ & 2 & \\ & & y\end{bmatrix}$ 相似.

(1) 求 x 与 y;

(2) 求一个可逆矩阵 $\boldsymbol{P}$,使得 $\boldsymbol{P}^{-1}\boldsymbol{A}\boldsymbol{P}$ 为对角矩阵;

(3) 求 $\boldsymbol{A}^{100}$.

4. 已知四阶方阵 $\boldsymbol{A}$ 与 $\boldsymbol{B}$ 相似,$\boldsymbol{A}$ 的特征值是 2,3,4,5,求 $\boldsymbol{B}-\boldsymbol{I}$ 的特征值.

5. 设 $\boldsymbol{A}$,$\boldsymbol{B}$ 都是 n 阶方阵,且 $|\boldsymbol{A}|\neq 0$,证明: $\boldsymbol{AB}$ 与 $\boldsymbol{BA}$ 相似.

6. 设矩阵 $\boldsymbol{A}$ 与 $\boldsymbol{B}$ 相似,证明:

(1) $\boldsymbol{A}^{\mathrm{T}}$ 与 $\boldsymbol{B}^{\mathrm{T}}$ 相似; (2) 当 $\boldsymbol{A}$ 可逆时,$\boldsymbol{A}^{-1}$ 与 $\boldsymbol{B}^{-1}$ 相似;

(3) 当 $\boldsymbol{A}$ 可逆时,$\boldsymbol{A}^*$ 与 $\boldsymbol{B}^*$ 相似.

7. 设 $\boldsymbol{A}$ 是二阶实矩阵,且 $|\boldsymbol{A}|<0$,证明: $\boldsymbol{A}$ 与实对角矩阵相似.

8. 设三阶方阵 $\boldsymbol{A}$ 的特征值为 $\lambda_1=1,\lambda_2=3,\lambda_3=4$,且对应的特征向量分别是 $\boldsymbol{\xi}_1=[1,1,0]^{\mathrm{T}}$, $\boldsymbol{\xi}_2=[-1,0,1]^{\mathrm{T}}$, $\boldsymbol{\xi}_3=[1,1,2]^{\mathrm{T}}$,试求矩阵 $\boldsymbol{A}$.

9. 设三阶方阵 $\boldsymbol{A}$ 的特征值为 $\lambda_1=1,\lambda_2=2,\lambda_3=3$,且对应的特征向量分别是 $\boldsymbol{\xi}_1=[1,1,1]^{\mathrm{T}}$, $\boldsymbol{\xi}_2=[1,2,4]^{\mathrm{T}}$, $\boldsymbol{\xi}_3=[1,3,9]^{\mathrm{T}}$,又向量 $\boldsymbol{\beta}=[1,1,3]^{\mathrm{T}}$.

(1) 将 $\boldsymbol{\beta}$ 用 $\boldsymbol{\xi}_1,\boldsymbol{\xi}_2,\boldsymbol{\xi}_3$ 线性表示;

(2) 计算 $\boldsymbol{A}^m\boldsymbol{\beta}$($m$ 为正整数).

§4.3 实对称矩阵的对角化

在上一节中我们给出了一般的 n 阶方阵对角化的条件，对于一个 n 阶实方阵，如果其特征值不全是实数，那么在实数域上一定不能对角化，但在复数域上有可能对角化．然而，实对称矩阵在实数域上一定可以对角化．本节从实对称矩阵的特征值与特征向量的一些性质出发，研究实对称矩阵的对角化问题．

一、实对称矩阵的特征值与特征向量

定理 1 实对称矩阵的特征值都是实数．

证 设复数 λ 为 n 阶实对称矩阵 $\boldsymbol{A}$ 的特征值，复向量 $\boldsymbol{x}=[x_1,x_2,\cdots,x_n]^{\mathrm{T}}$ 为对应的特征向量，即 $\boldsymbol{Ax}=\lambda\boldsymbol{x}(\boldsymbol{x}\neq\boldsymbol{0})$．将等式两边取共轭，并注意由于 $\boldsymbol{A}$ 的元素全为实数，所以 $\overline{\boldsymbol{A}}=\boldsymbol{A}$（$\overline{\boldsymbol{A}}$ 是指对 $\boldsymbol{A}$ 中的所有元素分别取共轭），则有

$$\boldsymbol{A}\,\overline{\boldsymbol{x}}=\overline{\boldsymbol{A}}\overline{\boldsymbol{x}}=\overline{\boldsymbol{Ax}}=\overline{\lambda\boldsymbol{x}}=\bar{\lambda}\overline{\boldsymbol{x}}.$$

一方面，有

$$(\overline{\boldsymbol{x}},\boldsymbol{Ax})=(\overline{\boldsymbol{x}},\lambda\boldsymbol{x})=\lambda(\overline{\boldsymbol{x}},\boldsymbol{x})=\lambda\overline{\boldsymbol{x}}^{\mathrm{T}}\boldsymbol{x};\tag{1}$$

另一方面，有

$$(\overline{\boldsymbol{x}},\boldsymbol{Ax})=\overline{\boldsymbol{x}}^{\mathrm{T}}\boldsymbol{Ax}=(\boldsymbol{A}\,\overline{\boldsymbol{x}})^{\mathrm{T}}\boldsymbol{x}=(\overline{\boldsymbol{A}}\overline{\boldsymbol{x}})^{\mathrm{T}}\boldsymbol{x}=(\bar{\lambda}\overline{\boldsymbol{x}})^{\mathrm{T}}\boldsymbol{x}=\bar{\lambda}\overline{\boldsymbol{x}}^{\mathrm{T}}\boldsymbol{x}.\tag{2}$$

(1)式减(2)式得

$$(\lambda-\bar{\lambda})\overline{\boldsymbol{x}}^{\mathrm{T}}\boldsymbol{x}=0.$$

因为 $\boldsymbol{x}\neq\boldsymbol{0}$，所以 $\overline{\boldsymbol{x}}^{\mathrm{T}}\boldsymbol{x}=\|\boldsymbol{x}\|^2\neq0$，故 $\lambda-\bar{\lambda}=0$，即 $\lambda=\bar{\lambda}$，即 λ 是实数．

当矩阵 $\boldsymbol{A}$ 的特征值 λ_i 为实数时，齐次线性方程组 $(\boldsymbol{A}-\lambda_i\boldsymbol{I})\boldsymbol{x}=\boldsymbol{0}$ 是实系数方程组，在实数域必有实的基础解系，所以 $\boldsymbol{A}$ 对应于 λ_i 的特征向量可以取成实向量．

定理 2 实对称矩阵属于不同特征值的特征向量是正交的．

证 设 $\boldsymbol{A}$ 是实对称矩阵，λ_1,λ_2 是 $\boldsymbol{A}$ 的两个不同的特征值，对应的特征向量依次为 $\boldsymbol{p}_1$，$\boldsymbol{p}_2$，即 $\boldsymbol{Ap}_1=\lambda_1\boldsymbol{p}_1$，$\boldsymbol{Ap}_2=\lambda_2\boldsymbol{p}_2$．一方面，有

$$(\boldsymbol{p}_1,\boldsymbol{Ap}_2)=(\boldsymbol{p}_1,\lambda_2\boldsymbol{p}_2)=\boldsymbol{p}_1^{\mathrm{T}}(\lambda_2\boldsymbol{p}_2)=\lambda_2(\boldsymbol{p}_1^{\mathrm{T}}\boldsymbol{p}_2);\tag{3}$$

另一方面，有

$$(\boldsymbol{p}_1,\boldsymbol{Ap}_2)=\boldsymbol{p}_1^{\mathrm{T}}\boldsymbol{Ap}_2=\boldsymbol{p}_1^{\mathrm{T}}\boldsymbol{A}^{\mathrm{T}}\boldsymbol{p}_2=(\boldsymbol{Ap}_1)^{\mathrm{T}}\boldsymbol{p}_2=(\lambda_1\boldsymbol{p}_1)^{\mathrm{T}}\boldsymbol{p}_2=\lambda_1(\boldsymbol{p}_1^{\mathrm{T}}\boldsymbol{p}_2).\tag{4}$$

(4)式减(3)式得

$$(\lambda_1-\lambda_2)(\boldsymbol{p}_1^{\mathrm{T}}\boldsymbol{p}_2)=0.$$

由于 $\lambda_1\neq\lambda_2$，所以 $\boldsymbol{p}_1^{\mathrm{T}}\boldsymbol{p}_2=0$，即 $\boldsymbol{p}_1$ 与 $\boldsymbol{p}_2$ 正交．

根据§4.2 的引理，对于一般 n 阶方阵 $\boldsymbol{A}$，任一特征值的几何重数不大于它的代数重数，但对于实对称矩阵有以下结论：

定理 3 设 λ 是实对称矩阵 $\boldsymbol{A}$ 的任一特征值，它的代数重数和几何重数分别是 r,s，则 $r=s$.

证明从略. 定理 3 表明，若 λ 是实对称矩阵 $\boldsymbol{A}$ 的 r 重特征值，则对应于特征值 λ，$\boldsymbol{A}$ 有 r 个线性无关的特征向量. 应该注意这个结论对于非实对称矩阵不一定成立.

二、实对称矩阵的对角化

根据定理 3 知，实对称矩阵一定可以对角化，并且有如下结论：

定理 4 对任意一个 n 阶实对称矩阵 $\boldsymbol{A}$，必存在 n 阶正交矩阵 $\boldsymbol{U}$，使得

$$\boldsymbol{U}^{-1}\boldsymbol{A}\boldsymbol{U}=\boldsymbol{U}^{\mathrm{T}}\boldsymbol{A}\boldsymbol{U}=\boldsymbol{\Lambda},$$

其中 $\boldsymbol{\Lambda}$ 是以 $\boldsymbol{A}$ 的 n 个特征值为主对角线元素的对角矩阵.

证 设 $\lambda_1,\lambda_2,\cdots,\lambda_m(m\leqslant n)$ 是 n 阶实对称矩阵 $\boldsymbol{A}$ 的全部互异的特征值，它们的代数重数依次为 $r_1,r_2,\cdots,r_m$. 根据定理 3，对应于特征值 $\lambda_i(i=1,2,\cdots,m)$，矩阵 $\boldsymbol{A}$ 有 r_i 个线性无关的特征向量. 利用格拉姆—施密特正交化方法将它们正交化，再单位化，就得到 $r_i(i=1,2,\cdots,m)$ 个两两正交的单位特征向量，再由定理 2，$\boldsymbol{A}$ 就有 n 个两两正交的单位特征向量 $\boldsymbol{u}_1,\boldsymbol{u}_2,\cdots,\boldsymbol{u}_n$. 令 $\boldsymbol{U}=[\boldsymbol{u}_1\quad\boldsymbol{u}_2\quad\cdots\quad\boldsymbol{u}_n]$，则 $\boldsymbol{U}$ 为正交矩阵，且 $\boldsymbol{U}^{-1}\boldsymbol{A}\boldsymbol{U}=\boldsymbol{\Lambda}$.

又因 $\boldsymbol{U}^{\mathrm{T}}\boldsymbol{U}=\boldsymbol{I}$，所以 $\boldsymbol{U}^{-1}=\boldsymbol{U}^{\mathrm{T}}$，从而 $\boldsymbol{U}^{\mathrm{T}}\boldsymbol{A}\boldsymbol{U}=\boldsymbol{\Lambda}$.

总结定理 4 的证明，得到求与 n 阶实对称矩阵 $\boldsymbol{A}$ 正交相似的对角矩阵的方法，步骤如下：

(1) 求出 $\boldsymbol{A}$ 的全部互异特征值 $\lambda_1,\lambda_2,\cdots,\lambda_m(m\leqslant n)$，设它们的代数重数分别是 $r_1,r_2,\cdots,r_m$，则 $r_1+r_2+\cdots+r_m=n$；

(2) 对每个特征值 $\lambda_i(i=1,2,\cdots,m)$，求出特征方程组 $(\boldsymbol{A}-\lambda_i\boldsymbol{I})\boldsymbol{x}=\boldsymbol{0}$ 的一个基础解系：$\boldsymbol{\xi}_{i1},\boldsymbol{\xi}_{i2},\cdots,\boldsymbol{\xi}_{ir_i}$，然后用格拉姆-施密特正交化方法将其正交化、单位化，得到对应于 λ_i 的 r_i 个相互正交的单位特征向量：$\boldsymbol{u}_{i1},\boldsymbol{u}_{i2},\cdots,\boldsymbol{u}_{ir_i}$；

(3) 构造正交矩阵

$$\boldsymbol{U}=[\boldsymbol{u}_{11}\quad\boldsymbol{u}_{12}\quad\cdots\quad\boldsymbol{u}_{1r_1}\quad\boldsymbol{u}_{21}\quad\boldsymbol{u}_{22}\quad\cdots\quad\boldsymbol{u}_{2r_2}\quad\cdots\quad\boldsymbol{u}_{m1}\quad\boldsymbol{u}_{m2}\quad\cdots\quad\boldsymbol{u}_{mr_m}],$$

则

$$\boldsymbol{U}^{\mathrm{T}}\boldsymbol{A}\boldsymbol{U}=\boldsymbol{U}^{-1}\boldsymbol{A}\boldsymbol{U}=\boldsymbol{\Lambda},$$

其中

$$\boldsymbol{\Lambda}=\begin{bmatrix}\lambda_1 &&&&&&&& \\ &\ddots&&&&&&& \\ &&\lambda_1&&&&&& \\ &&&\lambda_2&&&&& \\ &&&&\ddots&&&& \\ &&&&&\lambda_2&&& \\ &&&&&&\ddots&& \\ &&&&&&&\lambda_m& \\ &&&&&&&&\ddots \\ &&&&&&&&&\lambda_m\end{bmatrix},$$

这里有 r_i 个 $\lambda_i(i=1,2,\cdots,m)$.

例 1 已知矩阵 $\boldsymbol{A}=\begin{bmatrix}2&1&1\\1&2&1\\1&1&2\end{bmatrix}$,求一个正交矩阵 $\boldsymbol{U}$,使得 $\boldsymbol{U}^{\mathrm{T}}\boldsymbol{A}\boldsymbol{U}=\boldsymbol{\Lambda}$ 为对角矩阵.

解 $\boldsymbol{A}$ 的特征值多项式为

$$|\boldsymbol{A}-\lambda\boldsymbol{I}|=\begin{vmatrix}2-\lambda&1&1\\1&2-\lambda&1\\1&1&2-\lambda\end{vmatrix}=-(\lambda-4)(\lambda-1)^2,$$

故 $\boldsymbol{A}$ 的特征值 $\lambda_1=\lambda_2=1,\lambda_3=4$.

当 $\lambda_1=\lambda_2=1$ 时,解线性方程组 $(\boldsymbol{A}-\boldsymbol{I})\boldsymbol{x}=\boldsymbol{0}$,即

$$\begin{bmatrix}1&1&1\\1&1&1\\1&1&1\end{bmatrix}\begin{bmatrix}x_1\\x_2\\x_3\end{bmatrix}=\begin{bmatrix}0\\0\\0\end{bmatrix},$$

得基础解系:$\boldsymbol{\xi}_1=[-1,1,0]^{\mathrm{T}},\boldsymbol{\xi}_2=[-1,0,1]^{\mathrm{T}}$. 将 $\boldsymbol{\xi}_1,\boldsymbol{\xi}_2$ 正交化得

$$\boldsymbol{\eta}_1=\boldsymbol{\xi}_1,$$

$$\boldsymbol{\eta}_2=\boldsymbol{\xi}_2-\frac{(\boldsymbol{\xi}_2,\boldsymbol{\eta}_1)}{(\boldsymbol{\eta}_1,\boldsymbol{\eta}_1)}\boldsymbol{\eta}_1=[-1,0,1]^{\mathrm{T}}-\frac{(-1)\times(-1)+1\times 0+0\times 1}{(-1)^2+1^2+0^2}[-1,1,0]^{\mathrm{T}}$$

$$=\frac{1}{2}[-1,-1,2]^{\mathrm{T}}=\left[-\frac{1}{2},-\frac{1}{2},1\right]^{\mathrm{T}},$$

再将 $\boldsymbol{\eta}_1,\boldsymbol{\eta}_2$ 单位化得

$$\boldsymbol{\alpha}_1=\frac{\boldsymbol{\eta}_1}{\|\boldsymbol{\eta}_1\|}=\frac{1}{\sqrt{2}}[-1,1,0]^{\mathrm{T}}=\left[\frac{-1}{\sqrt{2}},\ \frac{1}{\sqrt{2}},\ 0\right]^{\mathrm{T}},$$

$$\boldsymbol{\alpha}_2=\frac{\boldsymbol{\eta}_2}{\|\boldsymbol{\eta}_2\|}=\frac{1}{\sqrt{6}}[-1,-1,2]^{\mathrm{T}}=\left[\frac{-1}{\sqrt{6}},\ \frac{-1}{\sqrt{6}},\ \frac{2}{\sqrt{6}}\right]^{\mathrm{T}}.$$

当 $\lambda_3=4$ 时,解线性方程组 $(\boldsymbol{A}-4\boldsymbol{I})\boldsymbol{x}=\boldsymbol{0}$,即

$$\begin{bmatrix}-2&1&1\\1&-2&1\\1&1&-2\end{bmatrix}\begin{bmatrix}x_1\\x_2\\x_3\end{bmatrix}=\begin{bmatrix}0\\0\\0\end{bmatrix},$$

得基础解系:$\boldsymbol{\xi}_3=[1,1,1]^{\mathrm{T}}$. 再对 $\boldsymbol{\xi}_3$ 单位化得

$$\boldsymbol{\alpha}_3=\frac{\boldsymbol{\eta}_3}{\|\boldsymbol{\eta}_3\|}=\frac{1}{\sqrt{3}}[1,1,1]^{\mathrm{T}}=\left[\frac{1}{\sqrt{3}},\frac{1}{\sqrt{3}},\frac{1}{\sqrt{3}}\right]^{\mathrm{T}}.$$

构造正交矩阵

$$\boldsymbol{U}=[\boldsymbol{\alpha}_1\quad\boldsymbol{\alpha}_2\quad\boldsymbol{\alpha}_3]=\begin{bmatrix}-1/\sqrt{2}&-1/\sqrt{6}&1/\sqrt{3}\\1/\sqrt{2}&-1/\sqrt{6}&1/\sqrt{3}\\0&2/\sqrt{6}&1/\sqrt{3}\end{bmatrix},$$

则

$$U^{\mathrm{T}}AU=U^{-1}AU=\Lambda=\begin{bmatrix}1&&\\&1&\\&&4\end{bmatrix}.$$

例 2 设三阶实对称矩阵 A 的特征值为 $\lambda_1=1,\lambda_2=3,\lambda_3=-3$，$A$ 的属于 λ_1,λ_2 的特征向量依次为 $p_1=[1,-1,0]^{\mathrm{T}}$，$p_2=[1,1,1]^{\mathrm{T}}$，求 A.

解 设 A 的属于 $\lambda_3=-3$ 的特征向量为 $p_3=[x_1,x_2,x_3]^{\mathrm{T}}$，由 $(p_3,p_1)=0$ 及 $(p_3,p_2)=0$ 可得

$$\begin{cases}x_1-x_2=0,\\x_1+x_2+x_3=0.\end{cases}$$

该齐次线性方程组的一个非零解为 $p_3=[1,1,-2]^{\mathrm{T}}$. 令

$$P=[p_1\quad p_2\quad p_3]=\begin{bmatrix}1&1&1\\-1&1&1\\0&1&-2\end{bmatrix},\quad \Lambda=\begin{bmatrix}1&&\\&3&\\&&-3\end{bmatrix},$$

则有 $P^{-1}AP=\Lambda$. 计算得 $P^{-1}=\begin{bmatrix}1/2&-1/2&0\\1/3&1/3&1/3\\1/6&1/6&-1/3\end{bmatrix}$，故

$$A=P\Lambda P^{-1}=\begin{bmatrix}1&0&2\\0&1&2\\2&2&-1\end{bmatrix}.$$

或者先将 p_1,p_2,p_3 单位化，得

$$\alpha_1=\left[\frac{1}{\sqrt{2}},\frac{-1}{\sqrt{2}},0\right]^{\mathrm{T}},\quad \alpha_2=\left[\frac{1}{\sqrt{3}},\frac{1}{\sqrt{3}},\frac{1}{\sqrt{3}}\right]^{\mathrm{T}},\quad \alpha_3=\left[\frac{1}{\sqrt{6}},\frac{1}{\sqrt{6}},\frac{-2}{\sqrt{6}}\right]^{\mathrm{T}}.$$

令

$$U=[\alpha_1\quad \alpha_2\quad \alpha_3]=\begin{bmatrix}1/\sqrt{2}&1/\sqrt{3}&1/\sqrt{6}\\-1/\sqrt{2}&1/\sqrt{3}&1/\sqrt{6}\\0&1/\sqrt{3}&-2/\sqrt{6}\end{bmatrix},$$

则得到

$$A=U\Lambda U^{\mathrm{T}}=\begin{bmatrix}\frac{1}{\sqrt{2}}&\frac{1}{\sqrt{3}}&\frac{1}{\sqrt{6}}\\-\frac{1}{\sqrt{2}}&\frac{1}{\sqrt{3}}&\frac{1}{\sqrt{6}}\\0&\frac{1}{\sqrt{3}}&-\frac{2}{\sqrt{6}}\end{bmatrix}\begin{bmatrix}1&&\\&3&\\&&-3\end{bmatrix}\begin{bmatrix}\frac{1}{\sqrt{2}}&-\frac{1}{\sqrt{2}}&0\\\frac{1}{\sqrt{3}}&\frac{1}{\sqrt{3}}&\frac{1}{\sqrt{3}}\\\frac{1}{\sqrt{6}}&\frac{1}{\sqrt{6}}&-\frac{2}{\sqrt{6}}\end{bmatrix}$$

$$=\begin{bmatrix}1&0&2\\0&1&2\\2&2&-1\end{bmatrix}.$$

习 题 4.3

1. 试求一个正交的相似变换矩阵，将下列对称矩阵化为对角矩阵：

(1) $\begin{bmatrix}2&-2&0\\-2&1&-2\\0&-2&0\end{bmatrix}$；　　(2) $\begin{bmatrix}4&0&0\\0&3&1\\0&1&3\end{bmatrix}$；

(3) $\begin{bmatrix}2&2&-2\\2&5&-4\\-2&-4&5\end{bmatrix}$；　　(4) $\begin{bmatrix}0&1&1&-1\\1&0&-1&1\\1&-1&0&1\\-1&1&1&0\end{bmatrix}$.

2. 设三阶实对称矩阵 $\boldsymbol{A}$ 的特征值为 $\lambda_1=-2,\lambda_2=1,\lambda_3=4$，$\boldsymbol{A}$ 的属于特征值 1,4 的特征向量分别为 $\boldsymbol{p}_1=[2,1,-2]^{\mathrm{T}}$，$\boldsymbol{p}_2=[2,-2,1]^{\mathrm{T}}$，试求：

(1) $\boldsymbol{A}$ 的属于特征值 -2 的一个特征向量；　　(2) 矩阵 $\boldsymbol{A}$.

3. 设三阶实对称矩阵 $\boldsymbol{A}$ 的特征值为 $\lambda_1=-1,\lambda_2=\lambda_3=1$，属于特征值 -1 的特征向量为 $\boldsymbol{p}_1=[0,1,1]^{\mathrm{T}}$. 求：

(1) $\boldsymbol{A}$ 的属于特征值 1 的特征向量；　　(2) 矩阵 $\boldsymbol{A}$.

4. 设 $\boldsymbol{A}$ 是三阶实对称矩阵，满足 $\boldsymbol{A\alpha}_1=2\boldsymbol{\alpha}_1$，$\boldsymbol{A\alpha}_2=\boldsymbol{0}$，$\boldsymbol{A\alpha}_3=-\boldsymbol{\alpha}_3$，其中

$$\boldsymbol{\alpha}_1=[1,a,1]^{\mathrm{T}},\ \boldsymbol{\alpha}_2=[-1,1,b]^{\mathrm{T}},\ \boldsymbol{\alpha}_3=[a,a+b,-2]^{\mathrm{T}},$$

求 a,b 及矩阵 $\boldsymbol{A}$.

5. 若三阶实对称矩阵 $\boldsymbol{A}$ 满足 $\boldsymbol{A}^3+3\boldsymbol{A}^2+6\boldsymbol{A}+4\boldsymbol{I}=\boldsymbol{0}$，证明：$\boldsymbol{A}=-\boldsymbol{I}$.

6. 设 $\boldsymbol{A},\boldsymbol{B}$ 是 n 阶实对称矩阵，证明：$\boldsymbol{A}$ 与 $\boldsymbol{B}$ 相似的充分必要条件是 $\boldsymbol{A}$ 与 $\boldsymbol{B}$ 有相同的特征值.

7. 设 $\boldsymbol{A},\boldsymbol{B}$ 是 n 阶实对称矩阵，且 $\boldsymbol{A}\sim\boldsymbol{B}$，证明：存在正交矩阵 $\boldsymbol{U}$，使得 $\boldsymbol{U}^{\mathrm{T}}\boldsymbol{AU}=\boldsymbol{B}$.

8. 设矩阵 $\boldsymbol{A}=\begin{bmatrix}1&2&3&4\\2&4&6&8\\3&6&9&12\\4&8&12&16\end{bmatrix}$，不计算，求出 $\boldsymbol{A}$ 的四个特征值，并说明理由.

9. 设矩阵 $\boldsymbol{A}=\begin{bmatrix}1&0&1\\0&2&0\\1&0&1\end{bmatrix}$，$\boldsymbol{B}=(k\boldsymbol{I}+\boldsymbol{A})^2$，其中 k 为实数，求对角矩阵 $\boldsymbol{\Lambda}$，使得 $\boldsymbol{B}$ 与 $\boldsymbol{\Lambda}$ 相似.

总练习题四

1. 已知三阶方阵 $\boldsymbol{A}=\begin{bmatrix}-3 & 1 & -1\\ -7 & 5 & -1\\ -6 & 6 & -2\end{bmatrix}$，试求 $\boldsymbol{A}^{-1}$ 的特征值与特征向量.

2. 设矩阵 $\boldsymbol{A}=\begin{bmatrix}2 & 1 & 1\\ 1 & 2 & 1\\ 1 & 1 & 2\end{bmatrix}$ 的逆矩阵 $\boldsymbol{A}^{-1}$ 的特征向量 $\boldsymbol{\alpha}=[1,k,1]^{\mathrm{T}}$，求 k.

3. 设四阶方阵 $\boldsymbol{A}$ 满足条件 $|3\boldsymbol{I}+\boldsymbol{A}|=0$，$\boldsymbol{A}\boldsymbol{A}^{\mathrm{T}}=2\boldsymbol{I}$，$|\boldsymbol{A}|<0$，求 $\boldsymbol{A}$ 的伴随矩阵 $\boldsymbol{A}^*$ 的特征值.

4. 设向量 $\boldsymbol{\alpha}=[a_1,a_2,\cdots,a_n]^{\mathrm{T}}$，$\boldsymbol{\beta}=[b_1,b_2,\cdots,b_n]^{\mathrm{T}}$ 都是非零向量，且满足条件 $\boldsymbol{\alpha}^{\mathrm{T}}\boldsymbol{\beta}=0$，$a_1b_1\neq 0$，记 n 阶方阵 $\boldsymbol{A}=\boldsymbol{\alpha}\boldsymbol{\beta}^{\mathrm{T}}$，试求：

(1) 矩阵 $\boldsymbol{A}^2$；　　(2) 矩阵 $\boldsymbol{A}$ 的特征值和特征向量.

5. 设矩阵 $\boldsymbol{A}=\begin{bmatrix}3 & 2 & 2\\ 2 & 3 & 2\\ 2 & 2 & 3\end{bmatrix}$，$\boldsymbol{P}=\begin{bmatrix}0 & 1 & 0\\ 1 & 0 & 1\\ 0 & 0 & 1\end{bmatrix}$，$\boldsymbol{B}=\boldsymbol{P}^{-1}A^*\boldsymbol{P}$，求 $\boldsymbol{B}+2\boldsymbol{I}$ 的特征值与特征向量，其中 $\boldsymbol{A}^*$ 为 $\boldsymbol{A}$ 的伴随矩阵，$\boldsymbol{I}$ 为三阶单位矩阵.

6. 设三阶方阵 $\boldsymbol{A}=\begin{bmatrix}2 & -1 & 2\\ 5 & a & 3\\ -1 & b & -2\end{bmatrix}$ 有一个特征向量 $\boldsymbol{\alpha}=[1,1,-1]^{\mathrm{T}}$.

(1) 求 a,b 的值及 $\boldsymbol{\alpha}$ 对应的特征值；　　(2) $\boldsymbol{A}$ 能否对角化？

7. 设矩阵 $\boldsymbol{A}=\begin{bmatrix}1 & 0 & 0 & 0\\ a & 1 & 0 & 0\\ 2 & b & 2 & 0\\ 2 & 3 & c & 2\end{bmatrix}$，问：$a,b,c$ 取何值时，$\boldsymbol{A}$ 可以对角化？

8. 设矩阵 $\boldsymbol{A}=\begin{bmatrix}2 & 2 & 0\\ 8 & 2 & a\\ 0 & 0 & 6\end{bmatrix}$ 相似于对角矩阵，求 a 的值，并求可逆矩阵 $\boldsymbol{P}$，使得 $\boldsymbol{P}^{-1}\boldsymbol{A}\boldsymbol{P}$ 为对角矩阵.

9. 设 $\boldsymbol{A}=\begin{bmatrix}0 & 0 & 1\\ x & 1 & y\\ 1 & 0 & 0\end{bmatrix}$ 是可以对角化的矩阵，试确定 x 和 y 应满足的条件.

10. 求极限 $\lim\limits_{n\to\infty}\begin{bmatrix}1/2 & -1 & 1\\ 0 & 1/4 & -2\\ 0 & 0 & 1/5\end{bmatrix}^n$.

11. 若 $\boldsymbol{A}$ 是 $m\times n$ 矩阵，$\boldsymbol{B}$ 是 $n\times m$ 矩阵，试证：$\boldsymbol{AB}$ 与 $\boldsymbol{BA}$ 具有相同的非零特征值.

12. 已知 n 阶方阵 $\boldsymbol{A}=\begin{bmatrix} a_1b_1 & a_1b_2 & \cdots & a_1b_n \\ a_2b_1 & a_2b_2 & \cdots & a_2b_n \\ \vdots & \vdots & & \vdots \\ a_nb_1 & a_nb_2 & \cdots & a_nb_n \end{bmatrix}$，且 $\mathrm{r}(\boldsymbol{A})=1$，试求 $\boldsymbol{A}$ 的 n 个特征值.

13. 设 n 阶方阵 $\boldsymbol{A}=(a_{ij})_{n\times n}$ 的特征值为 $\lambda_1,\lambda_2,\cdots,\lambda_n$，证明：$\sum\limits_{i=1}^{n}\lambda_i^2=\sum\limits_{i=1}^{n}\sum\limits_{k=1}^{n}a_{ik}a_{ki}$.

第五章 二次型

二次型也称为二次形式，源于对二次曲线和二次曲面分类问题的讨论.二次型在许多理论或实际问题中有着应用，例如，在求等效网络的网络问题，在发电厂发出的电势不符合正弦形而需转化成正弦形问题，等等.本章主要讨论二次型的相关概念及其性质.

§5.1 二次型的概念

在解析几何中，圆、椭圆、双曲线都是有心二次曲线.研究曲线的几何性质是平面解析几何的基本问题.当坐标原点与一条有心二次曲线的中心重合时，其一般方程为

$$ax^2+2bxy+cy^2=f, \tag{1}$$

其中 a,b,c,f 都是常数.此时，从(1)式中我们并不容易看出该二次曲线的几何特征.为了识别曲线的类型，更好地研究曲线的几何性质，我们常常作如下的旋转变换

$$\begin{cases} x=x'\cos\theta-y'\sin\theta, \\ y=x'\sin\theta+y'\cos\theta, \end{cases} \tag{2}$$

把方程(1)化为只含平方项的形式

$$\lambda_1 x'^2+\lambda_2 y'^2=f. \tag{3}$$

(3)式称为二次曲线(1)的**标准方程**.在这个过程中，方程的右边没有变，改变的是方程的左边.这里，方程(1)的左边是一个关于 x,y 的二次齐次多项式(称为二元二次型)，它经过坐标变换(2)化成了标准方程(3)，这样就可以直接看出方程(1)的几何性质了.

上述问题的实质是：通过适当的选择坐标变换，将二次齐次多项式 $ax^2+2bxy+cy^2$ 化为只含平方项的形式 $\lambda_1 x'^2+\lambda_2 y'^2$.这样的代数问题不仅在平面几何的二次曲线和立体几何的二次曲面的研究中会遇到，在其他的许多问题中也会遇到.比如多元函数极值问题及物理中刚体转动问题等都涉及了这类问题.

一、二次型的定义及其矩阵表示

定义 1 含有 n 个变量 $x_1,x_2,\cdots,x_n$ 的二次齐次多项式

$$f(x_1,x_2,\cdots,x_n)=a_{11}x_1^2+2a_{12}x_1x_2+\cdots+2a_{1n}x_1x_n \\ +a_{22}x_2^2+\cdots+2a_{2n}x_2x_n+\cdots+a_{nn}x_n^2 \qquad (4)$$

称为一个 n **元二次型**,简称**二次型**.

当 $a_{ij}(i,j=1,2,\cdots,n)$ 中有复数时,二次型(4)称为**复二次型**;当 $a_{ij}(i,j=1,2,\cdots,n)$ 全为实数时,二次型(4)称为**实二次型**.本章我们仅讨论实二次型.

例如,

$$f=x_1^2+3x_1x_2-2x_1x_3+2x_2^2-x_3^2,$$
$$f=x_1x_2-2x_1x_3+4x_2x_3$$

都是二次型.

为了讨论方便,在(4)式中,我们将 x_ix_j 的系数写成 $2a_{ij}$.若记 x_ix_j 的系数为 a_{ij},x_jx_i 的系数为 a_{ji},则 $a_{ij}=a_{ji}$,即 $2a_{ij}x_ix_j=a_{ij}x_ix_j+a_{ji}x_jx_i$.于是二次型(4)可以改写成如下形式:

$$\begin{aligned} f(x_1,x_2,\cdots,x_n)&=a_{11}x_1^2+a_{12}x_1x_2+a_{13}x_1x_3+\cdots+a_{1n}x_1x_n \\ &\quad +a_{21}x_2x_1+a_{22}x_2^2+a_{23}x_2x_3+\cdots+a_{2n}x_2x_n \\ &\quad +\cdots+a_{n1}x_nx_1+a_{n2}x_nx_2+a_{n3}x_nx_3+\cdots+a_{nn}x_n^2 \\ &=\sum_{i=1}^{n}\sum_{j=1}^{n}a_{ij}x_ix_j, \end{aligned} \qquad (5)$$

其中 $a_{ij}=a_{ji}(i,j=1,2,\cdots,n)$.

将(5)式的系数排成一个 n 阶方阵

$$\mathbf{A}=\begin{bmatrix} a_{11} & a_{12} & \cdots & a_{1n} \\ a_{21} & a_{22} & \cdots & a_{2n} \\ \vdots & \vdots & & \vdots \\ a_{n1} & a_{n2} & \cdots & a_{nn} \end{bmatrix},$$

并称 $\mathbf{A}$ 为**二次型** $f(x_1,x_2,\cdots,x_n)$ **的矩阵**.由于 $a_{ij}=a_{ji}(i,j=1,2,\cdots,n)$,所以 $\mathbf{A}$ 是对称矩阵.

例如,二次型 $f=x_1^2+4x_1x_2-2x_1x_3+2x_2^2-x_3^2$ 的矩阵为

$$\begin{bmatrix} 1 & 2 & -1 \\ 2 & 2 & 0 \\ -1 & 0 & -1 \end{bmatrix};$$

二次型 $f=x_1^2+2x_2^2-3x_3^2$ 的矩阵为

$$\begin{bmatrix} 1 & 0 & 0 \\ 0 & 2 & 0 \\ 0 & 0 & -3 \end{bmatrix}.$$

如果令 $\boldsymbol{x}=[x_1,x_2,\cdots,x_n]^{\mathrm{T}}$，则二次型 $f(x_1,x_2,\cdots,x_n)$ 可表示为

$$\begin{aligned}
f=\sum_{i=1}^{n}\sum_{j=1}^{n}a_{ij}x_ix_j &= x_1(a_{11}x_1+a_{12}x_2+a_{13}x_3+\cdots+a_{1n}x_n)\\
&\quad+x_2(a_{21}x_1+a_{22}x_2+a_{23}x_3+\cdots+a_{2n}x_n)\\
&\quad+\cdots+x_n(a_{n1}x_1+a_{n2}x_2+a_{n3}x_3+\cdots+a_{nn}x_n)\\
&=[x_1\quad x_2\quad\cdots\quad x_n]\begin{bmatrix}a_{11}x_1+a_{12}x_2+\cdots+a_{1n}x_n\\ a_{21}x_1+a_{22}x_2+\cdots+a_{2n}x_n\\ \vdots\\ a_{n1}x_1+a_{n2}x_2+\cdots+a_{nn}x_n\end{bmatrix}\\
&=[x_1\quad x_2\quad\cdots\quad x_n]\begin{bmatrix}a_{11}&a_{12}&\cdots&a_{1n}\\ a_{21}&a_{22}&\cdots&a_{2n}\\ \vdots&\vdots&&\vdots\\ a_{n1}&a_{n2}&\cdots&a_{nn}\end{bmatrix}\begin{bmatrix}x_1\\ x_2\\ \vdots\\ x_n\end{bmatrix}\\
&=\boldsymbol{x}^{\mathrm{T}}\boldsymbol{A}\boldsymbol{x},
\end{aligned}$$

即二次型可以用矩阵的乘积表示为

$$f=\boldsymbol{x}^{\mathrm{T}}\boldsymbol{A}\boldsymbol{x}. \tag{6}$$

显然，任给一个二次型，就可唯一确定一个对称矩阵；反之，任给一个对称矩阵，也可以唯一确定一个二次型. 因此，二次型与它的矩阵是一一对应的. 二次型的矩阵的秩称为这个**二次型的秩**.

例如，二次型 $f=x_1^2+4x_1x_2-2x_1x_3+2x_2^2-x_3^2$，其矩阵形式为

$$f=[x_1\quad x_2\quad x_3]\begin{bmatrix}1&2&-1\\ 2&2&0\\ -1&0&-1\end{bmatrix}\begin{bmatrix}x_1\\ x_2\\ x_3\end{bmatrix};$$

二次型 $f=x_1^2+2x_2^2-3x_3^2$ 的矩阵形式为

$$f=[x_1\quad x_2\quad x_3]\begin{bmatrix}1&0&0\\ 0&2&0\\ 0&0&-3\end{bmatrix}\begin{bmatrix}x_1\\ x_2\\ x_3\end{bmatrix}.$$

二、矩阵的合同

对于二次型，本章我们讨论的中心问题是：用可逆的线性变换化简二次型，使得它仅含平方项. 为此引入下述定义.

定义 2 设 $x_1,x_2,\cdots,x_n$ 与 $y_1,y_2,\cdots,y_n$ 是两组变量，关系式

$$\begin{cases} x_1 = c_{11}y_1 + c_{12}y_2 + \cdots + c_{1n}y_n, \\ x_2 = c_{21}y_1 + c_{22}y_2 + \cdots + c_{2n}y_n, \\ \cdots\cdots\cdots\cdots\cdots\cdots\cdots\cdots\cdots\cdots\cdots\cdots \\ x_n = c_{n1}y_1 + c_{n2}y_2 + \cdots + c_{nn}y_n \end{cases} \tag{7}$$

称为由变量 $x_1,x_2,\cdots,x_n$ 到变量 $y_1,y_2,\cdots,y_n$ 的一个**线性变换**.若系数矩阵

$$\boldsymbol{C}=\begin{bmatrix} c_{11} & c_{12} & \cdots & c_{1n} \\ c_{21} & c_{22} & \cdots & c_{2n} \\ \vdots & \vdots & & \vdots \\ c_{n1} & c_{n2} & \cdots & c_{nn} \end{bmatrix}$$

是非退化的,则称线性变换(7)为**非退化的**或**可逆线性变换**,简称**可逆变换**;若系数矩阵 $\boldsymbol{C}$ 是正交的,则称线性变换(7)为**正交线性变换**,简称**正交变换**.令

$$\boldsymbol{x}=[x_1,x_2,\cdots,x_n]^{\mathrm{T}}, \quad \boldsymbol{y}=[y_1,y_2,\cdots,y_n]^{\mathrm{T}},$$

则线性变换(7)可表示成矩阵的形式

$$\boldsymbol{x}=\boldsymbol{C}\boldsymbol{y}. \tag{8}$$

为了利用可逆线性变换 $\boldsymbol{x}=\boldsymbol{C}\boldsymbol{y}$ 化简二次型 $f=\boldsymbol{x}^{\mathrm{T}}\boldsymbol{A}\boldsymbol{x}$,首先看一看一个二次型经过线性变换后会发生什么变化.将(8)式代入(6)式得到

$$f=\boldsymbol{x}^{\mathrm{T}}\boldsymbol{A}\boldsymbol{x}=(\boldsymbol{C}\boldsymbol{y})^{\mathrm{T}}\boldsymbol{A}(\boldsymbol{C}\boldsymbol{y})=(\boldsymbol{y}^{\mathrm{T}}\boldsymbol{C}^{\mathrm{T}})\boldsymbol{A}(\boldsymbol{C}\boldsymbol{y})=\boldsymbol{y}^{\mathrm{T}}(\boldsymbol{C}^{\mathrm{T}}\boldsymbol{A}\boldsymbol{C})\boldsymbol{y},$$

由于 $(\boldsymbol{C}^{\mathrm{T}}\boldsymbol{A}\boldsymbol{C})^{\mathrm{T}}=\boldsymbol{C}^{\mathrm{T}}\boldsymbol{A}^{\mathrm{T}}\boldsymbol{C}=\boldsymbol{C}^{\mathrm{T}}\boldsymbol{A}\boldsymbol{C}$(注意到 $\boldsymbol{A}^{\mathrm{T}}=\boldsymbol{A}$),故 $\boldsymbol{y}^{\mathrm{T}}(\boldsymbol{C}^{\mathrm{T}}\boldsymbol{A}\boldsymbol{C})\boldsymbol{y}$ 是以 $\boldsymbol{C}^{\mathrm{T}}\boldsymbol{A}\boldsymbol{C}$ 为矩阵的关于 $\boldsymbol{y}$ 的二次型.这表明,二次型(6)经过一个可逆的线性变换化成了一个新的二次型.若其矩阵记为 $\boldsymbol{B}$,则 $\boldsymbol{B}=\boldsymbol{C}^{\mathrm{T}}\boldsymbol{A}\boldsymbol{C}$ 就是这两个二次型变换前后矩阵之间的关系.为此,我们给出下述定义.

定义 3 设 $\boldsymbol{A},\boldsymbol{B}$ 为两个 n 阶方阵,如果存在可逆矩阵 $\boldsymbol{C}$,使得 $\boldsymbol{B}=\boldsymbol{C}^{\mathrm{T}}\boldsymbol{A}\boldsymbol{C}$,则称矩阵 $\boldsymbol{A}$ 和 $\boldsymbol{B}$ **是合同的**,或称 $\boldsymbol{A}$ **合同于** $\boldsymbol{B}$,记做 $\boldsymbol{A}\simeq\boldsymbol{B}$.

由定义 3 知,二次型经过可逆的线性变换作用之后,新二次型的矩阵与原二次型的矩阵是合同的.

容易验证,合同关系是矩阵之间的一种等价关系,即它具有以下**性质**:

(1) **反身性**:$\boldsymbol{A}\simeq\boldsymbol{A}$;

(2) **对称性**:若 $\boldsymbol{A}\simeq\boldsymbol{B}$,则 $\boldsymbol{B}\simeq\boldsymbol{A}$;

(3) **传递性**:若 $\boldsymbol{A}\simeq\boldsymbol{B},\boldsymbol{B}\simeq\boldsymbol{C}$,则 $\boldsymbol{A}\simeq\boldsymbol{C}$.

定理 若矩阵 $\boldsymbol{A}\simeq\boldsymbol{B}$,则 $\mathrm{r}(\boldsymbol{A})=\mathrm{r}(\boldsymbol{B})$.

证 若 $\boldsymbol{A}\simeq\boldsymbol{B}$,则存在可逆矩阵 $\boldsymbol{C}$,使得 $\boldsymbol{B}=\boldsymbol{C}^{\mathrm{T}}\boldsymbol{A}\boldsymbol{C}$,于是 $\mathrm{r}(\boldsymbol{B})\leqslant\mathrm{r}(\boldsymbol{A})$.又由合同关系的对称性,则 $\boldsymbol{B}\simeq\boldsymbol{A}$,故 $\mathrm{r}(\boldsymbol{A})\leqslant\mathrm{r}(\boldsymbol{B})$.所以 $\mathrm{r}(\boldsymbol{A})=\mathrm{r}(\boldsymbol{B})$.

由于二次型在可逆线性变换作用前后的矩阵是合同的,故其秩不变,即可逆的线性变换不改变二次型的秩.

习 题 5.1

1. 写出下列二次型的矩阵:

(1) $f(x_1,x_2,x_3)=4x_1^2+6x_1x_2-x_1x_3+5x_2^2+x_2x_3-7x_3^2$;

(2) $f(x,y,z)=[x \quad y \quad z]\begin{bmatrix}1&8&5\\4&2&2\\3&6&4\end{bmatrix}\begin{bmatrix}x\\y\\z\end{bmatrix}$;

(3) $f(x_1,x_2,x_3,x_4)=x_1^2+2x_1x_2+x_2^2-x_3^2+4x_3x_4-x_4^2$;

(4) $f(x_1,x_2,x_3,x_4)=x_1x_3-x_1x_4+2x_2x_3-5x_2x_4$.

2. 试写出二次型 $f(x_1,x_2,\cdots,x_n)=\sum\limits_{i=1}^{n}(a_{i1}x_1+a_{i2}x_2+\cdots+a_{in}x_n)^2$ 的矩阵.

3. 设 $\boldsymbol{A}$ 是一个 n 阶对称矩阵,试证:如果对任意一个 n 维列向量 $\boldsymbol{x}$ 都有 $\boldsymbol{x}^{\mathrm{T}}\boldsymbol{A}\boldsymbol{x}=0$,则 $\boldsymbol{A}=\boldsymbol{O}$.

4. 证明:$\begin{bmatrix}\lambda_1&&\\&\lambda_2&\\&&\lambda_3\end{bmatrix}$ 与 $\begin{bmatrix}\lambda_2&&\\&\lambda_3&\\&&\lambda_1\end{bmatrix}$ 合同.

§5.2 二次型的标准形及其计算

设 n 元二次型 $f=\boldsymbol{x}^{\mathrm{T}}\boldsymbol{A}\boldsymbol{x}$ 经过可逆变换 $\boldsymbol{x}=\boldsymbol{C}\boldsymbol{y}$ 化为

$$f=\boldsymbol{x}^{\mathrm{T}}\boldsymbol{A}\boldsymbol{x}=\boldsymbol{y}^{\mathrm{T}}(\boldsymbol{C}^{\mathrm{T}}\boldsymbol{A}\boldsymbol{C})\boldsymbol{y}=\boldsymbol{y}^{\mathrm{T}}\boldsymbol{D}\boldsymbol{y},$$

其中 $\boldsymbol{D}=\boldsymbol{C}^{\mathrm{T}}\boldsymbol{A}\boldsymbol{C}=\mathrm{diag}(d_1,d_2,\cdots,d_n)$ 为对角矩阵.此时,二次型 f 变为平方项之和,即

$$f=\boldsymbol{x}^{\mathrm{T}}\boldsymbol{A}\boldsymbol{x}=\boldsymbol{y}^{\mathrm{T}}\boldsymbol{D}\boldsymbol{y}=d_1y_1^2+d_2y_2^2+\cdots+d_ny_n^2,$$

称这种平方和的形式为二次型的**标准形**.化二次型 f 为标准形的实质就是寻找可逆矩阵 $\boldsymbol{C}$,使得二次型的矩阵 $\boldsymbol{A}$ 与对角矩阵 $\boldsymbol{D}$ 合同.

以下介绍求二次型的标准形的方法:正交变换法、配方法、初等变换法.

一、正交变换法

根据第四章的结论,任给 n 阶实对称阵 $\boldsymbol{A}$,存在正交阵 $\boldsymbol{P}$,使得 $\boldsymbol{P}^{-1}\boldsymbol{A}\boldsymbol{P}=\boldsymbol{\Lambda}$,其中 $\boldsymbol{\Lambda}=\mathrm{diag}(\lambda_1,\lambda_2,\cdots,\lambda_n)$,而 $\lambda_1,\lambda_2,\cdots,\lambda_n$ 为矩阵 $\boldsymbol{A}$ 的 n 个特征值.由于 $\boldsymbol{P}^{-1}=\boldsymbol{P}^{\mathrm{T}}$,所以有 $\boldsymbol{P}^{\mathrm{T}}\boldsymbol{A}\boldsymbol{P}=\boldsymbol{\Lambda}$.将此结论应用于二次型的化简,即可得到下面定理所介绍的求二次型标准形的**正交变换法**.

定理 1 任意一个 n 元二次型 $f=\boldsymbol{x}^{\mathrm{T}}\boldsymbol{A}\boldsymbol{x}$,都可经过正交变换 $\boldsymbol{x}=\boldsymbol{P}\boldsymbol{y}$ 化为如下的标准形:

$$f=\lambda_1y_1^2+\lambda_2y_2^2+\cdots+\lambda_ny_n^2,$$

其中$\lambda_1,\lambda_2,\cdots,\lambda_n$为$\boldsymbol{A}$的$n$个(包括重数)特征值.

例1 求一个正交变换$\boldsymbol{x}=\boldsymbol{P}\boldsymbol{y}$,把二次型

$$f(x_1,x_2,x_3)=x_1^2-2x_2^2-2x_3^2-4x_1x_2+4x_1x_3+8x_2x_3$$

化为标准形.

解 二次型f的矩阵为

$$\boldsymbol{A}=\begin{bmatrix}1&-2&2\\-2&-2&4\\2&4&-2\end{bmatrix}.$$

由特征多项式

$$|\boldsymbol{A}-\lambda\boldsymbol{I}|=\begin{vmatrix}1-\lambda&-2&2\\-2&-2-\lambda&4\\2&4&-2-\lambda\end{vmatrix}=-(\lambda-2)^2(\lambda+7)$$

得$\boldsymbol{A}$的特征值为$\lambda_1=\lambda_2=2,\lambda_3=-7$.

当$\lambda_1=\lambda_2=2$时,解方程组$(\boldsymbol{A}-2\boldsymbol{I})\boldsymbol{x}=\boldsymbol{0}$.由

$$\boldsymbol{A}-2\boldsymbol{I}=\begin{bmatrix}-1&-2&2\\-2&-4&4\\2&4&-4\end{bmatrix}\xrightarrow[r_3+(-2)r_1]{\substack{(-1)r_1\\r_2+2r_1}}\begin{bmatrix}1&2&-2\\0&0&0\\0&0&0\end{bmatrix}$$

得此方程组的基础解系$\boldsymbol{\xi}_1=[-2,1,0]^{\mathrm{T}},\boldsymbol{\xi}_2=[2,0,1]^{\mathrm{T}}$,将其正交化为

$$\boldsymbol{\beta}_1=\boldsymbol{\xi}_1=\begin{bmatrix}-2\\1\\0\end{bmatrix},\quad \boldsymbol{\beta}_2=\boldsymbol{\xi}_2-\frac{(\boldsymbol{\xi}_2,\boldsymbol{\beta}_1)}{(\boldsymbol{\beta}_1,\boldsymbol{\beta}_1)}\boldsymbol{\beta}_1=\begin{bmatrix}2\\0\\1\end{bmatrix}+\frac{4}{5}\begin{bmatrix}-2\\1\\0\end{bmatrix}=\begin{bmatrix}2/5\\4/5\\1\end{bmatrix}.$$

将$\boldsymbol{\beta}_1,\boldsymbol{\beta}_2$单位化,得

$$\boldsymbol{p}_1=\frac{\boldsymbol{\beta}_1}{\|\boldsymbol{\beta}_1\|}=\frac{1}{\sqrt{5}}\begin{bmatrix}-2\\1\\0\end{bmatrix}=\begin{bmatrix}-2/\sqrt{5}\\1/\sqrt{5}\\0\end{bmatrix},\quad \boldsymbol{p}_2=\frac{\boldsymbol{\beta}_2}{\|\boldsymbol{\beta}_2\|}=\frac{1}{3\sqrt{5}}\begin{bmatrix}2\\4\\5\end{bmatrix}=\begin{bmatrix}2/(3\sqrt{5})\\4/(3\sqrt{5})\\\sqrt{5}/3\end{bmatrix}.$$

当$\lambda_3=-7$时,解方程组$(\boldsymbol{A}+7\boldsymbol{I})\boldsymbol{x}=\boldsymbol{0}$.由

$$\boldsymbol{A}+7\boldsymbol{I}=\begin{bmatrix}8&-2&2\\-2&5&4\\2&4&5\end{bmatrix}\xrightarrow[r_3+(-4)r_1]{\substack{r_1\leftrightarrow r_3\\r_2+r_1}}\begin{bmatrix}2&4&5\\0&9&9\\0&-18&-18\end{bmatrix}\xrightarrow[\substack{\frac{1}{2}r_1\\r_1+(-2)r_2}]{\substack{r_3+2r_2\\\frac{1}{9}r_2}}\begin{bmatrix}1&0&1/2\\0&1&1\\0&0&0\end{bmatrix}$$

得此方程组的基础解系$\boldsymbol{\xi}_3=[1,2,-2]^{\mathrm{T}}$,单位化得

$$\boldsymbol{p}_3=\frac{\boldsymbol{\xi}_3}{\|\boldsymbol{\xi}_3\|}=\frac{1}{3}[1,2,-2]^{\mathrm{T}}=\left[\frac{1}{3},\frac{2}{3},\frac{-2}{3}\right]^{\mathrm{T}}.$$

记

$$P=[p_1\quad p_2\quad p_3]=\begin{bmatrix}-2/\sqrt{5} & 2/(3\sqrt{5}) & 1/3\\ 1/\sqrt{5} & 4/(3\sqrt{5}) & 2/3\\ 0 & \sqrt{5}/3 & -2/3\end{bmatrix},$$

则 P 为正交矩阵，且二次型 $f(x_1,x_2,x_3)$ 经过正交变换 $x=Py$ 化为如下标准形：

$$f=2y_1^2+2y_2^2-7y_3^2.$$

例 2 求一个正交变换 $x=Py$，把二次型

$$f(x_1,x_2,x_3,x_4)=2x_1x_2+2x_1x_3-2x_1x_4-2x_2x_3+2x_2x_4+2x_3x_4$$

化为标准形.

解 二次型 f 的矩阵为

$$A=\begin{bmatrix}0 & 1 & 1 & -1\\ 1 & 0 & -1 & 1\\ 1 & -1 & 0 & 1\\ -1 & 1 & 1 & 0\end{bmatrix},$$

它的特征多项式为

$$|A-\lambda I|=\begin{vmatrix}-\lambda & 1 & 1 & -1\\ 1 & -\lambda & -1 & 1\\ 1 & -1 & -\lambda & 1\\ -1 & 1 & 1 & -\lambda\end{vmatrix}=(\lambda+3)(\lambda-1)^3,$$

从而得 A 的特征值为 $\lambda_1=-3,\lambda_2=\lambda_3=\lambda_4=1$.

当 $\lambda_1=-3$ 时，解方程组 $(A+3I)x=0$. 由

$$A+3I=\begin{bmatrix}3 & 1 & 1 & -1\\ 1 & 3 & -1 & 1\\ 1 & -1 & 3 & 1\\ -1 & 1 & 1 & 3\end{bmatrix}\xrightarrow[\frac{1}{4}r_1]{\substack{r_1+r_2\\ r_1+r_3\\ r_1+r_4}}\begin{bmatrix}1 & 1 & 1 & 1\\ 1 & 3 & -1 & 1\\ 1 & -1 & 3 & 1\\ -1 & 1 & 1 & 3\end{bmatrix}$$

$$\xrightarrow[r_4+r_1]{\substack{r_2+(-1)r_1\\ r_3+(-1)r_1}}\begin{bmatrix}1 & 1 & 1 & 1\\ 0 & 2 & -2 & 0\\ 0 & -2 & 2 & 0\\ 0 & 2 & 2 & 4\end{bmatrix}\xrightarrow[\substack{\frac{1}{2}r_2\\ \frac{1}{4}r_3}]{\substack{r_3+r_2\\ r_4+(-1)r_2\\ r_3\leftrightarrow r_4}}\begin{bmatrix}1 & 1 & 1 & 1\\ 0 & 1 & -1 & 0\\ 0 & 0 & 1 & 1\\ 0 & 0 & 0 & 0\end{bmatrix}$$

$$\xrightarrow[\substack{r_1+(-1)r_2\\ r_1+(-1)r_3}]{r_2+r_3}\begin{bmatrix}1 & 0 & 0 & -1\\ 0 & 1 & 0 & 1\\ 0 & 0 & 1 & 1\\ 0 & 0 & 0 & 0\end{bmatrix}$$

得此方程组的基础解系 $\boldsymbol{\xi}_1=[1,-1,-1,1]^{\mathrm{T}}$,单位化得

$$\boldsymbol{p}_1=\frac{\boldsymbol{\xi}_1}{\|\boldsymbol{\xi}_1\|}=\frac{1}{2}[1,-1,-1,1]^{\mathrm{T}}=\left[\frac{1}{2},\ \frac{-1}{2},\ \frac{-1}{2},\ \frac{1}{2}\right]^{T}.$$

当 $\lambda_2=\lambda_3=\lambda_4=1$ 时，解方程$(\boldsymbol{A}-\boldsymbol{I})\boldsymbol{x}=\boldsymbol{0}$. 由

$$\boldsymbol{A}-\boldsymbol{I}=\begin{bmatrix}-1 & 1 & 1 & -1\\ 1 & -1 & -1 & 1\\ 1 & -1 & -1 & 1\\ -1 & 1 & 1 & -1\end{bmatrix}\xrightarrow[\substack{r_4+(-1)r_1\\(-1)r_1}]{\substack{r_2+r_1\\r_3+r_1}}\begin{bmatrix}1 & -1 & -1 & 1\\ 0 & 0 & 0 & 0\\ 0 & 0 & 0 & 0\\ 0 & 0 & 0 & 0\end{bmatrix}$$

得此方程组的正交的基础解系

$$\boldsymbol{\xi}_2=\begin{bmatrix}1\\1\\0\\0\end{bmatrix},\quad \boldsymbol{\xi}_3=\begin{bmatrix}0\\0\\1\\1\end{bmatrix},\quad \boldsymbol{\xi}_4=\begin{bmatrix}1\\-1\\1\\-1\end{bmatrix},$$

单位化得

$$\boldsymbol{p}_2=\frac{\boldsymbol{\xi}_2}{\|\boldsymbol{\xi}_2\|}=\begin{bmatrix}1/\sqrt{2}\\1/\sqrt{2}\\0\\0\end{bmatrix},\quad \boldsymbol{p}_3=\frac{\boldsymbol{\xi}_3}{\|\boldsymbol{\xi}_3\|}=\begin{bmatrix}0\\0\\1/\sqrt{2}\\1/\sqrt{2}\end{bmatrix},\quad \boldsymbol{p}_4=\frac{\boldsymbol{\xi}_4}{\|\boldsymbol{\xi}_4\|}=\begin{bmatrix}1/2\\-1/2\\1/2\\-1/2\end{bmatrix}.$$

令

$$\boldsymbol{P}=[\boldsymbol{p}_1\quad \boldsymbol{p}_2\quad \boldsymbol{p}_3\quad \boldsymbol{p}_4]=\begin{bmatrix}1/2 & 1/\sqrt{2} & 0 & 1/2\\ -1/2 & 1/\sqrt{2} & 0 & -1/2\\ -1/2 & 0 & 1/\sqrt{2} & 1/2\\ 1/2 & 0 & 1/\sqrt{2} & -1/2\end{bmatrix},$$

则 $\boldsymbol{P}$ 为正交矩阵,且二次型 f 经过正交变换 $\boldsymbol{x}=\boldsymbol{P}\boldsymbol{y}$ 化为如下标准形：

$$f=-3y_1^2+y_2^2+y_3^2+y_4^2.$$

二、配方法

正交变换是保角度、保长度的变换,所以正交变换保持了二次型的几何性质. 但是用正交变换化二次型为标准形的计算过程比较繁琐,如果不限定用正交变换化简二次型,仅要求用可逆线性变换把二次型化为标准形,则还有其他方法. 下面将要介绍的配方法就是其中之一. **配方法**就是中学代数中讲的把二次多项式配成完全平方的方法. 下面我们通过例题来说明这种方法.

例 3 用可逆线性变换把二次型

$$f(x_1,x_2,x_3)=x_1^2+2x_2^2+5x_3^2+2x_1x_2+4x_1x_3-6x_2x_3$$

化为标准形,并写出所用的可逆线性变换.

解 由于 f 中含 x_1 的平方项,故把含有 x_1 的所有项归并在一起,配方得

$$\begin{aligned}f(x_1,x_2,x_3)&=(x_1^2+2x_1x_2+4x_1x_3)+2x_2^2+5x_3^2-6x_2x_3\\&=(x_1+x_2+2x_3)^2-x_2^2-4x_3^2-4x_2x_3+2x_2^2+5x_3^2-6x_2x_3\\&=(x_1+x_2+2x_3)^2+x_2^2+x_3^2-10x_2x_3.\end{aligned}$$

上式右端除第一项外已没有含 x_1 的项. 继续对余下的含 x_2 的项配方,得

$$f(x_1,x_2,x_3)=(x_1+x_2+2x_3)^2+(x_2-5x_3)^2-24x_3^2.$$

令

$$\begin{cases}y_1=x_1+x_2+2x_3,\\y_2=x_2-5x_3,\\y_3=x_3,\end{cases}\quad \text{即} \quad \begin{cases}x_1=y_1-y_2-7y_3,\\x_2=y_2+5y_3,\\x_3=y_3,\end{cases}$$

则 f 经过可逆线性变换

$$\begin{bmatrix}x_1\\x_2\\x_3\end{bmatrix}=\begin{bmatrix}1&-1&-7\\0&1&5\\0&0&1\end{bmatrix}\begin{bmatrix}y_1\\y_2\\y_3\end{bmatrix}$$

化为如下标准形:

$$f=y_1^2+y_2^2-24y_3^2.$$

配方法的要点是先取定一个系数不为零的平方项,如上例中的 x_1^2,然后把含 x_1 的所有项归并在一起配成完全平方,余下的不再含 x_1 的项再继续配方. 如此下去,经过有限步以后,f 中就没有交叉乘积项了,这时就可得到它只含平方项的标准形式. 但是如果二次型中所有平方项系数全为零,那么就必须先作一个可逆线性变换(辅助变换)使其出现平方项,然后再按例 3 的方法进行配方.

例 4 用可逆线性变换把二次型

$$f(x_1,x_2,x_3)=2x_1x_2+2x_1x_3-6x_2x_3$$

化为标准形,并写出所用的可逆线性变换.

解 由于 f 中不含平方项,因而不能直接配方,故先作可逆的辅助变换. 令

$$\begin{cases}x_1=y_1+y_2,\\x_2=y_1-y_2,\\x_3=y_3,\end{cases}\quad \text{即} \quad \begin{bmatrix}x_1\\x_2\\x_3\end{bmatrix}=\begin{bmatrix}1&1&0\\1&-1&0\\0&0&1\end{bmatrix}\begin{bmatrix}y_1\\y_2\\y_3\end{bmatrix},$$

则

$$\begin{aligned}f&=2(y_1+y_2)(y_1-y_2)+2(y_1+y_2)y_3-6(y_1-y_2)y_3\\&=2y_1^2-2y_2^2-4y_1y_3+8y_2y_3.\end{aligned}$$

此时，f 中含平方项，配方得

$$f=2(y_1-y_3)^2-2(y_2-2y_3)^2+6y_3^2.$$

再令

$$\begin{cases}z_1=y_1-y_3,\\ z_2=y_2-2y_3,\\ z_3=y_3,\end{cases}\quad \text{即}\quad \begin{cases}y_1=z_1+z_3,\\ y_2=z_2+2z_3,\\ y_3=z_3,\end{cases}\quad \text{亦即}\quad \begin{bmatrix}y_1\\ y_2\\ y_3\end{bmatrix}=\begin{bmatrix}1&0&1\\ 0&1&2\\ 0&0&1\end{bmatrix}\begin{bmatrix}z_1\\ z_2\\ z_3\end{bmatrix},$$

则 f 的标准形为

$$f=2z_1^2-2z_2^2+6z_3^2,$$

所用的可逆线性变换为

$$\begin{bmatrix}x_1\\ x_2\\ x_3\end{bmatrix}=\begin{bmatrix}1&1&0\\ 1&-1&0\\ 0&0&1\end{bmatrix}\begin{bmatrix}1&0&1\\ 0&1&2\\ 0&0&1\end{bmatrix}\begin{bmatrix}z_1\\ z_2\\ z_3\end{bmatrix}=\begin{bmatrix}1&1&3\\ 1&-1&-1\\ 0&0&1\end{bmatrix}\begin{bmatrix}z_1\\ z_2\\ z_3\end{bmatrix}.$$

定理 2 任意一个二次型都可经过可逆线性变换化为标准形.

定理的证明从略.

推论 任一对称矩阵都合同于对角矩阵.

三、初等变换法

由本节定理 2 知，对于任意一个二次型 $f=\boldsymbol{x}^{\mathrm{T}}\boldsymbol{A}\boldsymbol{x}$，都可以找到可逆线性变换 $\boldsymbol{x}=\boldsymbol{C}\boldsymbol{y}$，将其化为标准形，即总存在可逆矩阵 $\boldsymbol{C}$，使得 $\boldsymbol{C}^{\mathrm{T}}\boldsymbol{A}\boldsymbol{C}=\boldsymbol{D}$，其中 $\boldsymbol{D}$ 为对角矩阵. 而任一可逆矩阵都可写成若干个初等矩阵的乘积，即存在初等矩阵 $\boldsymbol{P}_1,\boldsymbol{P}_2,\cdots,\boldsymbol{P}_s$，使得 $\boldsymbol{C}=\boldsymbol{P}_1\boldsymbol{P}_2\cdots\boldsymbol{P}_s$，于是

$$\boldsymbol{D}=\boldsymbol{C}^{\mathrm{T}}\boldsymbol{A}\boldsymbol{C}=\boldsymbol{P}_s^{\mathrm{T}}\cdots\boldsymbol{P}_2^{\mathrm{T}}\boldsymbol{P}_1^{\mathrm{T}}\boldsymbol{A}\boldsymbol{P}_1\boldsymbol{P}_2\cdots\boldsymbol{P}_s=\boldsymbol{P}_s\cdots\boldsymbol{P}_2\boldsymbol{P}_1\boldsymbol{A}\boldsymbol{P}_1\boldsymbol{P}_2\cdots\boldsymbol{P}_s.$$

这说明，对实对称矩阵 $\boldsymbol{A}$ 施行一系列成对的行与列的初等变换，即可使 $\boldsymbol{A}$ 合同于对角矩阵 $\boldsymbol{D}$. 由此可得化二次型 $f=\boldsymbol{x}^{\mathrm{T}}\boldsymbol{A}\boldsymbol{x}$ 为标准形的**初等变换法**：

$$\begin{bmatrix}\boldsymbol{A}\\ \cdots\\ \boldsymbol{I}\end{bmatrix}\xrightarrow[\text{对}\begin{bmatrix}\boldsymbol{A}\\ \cdots\\ \boldsymbol{I}\end{bmatrix}\text{施行相同的初等列变换}]{\text{对}\boldsymbol{A}\text{施行初等行变换，同时}}\begin{bmatrix}\boldsymbol{D}\\ \cdots\\ \boldsymbol{C}\end{bmatrix},$$

其中 $\boldsymbol{D}$ 为对角矩阵，于是 $f=\boldsymbol{x}^{\mathrm{T}}\boldsymbol{D}\boldsymbol{x}$ 为所求的二次型的标准形. 注意在每一对行与列的初等变换中初等列变换是在初等行变换的基础上进行的.

例 5 用初等变换法化例 4 中的二次型

$$f(x_1,x_2,x_3)=2x_1x_2+2x_1x_3-6x_2x_3$$

为标准形，并写出所用的可逆线性变换.

解 二次型 f 的矩阵为 $\boldsymbol{A}=\begin{bmatrix}0&1&1\\ 1&0&-3\\ 1&-3&0\end{bmatrix}$，于是

$$\begin{bmatrix}\boldsymbol{A}\\ \cdots\\ \boldsymbol{I}\end{bmatrix}=\begin{bmatrix}0&1&1\\1&0&-3\\1&-3&0\\ \hdashline 1&0&0\\0&1&0\\0&0&1\end{bmatrix}\xrightarrow[c_1+c_2]{r_1+r_2}\begin{bmatrix}2&1&-2\\1&0&-3\\-2&-3&0\\ \hdashline 1&0&0\\1&1&0\\0&0&1\end{bmatrix}\xrightarrow[c_2+\left(-\frac{1}{2}\right)c_1]{r_2+\left(-\frac{1}{2}\right)r_1}\begin{bmatrix}2&0&-2\\0&-1/2&-2\\-2&-2&0\\ \hdashline 1&-1/2&0\\1&1/2&0\\0&0&1\end{bmatrix}$$

$$\xrightarrow[c_3+c_1]{r_3+r_1}\begin{bmatrix}2&0&0\\0&-1/2&-2\\0&-2&-2\\ \hdashline 1&-1/2&1\\1&1/2&1\\0&0&1\end{bmatrix}\xrightarrow[c_3+(-4)c_2]{r_3+(-4)r_2}\begin{bmatrix}2&0&0\\0&-1/2&0\\0&0&6\\ \hdashline 1&-1/2&3\\1&1/2&-1\\0&0&1\end{bmatrix}.$$

令

$$\boldsymbol{C}=\begin{bmatrix}1&-1/2&3\\1&1/2&-1\\0&0&1\end{bmatrix},$$

则可逆线性变换 $\boldsymbol{x}=\boldsymbol{C}\boldsymbol{y}$ 化二次型 f 为标准形 $f=2y_1^2-\dfrac{1}{2}y_2^2+6y_3^2$.

由本节例 4 和例 5 的结果可见，二次型的标准形是不唯一的. 但是，标准形中所含的项数(包括正项和负项)是唯一确定的. 这就是所谓的惯性定理，我们将在下一节讨论.

例 6 用初等变换法化二次型 $f(x_1,x_2,x_3,x_4)=x_1x_2+x_2x_3+2x_2x_4+2x_3x_4$ 为标准形.

解 二次型 f 的矩阵为

$$\boldsymbol{A}=\begin{bmatrix}0&1/2&0&0\\1/2&0&1/2&1\\0&1/2&0&1\\0&1&1&0\end{bmatrix},$$

从而有

$$\begin{bmatrix}\boldsymbol{A}\\ \cdots\\ \boldsymbol{I}\end{bmatrix}=\begin{bmatrix}0&1/2&0&0\\1/2&0&1/2&1\\0&1/2&0&1\\0&1&1&0\\ \hdashline 1&0&0&0\\0&1&0&0\\0&0&1&0\\0&0&0&1\end{bmatrix}\xrightarrow[c_1+c_2]{r_1+r_2}\begin{bmatrix}1&1/2&1/2&1\\1/2&0&1/2&1\\1/2&1/2&0&1\\1&1&1&0\\ \hdashline 1&0&0&0\\1&1&0&0\\0&0&1&0\\0&0&0&1\end{bmatrix}$$

$$\xrightarrow[\substack{c_2+\left(-\frac{1}{2}\right)c_1\\ c_3+\left(-\frac{1}{2}\right)c_1\\ c_4+(-1)c_1}]{\substack{r_2+\left(-\frac{1}{2}\right)r_1\\ r_3+\left(-\frac{1}{2}\right)r_1\\ r_4+(-1)r_1}}\left[\begin{array}{cccc}1 & 0 & 0 & 0\\ 0 & -1/4 & 1/4 & 1/2\\ 0 & 1/4 & -1/4 & 1/2\\ 0 & 1/2 & 1/2 & -1\\ \hline 1 & -1/2 & -1/2 & -1\\ 1 & 1/2 & -1/2 & -1\\ 0 & 0 & 1 & 0\\ 0 & 0 & 0 & 1\end{array}\right]\xrightarrow[\substack{c_3+c_2\\ c_4+2c_2}]{\substack{r_3+r_2\\ r_4+2r_2}}\left[\begin{array}{cccc}1 & 0 & 0 & 0\\ 0 & -1/4 & 0 & 0\\ 0 & 0 & 0 & 1\\ 0 & 0 & 1 & 0\\ \hline 1 & -1/2 & -1 & -2\\ 1 & 1/2 & 0 & 0\\ 0 & 0 & 1 & 0\\ 0 & 0 & 0 & 1\end{array}\right]$$

$$\xrightarrow[c_3+c_4]{r_3+r_4}\left[\begin{array}{cccc}1 & 0 & 0 & 0\\ 0 & -1/4 & 0 & 0\\ 0 & 0 & 2 & 1\\ 0 & 0 & 1 & 0\\ \hline 1 & -1/2 & -3 & -2\\ 1 & 1/2 & 0 & 0\\ 0 & 0 & 1 & 0\\ 0 & 0 & 1 & 1\end{array}\right]\xrightarrow[c_4+\left(-\frac{1}{2}\right)c_3]{r_4+\left(-\frac{1}{2}\right)r_3}\left[\begin{array}{cccc}1 & 0 & 0 & 0\\ 0 & -1/4 & 0 & 0\\ 0 & 0 & 2 & 0\\ 0 & 0 & 0 & -1/2\\ \hline 1 & -1/2 & -3 & -1/2\\ 1 & 1/2 & 0 & 0\\ 0 & 0 & 1 & -1/2\\ 0 & 0 & 1 & 1/2\end{array}\right].$$

令

$$\boldsymbol{C}=\begin{bmatrix}1 & -1/2 & -3 & -1/2\\ 1 & 1/2 & 0 & 0\\ 0 & 0 & 1 & -1/2\\ 0 & 0 & 1 & 1/2\end{bmatrix},$$

则可逆线性变换 $\boldsymbol{x}=\boldsymbol{C}\boldsymbol{y}$ 化二次型 f 为标准形

$$f=y_1^2-\frac{1}{4}y_2^2+2y_3^2-\frac{1}{2}y_4^2.$$

四、二次曲面方程的化简

二次曲面方程的一般形式为

$$a_{11}x^2+a_{22}y^2+a_{33}z^2+2a_{12}xy+2a_{13}xz+2a_{23}yz+b_1x+b_2y+b_3z+c=0, \tag{1}$$

现将其化为标准方程.

令

$$\boldsymbol{A}=\begin{bmatrix}a_{11} & a_{12} & a_{13}\\ a_{21} & a_{22} & a_{23}\\ a_{31} & a_{32} & a_{33}\end{bmatrix}\quad(\text{其中 } a_{ij}=a_{ji},i,j=1,2,3),$$

$$\boldsymbol{x}=\begin{bmatrix}x\\y\\z\end{bmatrix},\quad \boldsymbol{b}=\begin{bmatrix}b_1\\b_2\\b_3\end{bmatrix},$$

则二次曲面方程(1)可写成

$$\boldsymbol{x}^{\mathrm{T}}\boldsymbol{A}\boldsymbol{x}+\boldsymbol{b}^{\mathrm{T}}\boldsymbol{x}+c=0. \tag{2}$$

因为 $\boldsymbol{A}$ 是实对称的,所以存在正交矩阵 $\boldsymbol{P}$,使得 $\boldsymbol{P}^{\mathrm{T}}\boldsymbol{A}\boldsymbol{P}=\operatorname{diag}(\lambda_1,\lambda_2,\lambda_3)$,其中 $\lambda_1,\lambda_2,\lambda_3$ 为 $\boldsymbol{A}$ 的特征值,即存在正交变换 $\boldsymbol{x}=\boldsymbol{P}\boldsymbol{y}$,其中 $\boldsymbol{y}=[x_1,y_1,z_1]^{\mathrm{T}}$,使得(2)式变为

$$\boldsymbol{y}^{\mathrm{T}}(\boldsymbol{P}^{\mathrm{T}}\boldsymbol{A}\boldsymbol{P})\boldsymbol{y}+\boldsymbol{b}^{\mathrm{T}}\boldsymbol{P}\boldsymbol{y}+c=0. \tag{3}$$

令 $\boldsymbol{b}^{\mathrm{T}}\boldsymbol{P}=[d_1,d_2,d_3]$,则(3)式化为

$$\lambda_1x_1^2+\lambda_2y_1^2+\lambda_3z_1^2+d_1x_1+d_2y_1+d_3z_1+c=0. \tag{4}$$

由此可见,通过适当的正交变换,可以消去二次曲面方程(1)中变量的交叉乘积项,这样再对(4)式作一次平移变换就能将其化成易于判断形状的标准方程了.

例 7 化二次曲面方程

$$x^2+2y^2+2z^2-4yz-2x+2\sqrt{2}y-6\sqrt{2}z+5=0$$

为标准方程,并判断此二次曲面是什么形状.

解 令

$$\boldsymbol{A}=\begin{bmatrix}1&0&0\\0&2&-2\\0&-2&2\end{bmatrix},\quad \boldsymbol{x}=\begin{bmatrix}x\\y\\z\end{bmatrix},\quad \boldsymbol{b}=\begin{bmatrix}-2\\2\sqrt{2}\\-6\sqrt{2}\end{bmatrix},$$

则原方程可写成

$$\boldsymbol{x}^{\mathrm{T}}\boldsymbol{A}\boldsymbol{x}+\boldsymbol{b}^{\mathrm{T}}\boldsymbol{x}+5=0. \tag{5}$$

求得 $\boldsymbol{A}$ 的特征值及相应的特征向量为

$$\lambda_1=1,\quad \boldsymbol{\xi}_1=[1,0,0]^{\mathrm{T}};$$
$$\lambda_2=4,\quad \boldsymbol{\xi}_2=[0,1,-1]^{\mathrm{T}};$$
$$\lambda_3=0,\quad \boldsymbol{\xi}_3=[0,1,1]^{\mathrm{T}}.$$

将 $\boldsymbol{\xi}_1,\boldsymbol{\xi}_2,\boldsymbol{\xi}_3$ 单位化,得

$$\boldsymbol{p}_1=\frac{\boldsymbol{\xi}_1}{\|\boldsymbol{\xi}_1\|}=\begin{bmatrix}1\\0\\0\end{bmatrix},\quad \boldsymbol{p}_2=\frac{\boldsymbol{\xi}_2}{\|\boldsymbol{\xi}_2\|}=\begin{bmatrix}0\\1/\sqrt{2}\\-1/\sqrt{2}\end{bmatrix},\quad \boldsymbol{p}_3=\frac{\boldsymbol{\xi}_3}{\|\boldsymbol{\xi}_3\|}=\begin{bmatrix}0\\1/\sqrt{2}\\1/\sqrt{2}\end{bmatrix},$$

于是得正交矩阵 $P=[\boldsymbol{p}_1\ \ \boldsymbol{p}_2\ \ \boldsymbol{p}_3]$,且有

$$\boldsymbol{P}^{\mathrm{T}}\boldsymbol{A}\boldsymbol{P}=\begin{bmatrix}1&&\\&4&\\&&0\end{bmatrix}.$$

作正交变换 $\boldsymbol{x}=\boldsymbol{P}\boldsymbol{y}$，其中 $\boldsymbol{y}=[x_1,y_1,z_1]^{\mathrm{T}}$，代入(5)式得

$$\boldsymbol{y}^{\mathrm{T}}(\boldsymbol{P}^{\mathrm{T}}\boldsymbol{A}\boldsymbol{P})\boldsymbol{y}+\boldsymbol{b}^{\mathrm{T}}\boldsymbol{P}\boldsymbol{y}+5=0,$$

即

$$x_1^2+4y_1^2-2x_1+8y_1-4z_1+5=0,$$

配方后得

$$(x_1-1)^2+4(y_1+1)^2=4z_1. \tag{6}$$

再作平移变换

$$\begin{cases}x_2=x_1-1,\\ y_2=y_1+1,\\ z_2=z_1,\end{cases} \quad 即 \quad \begin{cases}x_1=x_2+1,\\ y_1=y_2-1,\\ z_1=z_2,\end{cases}$$

代入(6)式得原方程的标准方程

$$\frac{x_2^2}{4}+y_2^2=z_2.$$

这是一个椭圆抛物面.

同样，我们可以用类似的方法化简二次曲线方程成标准方程.

习 题 5.2

1. 求一个正交变换 $\boldsymbol{x}=\boldsymbol{P}\boldsymbol{y}$，把下列二次型化为标准形：

(1) $f=x_1^2+4x_2^2+4x_3^2-4x_1x_2+4x_1x_3-8x_2x_3$；

(2) $f=3x_1^2+4x_2^2+3x_3^2+2x_1x_3$；

(3) $f=2x_1^2+2x_2^2+2x_3^2+2x_1x_2+2x_1x_3+2x_2x_3$；

(4) $f=3x_1^2+3x_2^2+6x_3^2+8x_1x_2-4x_1x_3+4x_2x_3$.

2. 已知二次型 $f(x_1,x_2,x_3)=2x_1^2+3x_2^2+3x_3^2+2ax_2x_3\ (a>0)$ 经过正交变换 $\boldsymbol{x}=\boldsymbol{P}\boldsymbol{y}$ 化为标准形 $f=y_1^2+2y_2^2+5y_3^2$，试求参数 a 和正交矩阵 $\boldsymbol{P}$.

3. 用配方法化下列二次型为标准形，并写出所作的线性变换：

(1) $f=2x_1^2+x_2^2-4x_1x_2-4x_2x_3$；

(2) $f=x_1x_2+x_2x_3+x_1x_3$；

(3) $f=x_1^2+2x_2^2-x_3^2+4x_1x_2-4x_1x_3-4x_2x_3$；

(4) $f=2x_1x_2-2x_3x_4$.

4. 用初等变换法化下列二次型为标准形，并写出相应的可逆矩阵：

(1) $f=2x_2^2-x_3^2+4x_1x_2-4x_1x_3-4x_2x_3$；

(2) $f=x_1x_2+x_1x_3-3x_2x_3$.

5. 已知二次型 $f=5x_1^2+5x_2^2+cx_3^2-2x_1x_2+6x_1x_3-6x_2x_3$ 的秩为 2.

(1) 求参数 c 及此二次型矩阵的特征值；

(2) 指出方程 $f=1$ 表示何种二次曲面.

6. 已知二次型 $f(x_1,x_2,x_3)=x_1^2+ax_2^2+x_3^2+2bx_1x_2+2x_1x_3+2x_2x_3$ 经过正交变换 $\boldsymbol{x}=\boldsymbol{P}\boldsymbol{y}$ 化为标准形 $f=y_2^2+4y_3^2$，试求参数 a,b 的值及正交矩阵 $\boldsymbol{P}$.

7. 化下列二次曲线方程为标准方程，并指出它们的形状：

(1) $x^2-4xy-2y^2+4x+4y=1$；

(2) $6x^2-6xy+6y^2-12x+9y+1=0$；

(3) $x^2-4xy+4y^2+2x+6y+5=0$.

8. 化下列二次曲面方程为标准方程，并指出它们的形状：

(1) $x^2+2y^2+2z^2-4xy-4yz-4x+6y+2z+1=0$；

(2) $4x^2-6y^2-6z^2-4yz-4x+4y+4z-5=0$；

(3) $2x^2+y^2-4xy-4yz+4x+4y-2=0$.

9. 设有二次曲线方程 $ax^2+2bxy+cy^2=1(a>0)$，证明：当 $b^2<ac$ 时，曲线为一椭圆；当 $b^2>ac$ 时，曲线为一双曲线.

§5.3 正定二次型

从上一节化二次型为标准形的方法可以看出，一个二次型的标准形是不唯一的，它与所作的可逆线性变换有关，但是标准形中不等于零的项数是唯一确定的，它等于二次型的秩. 下面的定理 1 揭示了这一现象.

一、二次型的正定性

定理 1(惯性定理) 二次型 $f(x_1,x_2,\cdots,x_n)$ 的标准形中，系数为正的平方项的项数与系数为负的平方项的项数是唯一确定的，不因所作线性变换的不同而改变.

定理的证明从略.

设二次型 $f(x_1,x_2,\cdots,x_n)=\boldsymbol{x}^{\mathrm{T}}\boldsymbol{A}\boldsymbol{x}$ 的秩为 r，且 f 经过可逆线性变换化为如下标准形：

$$f=d_1y_1^2+\cdots+d_py_p^2-d_{p+1}y_{p+1}^2-\cdots-d_ry_r^2,$$

其中系数为正的平方项的项数 p 称为二次型 f 的**正惯性指数**，系数为负的平方项的项数 $r-p$ 称为 f 的**负惯性指数**，两者的差 $p-(r-p)=2p-r$ 称为 f 的**符号差**，两者的和等于二次型的秩 r.

由惯性定理可见，二次型的任一标准形中，正、负惯性指数是唯一确定的.

定义 1 设 $f(x_1,x_2,\cdots,x_n)=\boldsymbol{x}^{\mathrm{T}}\boldsymbol{A}\boldsymbol{x}$ 是一个 n 元二次型，如果对于任意一组不全为零的实数 $c_1,c_2,\cdots,c_n$，都有 $f(c_1,c_2,\cdots,c_n)>0$，则称 f 是一个**正定二次型**，并称实对称矩阵 $\boldsymbol{A}$ 为**正定矩阵**.

例如，二次型 $f(x_1,x_2,\cdots,x_n)=x_1^2+x_2^2+\cdots+x_n^2$ 是正定的. 因为只有在 $c_1=c_2=\cdots=c_n=0$ 时，才有 $f(c_1,c_2,\cdots,c_n)=0$.

由定义 1 可见，$f(x_1,x_2,\cdots,x_n)$ 是正定二次型的充分必要条件是对任意一组实数 c_1，$c_2,\cdots,c_n$，都有 $f(c_1,c_2,\cdots,c_n)\geqslant 0$，且 $f(c_1,c_2,\cdots,c_n)=0$ 当且仅当 $c_1=c_2=\cdots=c_n=0$.

例如，n 元二次型 $f(x_1,x_2,\cdots,x_n)=x_1^2+(x_1+x_2)^2+\cdots+(x_{n-1}+x_n)^2+x_n^2$ 是正定的. 因为对于任意一组实数 $c_1,c_2,\cdots,c_n$，都有 $f(c_1,c_2,\cdots,c_n)\geqslant 0$，且 $f(c_1,c_2,\cdots,c_n)=0$ 时，必有 $c_1=c_1+c_2=c_2+c_3=\cdots=c_{n-1}+c_n=c_n=0$，即 $c_1=c_2=\cdots=c_n=0$，故 f 是正定的.

下面讨论二次型是否正定的判别方法.

定理 2 n 元二次型 $f=\boldsymbol{x}^{\mathrm{T}}\boldsymbol{A}\boldsymbol{x}$ 为正定二次型的充分必要条件是其标准形中的 n 项平方项系数全为正数，即它的正惯性指数为 n.

证 设 f 经过可逆线性变换 $\boldsymbol{x}=\boldsymbol{C}\boldsymbol{y}$ 化为了标准形

$$f=d_1y_1^2+d_2y_2^2+\cdots+d_ny_n^2.$$

充分性 设 $d_i>0(i=1,2,\cdots,n)$. 任给 $\boldsymbol{x}=[x_1,x_2,\cdots,x_n]^{\mathrm{T}}\neq\boldsymbol{0}$，则 $\boldsymbol{y}=[y_1,y_2,\cdots,y_n]^{\mathrm{T}}=\boldsymbol{C}^{-1}\boldsymbol{x}\neq\boldsymbol{0}$，即 $y_1,y_2,\cdots,y_n$ 不全为零，故有

$$f=d_1y_1^2+d_2y_2^2+\cdots+d_ny_n^2>0.$$

必要性 用反证法. 假设存在某个 $d_i\leqslant 0$. 取 $\boldsymbol{y}=\boldsymbol{e}_i$（单位坐标向量），则对应的 $\boldsymbol{x}=\boldsymbol{C}\boldsymbol{e}_i\neq\boldsymbol{0}$，从而

$$f(\boldsymbol{x})=f(\boldsymbol{C}\boldsymbol{e}_i)=d_1\cdot 0+\cdots+d_i\cdot 1+\cdots+d_n\cdot 0=d_i\leqslant 0.$$

这与 f 为正定矛盾，故必有 $d_i>0(i=1,2,\cdots,n)$.

我们知道，当用正交变换化二次型 $f=\boldsymbol{x}^{\mathrm{T}}\boldsymbol{A}\boldsymbol{x}$ 为标准形时，其标准形中平方项的系数是 $\boldsymbol{A}$ 的全部特征值，于是由定理 2 可得下述推论.

推论 二次型 $f=\boldsymbol{x}^{\mathrm{T}}\boldsymbol{A}\boldsymbol{x}$ 为正定二次型的充分必要条件是 $\boldsymbol{A}$ 的所有特征值都大于零.

下面给出一个应用行列式来判别二次型正定性的方法.

定义 2 设 $\boldsymbol{A}=(a_{ij})_{n\times n}$ 是一个 n 阶方阵，k 阶子式

$$\begin{vmatrix} a_{11} & a_{12} & \cdots & a_{1k} \\ a_{21} & a_{22} & \cdots & a_{2k} \\ \vdots & \vdots & & \vdots \\ a_{k1} & a_{k2} & \cdots & a_{kk} \end{vmatrix} \quad (k=1,2,\cdots,n)$$

称为矩阵 $\boldsymbol{A}$ 的 k **阶顺序主子式**.

例如，矩阵

$$\boldsymbol{A}=\begin{bmatrix} -1 & 0 & 2 \\ 3 & 4 & 5 \\ 2 & 7 & 8 \end{bmatrix}$$

的各阶顺序主子式分别为

$$-1,\quad \begin{vmatrix} -1 & 0 \\ 3 & 4 \end{vmatrix}=-4,\quad \begin{vmatrix} -1 & 0 & 2 \\ 3 & 4 & 5 \\ 2 & 7 & 8 \end{vmatrix}=29.$$

定理 3 n 元二次型 $f=\boldsymbol{x}^{\mathrm{T}}\boldsymbol{A}\boldsymbol{x}$ 为正定二次型的充分必要条件是矩阵 $\boldsymbol{A}=(a_{ij})_{n\times n}$ 的所有顺序主子式都大于零,即

$$a_{11}>0,\quad \begin{vmatrix} a_{11} & a_{12} \\ a_{21} & a_{22} \end{vmatrix}>0,\quad \cdots,\quad \begin{vmatrix} a_{11} & \cdots & a_{1n} \\ \vdots & & \vdots \\ a_{n1} & \cdots & a_{nn} \end{vmatrix}>0.$$

定理的证明从略.

例 1 判别二次型

$$f(x_1,x_2,x_3)=4x_1^2-8x_1x_2-2x_1x_3+5x_2^2+6x_2x_3+7x_3^2$$

是否正定.

解 f 的矩阵为

$$\boldsymbol{A}=\begin{bmatrix} 4 & -4 & -1 \\ -4 & 5 & 3 \\ -1 & 3 & 7 \end{bmatrix}.$$

因为 $\boldsymbol{A}$ 的各阶顺序主子式为

$$4,\quad \begin{vmatrix} 4 & -4 \\ -4 & 5 \end{vmatrix}=4>0,\quad \begin{vmatrix} 4 & -4 & -1 \\ -4 & 5 & 3 \\ -1 & 3 & 7 \end{vmatrix}=11>0,$$

故 f 是正定的.

例 2 设有二次型

$$f(x_1,x_2,x_3)=x_1^2+2tx_1x_2-2x_1x_3+x_2^2+4x_2x_3+5x_3^2,$$

问:t 取何值时,该二次型是正定的?

解 f 的矩阵为

$$\boldsymbol{A}=\begin{bmatrix} 1 & t & -1 \\ t & 1 & 2 \\ -1 & 2 & 5 \end{bmatrix}.$$

要使 f 正定,只需 $\boldsymbol{A}$ 的各阶顺序主子式大于零,即需要

$$1>0,\quad \begin{vmatrix} 1 & t \\ t & 1 \end{vmatrix}=1-t^2>0,\quad \begin{vmatrix} 1 & t & -1 \\ t & 1 & 2 \\ -1 & 2 & 5 \end{vmatrix}=-5t^2-4t>0,$$

亦即 $\begin{cases} 1-t^2>0, \\ -5t^2-4t>0. \end{cases}$ 解此不等式组得 $-\dfrac{4}{5}<t<0$. 故当 $-\dfrac{4}{5}<t<0$ 时,f 是正定的.

例 3 设 $\boldsymbol{A}$ 是 n 阶正定矩阵,$\boldsymbol{I}$ 是 n 阶单位矩阵,试证:$|\boldsymbol{A}+\boldsymbol{I}|>1+|\boldsymbol{A}|$.

证 因为 $\boldsymbol{A}$ 是正定矩阵,所以存在正交矩阵 $\boldsymbol{P}$,使得

$$P^{\mathrm{T}}AP=\begin{bmatrix}\lambda_1 & & & \\ & \lambda_2 & & \\ & & \ddots & \\ & & & \lambda_n\end{bmatrix},$$

其中 $\lambda_i(i=1,2,\cdots,n)$是 $\boldsymbol{A}$ 的特征值. 根据定理 2 的推论知 $\lambda_i>0(i=1,2,\cdots,n)$. 由于

$$\boldsymbol{P}^{\mathrm{T}}(\boldsymbol{A}+\boldsymbol{I})\boldsymbol{P}=\boldsymbol{P}^{\mathrm{T}}\boldsymbol{A}\boldsymbol{P}+\boldsymbol{P}^{\mathrm{T}}\boldsymbol{P}=\boldsymbol{P}^{\mathrm{T}}\boldsymbol{A}\boldsymbol{P}+\boldsymbol{I}=\begin{bmatrix}\lambda_1+1 & & & \\ & \lambda_2+1 & & \\ & & \ddots & \\ & & & \lambda_n+1\end{bmatrix},$$

因此

$$|\boldsymbol{P}^{\mathrm{T}}(\boldsymbol{A}+\boldsymbol{I})\boldsymbol{P}|=|\boldsymbol{P}^{\mathrm{T}}|\cdot|\boldsymbol{A}+\boldsymbol{I}|\cdot|\boldsymbol{P}|=|\boldsymbol{A}+\boldsymbol{I}|=\prod_{i=1}^{n}(\lambda_i+1),$$

从而有

$$|\boldsymbol{A}+\boldsymbol{I}|>1+\lambda_1\lambda_2\cdots\lambda_n=1+|\boldsymbol{A}|\quad(\lambda_i>0,\ i=1,2,\cdots,n).$$

例 4 设有二元实函数 $f(x,y)=Ax^2+2Bxy+Cy^2$,试证明:当 $A>0,AC-B^2>0$ 时,$f(0,0)=0$ 是 $f(x,y)$的最小值.

证 $f(x,y)$是变量 x,y 的二次型,其矩阵为$\begin{bmatrix}A & B\\ B & C\end{bmatrix}$,它的顺序主子式

$$A>0,\quad \begin{vmatrix}A & B\\ B & C\end{vmatrix}=AC-B^2>0,$$

所以 $f(x,y)$为正定二次型,故

$$f(x,y)\geqslant 0=f(0,0),$$

即 $f(0,0)=0$ 是 $f(x,y)$的最小值.

二、二次型的其他有定性

除了正定二次型外,还有其他类型的二次型.

定义 3 设 $f(x_1,x_2,\cdots,x_n)=\boldsymbol{x}^{\mathrm{T}}\boldsymbol{A}\boldsymbol{x}$ 是一个 n 元二次型,如果对于任意一组不全为零的实数 $c_1,c_2,\cdots,c_n$,都有 $f(c_1,c_2,\cdots,c_n)<0$,则称 f 为**负定的**;如果对于任意一组实数 $c_1,c_2,\cdots,c_n$,都有 $f(c_1,c_2,\cdots,c_n)\geqslant 0$,则称 f 为**半正定的**;如果对于任意一组实数 $c_1,c_2,\cdots,c_n$,都有 $f(c_1,c_2,\cdots,c_n)\leqslant 0$,则称 f 为**半负定的**.

设 $\boldsymbol{A}$ 为实对称矩阵,如果二次型 $\boldsymbol{x}^{\mathrm{T}}\boldsymbol{A}\boldsymbol{x}$ 是负定的,则称 $\boldsymbol{A}$ 是**负定矩阵**;如果二次型 $\boldsymbol{x}^{\mathrm{T}}\boldsymbol{A}\boldsymbol{x}$ 是半正定或半负定的,则称 $\boldsymbol{A}$ 是**半正定矩阵**或**半负定矩阵**.

显然,如果二次型 f 为负定的,则$(-f)$就是正定的. 于是,由定理 2 就有:

定理 4 n 元二次型 $f=\boldsymbol{x}^{\mathrm{T}}\boldsymbol{A}\boldsymbol{x}$ 为负定二次型的充分必要条件是它的负惯性指数为 n.

与定理 3 相应的就有：

定理 5 二次型 $f=\boldsymbol{x}^{\mathrm{T}}\boldsymbol{A}\boldsymbol{x}$ 为负定二次型的充分必要条件是 $\boldsymbol{A}$ 的奇数阶顺序主子式都小于零，而偶数阶顺序主子式都大于零，即

$$(-1)^k\begin{vmatrix} a_{11} & \cdots & a_{1k} \\ \vdots & & \vdots \\ a_{k1} & \cdots & a_{kk} \end{vmatrix}>0 \quad (k=1,2,\cdots,n).$$

例 5 设二次型 $f(x_1,x_2)=ax_1^2+2bx_1x_2+cx_2^2$ 是正定的，试判断二次型

$$g(y_1,y_2)=\begin{vmatrix} a & b & y_1 \\ b & c & y_2 \\ y_1 & y_2 & 0 \end{vmatrix}$$

的正定性.

解 由于 f 是正定的，故它的矩阵 $\boldsymbol{A}=\begin{bmatrix} a & b \\ b & c \end{bmatrix}$ 是正定矩阵，从而有

$$a>0,\quad \begin{vmatrix} a & b \\ b & c \end{vmatrix}=ac-b^2>0.$$

由此得出 $c>0$.

由于二次型 $g(y_1,y_2)=\begin{vmatrix} a & b & y_1 \\ b & c & y_2 \\ y_1 & y_2 & 0 \end{vmatrix}=-cy_1^2+2by_1y_2-ay_2^2$ 的矩阵为 $\boldsymbol{B}=\begin{bmatrix} -c & b \\ b & -a \end{bmatrix}$，

而 $\boldsymbol{B}$ 的各阶顺序主子式为

$$-c<0,\quad \begin{vmatrix} -c & b \\ b & -a \end{vmatrix}=ac-b^2>0,$$

故由定理 5 知，$\boldsymbol{B}$ 为负定的，从而二次型 $g(y_1,y_2)$ 是负定的.

习 题 5.3

1. 判别下列二次型的正定性：

(1) $f(x_1,x_2,x_3)=5x_1^2+6x_2^2+4x_3^2-4x_1x_2-4x_2x_3$；

(2) $f(x_1,x_2,x_3)=2x_1^2+6x_2^2+4x_3^2-4x_1x_2+8x_1x_3-6x_2x_3$；

(3) $f(x_1,x_2,x_3)=-2x_1^2-6x_2^2-4x_3^2+2x_1x_2+2x_1x_3$.

2. 求 t 的值，使得下列二次型为正定的：

(1) $f(x,y)=3x^2+2txy+5y^2$；

(2) $f(x_1,x_2,x_3)=x_1^2+2x_2^2+3x_3^2-2tx_1x_2+2x_2x_3$；

(3) $f(x_1,x_2,x_3)=5x_1^2+3x_2^2+tx_3^2+6x_1x_2-8x_1x_3+4x_2x_3$.

3. 证明：对称阵 $\boldsymbol{A}$ 为正定的充分必要条件是，存在可逆矩阵 $\boldsymbol{U}$，使得 $\boldsymbol{A}=\boldsymbol{U}^{\mathrm{T}}\boldsymbol{U}$，即 $\boldsymbol{A}$ 与单位阵 $\boldsymbol{I}$ 合同.

4. 设 $\boldsymbol{A}$ 是正定矩阵，证明：$\boldsymbol{A}^{-1}$ 也是正定矩阵.

5. 设 $\boldsymbol{A}$ 与 $\boldsymbol{B}$ 为同阶正定矩阵，证明：$\boldsymbol{A}+\boldsymbol{B}$ 也是正定矩阵.

6. 设 $f(x_1,x_2,\cdots,x_n)=\sum\limits_{i=1}^{n}\sum\limits_{j=1}^{n}a_{ij}x_ix_j$ 是正定的，证明：$a_{11},a_{22},\cdots,a_{nn}$ 全是正数.

7. 设 $\boldsymbol{A}=(a_{ij})_{n\times n}$ 是 n 阶正定矩阵，$b_1,b_2,\cdots,b_n$ 是 n 个非零的实数，证明：$\boldsymbol{B}=(a_{ij}b_ib_j)_{n\times n}$ 也是正定矩阵.

8. 设实对称矩阵

$$\boldsymbol{A}=\begin{bmatrix} a_1 & 0 & \cdots & 0 & b \\ 0 & a_2 & \cdots & 0 & 0 \\ \vdots & \vdots & & \vdots & \vdots \\ 0 & 0 & \cdots & a_{n-1} & 0 \\ b & 0 & \cdots & 0 & a_n \end{bmatrix},$$

其中 $a_i>b>0(i=1,2,\cdots,n)$，证明：n 元实二次型 $\boldsymbol{x}^{\mathrm{T}}\boldsymbol{A}\boldsymbol{x}$ 是正定的.

9. 证明：二次型 $f(x_1,x_2,\cdots,x_n)=\boldsymbol{x}^{\mathrm{T}}\boldsymbol{A}\boldsymbol{x}$ 为半正定的充分必要条件是 $\boldsymbol{A}$ 的特征值全大于或等于零.

总练习题五

1. 求一个正交变换 $\boldsymbol{x}=\boldsymbol{P}\boldsymbol{y}$，把下列二次型化为标准形：

(1) $f=2x_1^2+5x_2^2+5x_3^2+4x_1x_2-4x_1x_3-8x_2x_3$；

(2) $f=x_1x_2+x_2x_3+x_3x_4+x_4x_1$.

2. 用配方法化下列二次型为标准形，并写出所作的线性变换：

(1) $f=x_1^2+2x_1x_2-4x_1x_3-3x_2^2-6x_2x_3+x_3^2$；

(2) $f=2x_1x_2-x_1x_3+x_1x_4-x_2x_3+x_2x_4-2x_3x_4$.

3. 用初等变换法化二次型 $f(x_1,x_2,x_3)=4x_1x_2-2x_1x_3-2x_2x_3+3x_3^2$ 为标准形，并写出相应的可逆线性变换.

4. 确定二次型 $f(x_1,x_2,\cdots,x_{2n})=x_1x_2+x_3x_4+\cdots+x_{2n-1}x_{2n}$ 的秩与符号差.

5. 判别下列二次型是否正定：

(1) $f(x_1,x_2,x_3)=5x_1^2+x_2^2+5x_3^2+4x_1x_2-8x_1x_3-4x_2x_3$；

(2) $f(x_1,x_2,x_3,x_4)=x_1^2+x_2^2+4x_3^2+8x_4^2+6x_1x_3+4x_1x_4-2x_2x_3+2x_2x_4+2x_3x_4$.

6. 求 λ 的值，使得下列二次型为正定的：

(1) $f(x_1,x_2,x_3)=2x_1^2+6x_2^2+\lambda x_3^2-2x_1x_2-2x_1x_3$；

(2) $f(x,y,z,w)=\lambda(x^2+y^2+z^2)+2xy-2yz+2zx+w^2$.

7. 设 $\boldsymbol{A}$ 是正定矩阵，证明：$\boldsymbol{A}^2$ 也是正定矩阵.

8. 设 $\boldsymbol{A}$ 与 $\boldsymbol{B}$ 为同阶正定矩阵，且 $\boldsymbol{AB}=\boldsymbol{BA}$，证明：$\boldsymbol{AB}$ 也是正定矩阵.

9. 设 $\boldsymbol{A}$ 是实对称矩阵，证明：当 t 充分大时，$t\boldsymbol{I}+\boldsymbol{A}$ 为正定矩阵.

10. 证明：二次型 $f(x_1,x_2,\cdots,x_n)=n\sum\limits_{i=1}^{n}x_i^2-\left(\sum\limits_{i=1}^{n}x_i\right)^2$ 是半正定的.

11. 证明：平面曲线 $-\dfrac{5}{2}x^2-13xy-\dfrac{5}{2}y^2=36$ 为一条双曲线.

第六章 线性方程组的数值解法

在工程计算中，应用最广泛的是求解未知量个数很多的大型线性方程组. 在第一章中我们虽然有求解线性方程组的克莱姆法则，它只适用方程组的未知量的个数 n 很小的情况. 当未知量的个数 n 稍大时，以$n=24$为例，用克莱姆法则求解线性方程组需要计算系数矩阵 $\boldsymbol{A}$ 及其变形后所得矩阵的 25 个 24 阶行列式，若按行列式的定义去计算，需要做 $24!\times 23\times 25$ 次乘法，这在每秒 100 万次乘除运算的计算机上计算，所花的 CPU 时间大约为 10^{13} 年. 故此克莱姆法则完全不适合大型方程组. 本章将介绍高斯消去法、雅可比(Jacobi)迭代法及高斯-塞德尔(Gauss-Seidel) 迭代法来解决这个问题.

§6.1 高斯消去法

高斯消去法包括顺序消去法和列主元消去法.

一、高斯顺序消去法

n 元线性方程组

$$\begin{cases} a_{11}x_1+a_{12}x_2+\cdots+a_{1n}x_n=b_1, \\ a_{21}x_1+a_{22}x_2+\cdots+a_{2n}x_n=b_2, \\ \cdots\cdots\cdots\cdots\cdots\cdots\cdots\cdots\cdots\cdots \\ a_{n1}x_1+a_{n2}x_2+\cdots+a_{nn}x_n=b_n \end{cases} \tag{1}$$

可记为

$$\boldsymbol{Ax}=\boldsymbol{b}, \tag{2}$$

其中

$$\boldsymbol{A}=\begin{bmatrix} a_{11} & a_{11} & \cdots & a_{1n} \\ a_{21} & a_{22} & \cdots & a_{2n} \\ \vdots & \vdots & & \vdots \\ a_{n1} & a_{n2} & \cdots & a_{nn} \end{bmatrix}, \quad \boldsymbol{x}=\begin{bmatrix} x_1 \\ x_2 \\ \vdots \\ x_n \end{bmatrix}, \quad \boldsymbol{b}=\begin{bmatrix} b_1 \\ b_2 \\ \vdots \\ b_n \end{bmatrix},$$

方程组(1)的增广矩阵为

$$[\boldsymbol{A} \mid \boldsymbol{b}]=\begin{bmatrix} a_{11} & \cdots & a_{1n} & b_1 \\ \vdots & & \vdots & \vdots \\ a_{n1} & \cdots & a_{nn} & b_n \end{bmatrix}.$$

下面简单介绍用高斯顺序消去法求解 n 元线性方程组(1)的过程. 为了方便描述消元过程，将增广矩阵改记为

$$[\boldsymbol{A}^{(1)} \mid \boldsymbol{b}^{(1)}]=\begin{bmatrix} a_{11}^{(1)} & a_{12}^{(1)} & \cdots & a_{1n}^{(1)} & b_1^{(1)} \\ a_{21}^{(1)} & a_{22}^{(1)} & \cdots & a_{2n}^{(1)} & b_2^{(1)} \\ \vdots & \vdots & & \vdots & \vdots \\ a_{n1}^{(1)} & a_{n2}^{(1)} & \cdots & a_{nn}^{(1)} & b_n^{(1)} \end{bmatrix}. \tag{3}$$

当 $a_{11}^{(1)} \neq 0$ 时，记 $m_{i1}=a_{i1}^{(1)}/a_{11}^{(1)}\,(i=2,3,\cdots,n)$，以 $-m_{i1}$ 乘以 $[\boldsymbol{A}^{(1)} \mid \boldsymbol{b}^{(1)}]$ 的第 1 行分别加到第 i 行得

$$[\boldsymbol{A}^{(2)} \mid \boldsymbol{b}^{(2)}]=\begin{bmatrix} a_{11}^{(1)} & a_{12}^{(1)} & \cdots & a_{1n}^{(1)} & b_1^{(1)} \\ 0 & a_{22}^{(2)} & \cdots & a_{2n}^{(2)} & b_2^{(2)} \\ \vdots & \vdots & & \vdots & \vdots \\ 0 & a_{n2}^{(2)} & \cdots & a_{nn}^{(2)} & b_n^{(2)} \end{bmatrix},$$

这样就完成了第一次消元. 如此经过 $k-1$ 次消元后，(3)变换为

$$[\boldsymbol{A}^{(k)} \mid \boldsymbol{b}^{(k)}]=\begin{bmatrix} a_{11}^{(1)} & \cdots & a_{1,k-1}^{(1)} & a_{1,k}^{(1)} & \cdots & a_{1n}^{(1)} & b_1^{(1)} \\ & \ddots & \vdots & \vdots & & \vdots & \vdots \\ & & a_{k-1,k-1}^{(k-1)} & a_{k-1,k}^{(k-1)} & \cdots & a_{k-1,n}^{(k-1)} & b_{k-1}^{(k-1)} \\ & & & a_{kk}^{(k)} & \cdots & a_{kn}^{(k)} & b_k^{(k)} \\ & & & \vdots & \ddots & \vdots & \vdots \\ & & & a_{nk}^{(k)} & \cdots & a_{nn}^{(k)} & b_n^{(k)} \end{bmatrix}. \tag{4}$$

当 $a_{kk}^{(k)} \neq 0$ 时，记 $m_{ik}=a_{ik}^{(k)}/a_{kk}^{(k)}\,(i=k+1,k+2,\cdots,n)$，以 $-m_{ik}$ 乘以 $[\boldsymbol{A}^{(k)} \mid \boldsymbol{b}^{(k)}]$ 的第 k 行分别加到第 i 行，直到最后经过 $n-1$ 次消元后得

$$[\boldsymbol{A}^{(n)} \mid \boldsymbol{b}^{(n)}]=\begin{bmatrix} a_{11}^{(1)} & a_{12}^{(1)} & \cdots & a_{1n}^{(1)} & b_1^{(1)} \\ & a_{22}^{(2)} & \cdots & a_{2n}^{(2)} & b_2^{(2)} \\ & & \ddots & \vdots & \vdots \\ & & & a_{nn}^{(n)} & b_n^{(n)} \end{bmatrix},$$

从而完成了全部消元过程. 于是得到同解线性方程组

$$\begin{cases} a_{11}^{(1)}x_1+a_{12}^{(1)}x_2+\cdots+a_{1n}^{(1)}x_n=b_1^{(1)}, \\ \qquad a_{22}^{(2)}x_2+\cdots+a_{2n}^{(2)}x_n=b_2^{(2)}, \\ \qquad \cdots\cdots\cdots\cdots\cdots\cdots \\ \qquad\qquad a_{nn}^{(n)}x_n=b_n^{(n)}. \end{cases} \tag{5}$$

最后可进入回代过程求出原方程组(1)的解：

$$\begin{cases} x_n = b_n^{(n)}/a_{nn}^{(n)}, \\ x_k = \left(b_k^{(k)} - \sum\limits_{j=k+1}^{n} a_{kj}^{(k)} x_j\right)\Big/ a_{kk}^{(k)} \quad (k = n-1, n-2, \cdots, 1). \end{cases}$$

以上求解线性方程组的方法称为**高斯顺序消去法**.

注 在上述消元过程中,若某个 $a_{kk}^{(k)}$ 为 0,且存在 $a_{k+l,k}^{(k)}(l=1,2,\cdots,n-k)$ 不为 0,则互换第 k 行与第 $k+l$ 行,再进行消元.

例 1 用高斯顺序消去法求解方程组

$$\begin{cases} 2x_1 + x_2 + x_3 = 4, \\ x_1 + 3x_2 + 2x_3 = 6, \\ x_1 + 2x_2 + 2x_3 = 5, \end{cases}$$

计算过程保留三位有效数字.

解 增广矩阵为

$$[\boldsymbol{A} \vdots \boldsymbol{b}] = \begin{bmatrix} 2.00 & 1.00 & 1.00 & 4.00 \\ 1.00 & 3.00 & 2.00 & 6.00 \\ 1.00 & 2.00 & 2.00 & 5.00 \end{bmatrix}.$$

$$\xrightarrow[r_3+(-0.500)r_1]{r_2+(-0.500)r_1} \begin{bmatrix} 2.00 & 1.00 & 1.00 & 4.00 \\ 0 & 2.50 & 1.50 & 4.00 \\ 0 & 1.50 & 1.50 & 3.00 \end{bmatrix}$$

$$\xrightarrow{r_3+(-0.600)r_2} \begin{bmatrix} 2.00 & 1.00 & 1.00 & 4.00 \\ 0 & 2.50 & 1.50 & 4.00 \\ 0 & 0 & 0.600 & 0.600 \end{bmatrix}.$$

回代求得

$$x_3 = \frac{0.600}{0.600} = 1.00,$$

$$x_2 = \frac{4.00 - 1.50 \times 1.00}{2.50} = 1.00,$$

$$x_1 = \frac{4.00 - 1.00 \times 1.00 - 1.00 \times 1.00}{2.00} = 1.00.$$

二、高斯列主元消去法

我们称方程组(1)的系数矩阵 $\boldsymbol{A}$ 的主对角线上的元素为**主元**. 在介绍高斯列主元消去法之前,先看一个例子.

例 2 用高斯顺序消去法求解方程组

$$\begin{cases}0.003x_1+59.14x_2=59.17,\\5.291x_1-\ 6.13x_2=46.78,\end{cases}$$

计算过程保留四位有效数字.

解 增广矩阵为

$$[\boldsymbol{A}\,\vdots\,\boldsymbol{b}]=\begin{bmatrix}0.003000 & 59.14 & 59.17\\5.291 & -6.130 & 46.78\end{bmatrix}$$

$$\xrightarrow{r_2+(-1.764\times10^3)r_1}\begin{bmatrix}0.003000 & 59.14 & 59.17\\0 & -1.043\times10^5 & -1.044\times10^5\end{bmatrix},$$

回代求得

$$x_2=\frac{-1.044\times10^5}{-1.043\times10^5}=1.001,$$

$$x_1=\frac{59.17-59.14\times1.001}{0.003000}=\frac{59.17-59.20}{0.003000}=\frac{-0.03000}{0.003000}=-10.00.$$

上面求得的解与准确解 $x_2^*=1, x_1^*=10$ 相差很远，是什么原因造成如此巨大的误差呢？原来主元 $a_{kk}^{(k)}$ 在消元与回代过程中均做分母，分母过小会放大误差. 现将绝对值较大的 $a_{ik}^{(k)}(i=k,k+1,\cdots,n)$ 通过行对换的方式调整到主元的位置，即增广矩阵变为

$$\begin{bmatrix}5.291 & -6.130 & 46.78\\0.003000 & 59.14 & 59.17\end{bmatrix}\longrightarrow\begin{bmatrix}5.291 & -6.130 & 46.78\\0 & 59.14 & 59.14\end{bmatrix},$$

回代求得 $x_2=1.000, x_1=10.00$，它们与准确解一致.

受例 2 中两种方法比较的启发，我们得到**高斯列主元消去法**：

在 $[\boldsymbol{A}^{(1)}\,\vdots\,\boldsymbol{b}^{(1)}]$ 的第 1 列中，选出 $|a_{i1}^{(1)}|(i=1,2,\cdots,n)$ 的最大者，将其所在的行与第 1 行对调，然后进行第一次消元；…；在 $[\boldsymbol{A}^{(k)}\,\vdots\,\boldsymbol{b}^{(k)}]$ 的第 k 列中，选出 $|a_{ik}^{(k)}|(i=k+1,k+2,\cdots,n)$ 的最大者，将其所在的行与第 k 行对调，然后进行第 k 次消元. 如此，直到 n 次消元结束. 回代过程与高斯顺序消去法相同.

例 3 分别用高斯顺序消去法和高斯列主元消去法求解下列线性方程组：

$$\begin{cases}0.012x_1+\ 0.01x_2+0.167x_3=0.6781,\\x_1+0.8334x_2+\ 5.91x_3=12.1,\\3200x_1+\ 1200x_2+\ 4.2x_3=981,\end{cases}$$

计算过程保留四位有效数字.

解 用高斯顺序消去法求解，消元过程如下：

$$\begin{bmatrix}0.01200 & 0.01000 & 0.1670 & 0.6781\\1.000 & 0.8334 & 5.910 & 12.10\\3200 & 1200 & 4.200 & 981.0\end{bmatrix}$$

$$\longrightarrow\begin{bmatrix}0.01200 & 0.01000 & 0.1670 & 0.6781\\ 0 & 0.1000\times10^3 & -8.010 & -44.41\\ 0 & -1467 & -4454\times10 & -198\times10^2\end{bmatrix}$$

$$\longrightarrow\begin{bmatrix}0.01200 & 0.01000 & 0.1670 & 0.6781\\ 0 & 0.1000\times10^3 & -8.010 & -44.41\\ 0 & 0 & -1175\times10^5 & -6517\times10^5\end{bmatrix}.$$

经回代得 $x_3=5.546$，$x_2=100.0$，$x_1=-104.0$.

用高斯列主元消去法,消元过程如下(带__者为主元):

$$\begin{bmatrix}0.01200 & 0.01000 & 0.1670 & 0.6781\\ 1.000 & 0.8334 & 5.910 & 12.10\\ \underline{3200} & 1200 & 4.200 & 981.0\end{bmatrix}$$

$$\longrightarrow\begin{bmatrix}3200 & 1200 & 4.200 & 981.0\\ 0 & \underline{0.4584} & 5.909 & 11.79\\ 0 & 0.5500\times10^{-2} & 0.1670 & 0.6744\end{bmatrix}$$

$$\longrightarrow\begin{bmatrix}3200 & 1200 & 4.200 & 981.0\\ 0 & 0.4584 & 5.909 & 11.79\\ 0 & 0 & 0.09609 & 0.5329\end{bmatrix}.$$

经回代得 $x_3=5.546$，$x_2=-45.77$，$x_1=17.46$.

这里用高斯列主元消去法求得的解与四位有效数字的准确解 $x_3=5.546$，$x_2=-45.76$，$x_1=17.46$ 十分接近,而用高斯顺序消去法求得的解与四位有效数字的准确解相差很远.

当然,在消元过程中,如果主元总能够大于1,则用高斯顺序消去法求解不会放大误差.

习 题 6.1

1. 用高斯顺序消去法求解方程组

$$\begin{bmatrix}2 & 1 & 1\\ 1 & 3 & 2\\ 1 & 2 & 3\end{bmatrix}\begin{bmatrix}x_1\\ x_2\\ x_3\end{bmatrix}=\begin{bmatrix}4\\ 5\\ 6\end{bmatrix}.$$

2. 用高斯顺序消去法和高斯列主元消去法求解方程组

$$\begin{bmatrix}0.729 & 0.81 & 0.9\\ 1 & 1 & 1\\ 1.331 & 1.21 & 1.1\end{bmatrix}\begin{bmatrix}x_1\\ x_2\\ x_3\end{bmatrix}=\begin{bmatrix}0.8338\\ 0.8338\\ 1.000\end{bmatrix},$$

取四位有效数字计算,并同准确解 $[0.2245,0.2814,0.3279]^{\mathrm{T}}$ 比较.

§6.2 迭 代 法

上一节介绍了高斯消去法，本节再介绍一种更加简单而实用的求解线性方程组的方法——迭代法.

定义 1 设有向量序列 $\boldsymbol{x}^{(k)}=[x_1^{(k)},x_2^{(k)},\cdots,x_n^{(k)}]^{\mathrm{T}}(k=0,1,\cdots)$. 如果存在向量 $\boldsymbol{x}^*=[x_1^*,x_2^*,\cdots,x_n^*]^{\mathrm{T}}$，使得 $\lim\limits_{k\to\infty}\boldsymbol{x}^{(k)}=\boldsymbol{x}^*$，则称**向量序列 $\boldsymbol{x}^{(k)}$ 收敛于向量 $\boldsymbol{x}^*$**，记为 $\lim\limits_{k\to\infty}\boldsymbol{x}^{(k)}=\boldsymbol{x}^*$.

定理 1 设 $\boldsymbol{A}$ 为 n 阶方阵，$\lim\limits_{k\to\infty}\boldsymbol{A}^k=\boldsymbol{O}$ 的充分必要条件是 $\boldsymbol{A}$ 的谱半径 $\rho(\boldsymbol{A})<1$.

定理证明从略.

一、迭代法的概念

对于含 n 个方程的 n 元线性方程组 $\boldsymbol{Ax}=\boldsymbol{b}$，即

$$\begin{cases} a_{11}x_1+a_{12}x_2+a_{13}x_3+\cdots+a_{1n}x_n=b_1, \\ a_{21}x_1+a_{22}x_2+a_{23}x_3+\cdots+a_{2n}x_n=b_2, \\ a_{31}x_1+a_{32}x_2+a_{33}x_3+\cdots+a_{3n}x_n=b_3, \\ \cdots\cdots\cdots\cdots\cdots\cdots\cdots\cdots \\ a_{n-1,1}x_1+a_{n-1,2}x_2+a_{n-1,3}x_3+\cdots+a_{n-1,n}x_n=b_{n-1}, \\ a_{n1}x_1+a_{n2}x_2+a_{n3}x_3+\cdots+a_{nn}x_n=b_n, \end{cases} \tag{1}$$

当 $a_{ii}\neq 0(i=1,2,\cdots,n)$ 时，可构造一个形如 $\boldsymbol{x}=\boldsymbol{Bx}+\boldsymbol{f}$ 的同解方程组. 一般的构造方法如下：

$$\begin{cases} x_1=\dfrac{1}{a_{11}}(-a_{12}x_2-a_{13}x_3-\cdots-a_{1n}x+b_1), \\ x_2=\dfrac{1}{a_{22}}(-a_{21}x_1-a_{23}x_3-\cdots-a_{2n}x_n+b_2), \\ x_3=\dfrac{1}{a_{33}}(-a_{31}x_1-a_{32}x_2-\cdots-a_{3n}x_n+b_3), \\ \cdots\cdots\cdots\cdots\cdots\cdots\cdots\cdots \\ x_{n-1}=\dfrac{1}{a_{n-1,n-1}}(-a_{n-1,1}x_1-a_{n-1,2}x_2-\cdots-a_{n-1,n}x_n+b_{n-1}), \\ x_n=\dfrac{1}{a_{nn}}(-a_{n1}x_1-a_{n2}x_2-\cdots-a_{n-1,n-1}x_{n-1}+b_n), \end{cases}$$

即

$$\begin{cases} x_1 = c_{12}x_2 + \cdots + c_{1,n-1}x_{n-1} + c_{1n}x_n + f_1, \\ x_2 = c_{21}x_1 + \cdots + c_{2,n-1}x_{n-1} + c_{2n}x_n + f_2, \\ \cdots\cdots\cdots\cdots\cdots\cdots \\ x_{n-1} = c_{n-1,1}x_1 + c_{n-1,2}x_2 + \cdots + c_{n-1,n}x_n + f_{n-1}, \\ x_n = c_{n1}x_1 + c_{n2}x_2 + \cdots + c_{n,n-1}x_{n-1} + f_n, \end{cases} \tag{2}$$

其中 $c_{ij} = -\dfrac{a_{ij}}{a_{ii}}, f_i = \dfrac{b_i}{a_{ii}} (i,j=1,2,\cdots,n; i \neq j)$. 由(2)式可建立迭代法为

$$\begin{cases} x_1^{(k+1)} = c_{12}x_2^{(k)} + \cdots + c_{1,n-1}x_{n-1}^{(k)} + c_{1n}x_n^{(k)} + f_1, \\ x_2^{(k+1)} = c_{21}x_1^{(k)} + \cdots + c_{2,n-1}x_{n-1}^{(k)} + c_{2n}x_n^{(k)} + f_2, \\ \cdots\cdots\cdots\cdots\cdots\cdots \\ x_{n-1}^{(k+1)} = c_{n-1,1}x_1^{(k)} + c_{n-1,2}x_2^{(k)} + \cdots + c_{n-1,n}x_n^{(k)} + f_{n-1}, \\ x_n^{(k+1)} = c_{n1}x_1^{(k)} + c_{n2}x_2^{(k)} + \cdots + c_{n,n-1}x_{n-1}^{(k)} + f_n, \end{cases} \tag{3}$$

并称矩阵

$$\boldsymbol{B} = \begin{bmatrix} 0 & c_{12} & \cdots & c_{1n} \\ c_{21} & 0 & \cdots & c_{2n} \\ \vdots & \vdots & \ddots & \vdots \\ c_{n1} & c_{n2} & \cdots & 0 \end{bmatrix} = \begin{bmatrix} 0 & -\dfrac{a_{12}}{a_{11}} & \cdots & -\dfrac{a_{1n}}{a_{11}} \\ -\dfrac{a_{21}}{a_{22}} & 0 & \cdots & -\dfrac{a_{2n}}{a_{22}} \\ \vdots & \vdots & \ddots & \vdots \\ -\dfrac{a_{n1}}{a_{nn}} & -\dfrac{a_{n2}}{a_{nn}} & \cdots & 0 \end{bmatrix} \tag{4}$$

为迭代法(3)的**迭代矩阵**.

二、迭代法的收敛性

对迭代法(3)给出初始值 $\boldsymbol{x}^{(0)} \in \mathbf{R}^n$, 可生成向量序列 $\boldsymbol{x}^{(k)}$.

定义 2 记 $\boldsymbol{x}^*$ 为方程组(1)的解, 若 $\lim\limits_{k\to\infty} \boldsymbol{x}^{(k)} = \boldsymbol{x}^*$, 则称迭代法(3)收敛.

显然 $\boldsymbol{x}^* = \boldsymbol{B}\boldsymbol{x}^* + \boldsymbol{f}$, 又由于 $\boldsymbol{x}^{(k+1)} = \boldsymbol{B}\boldsymbol{x}^{(k)} + \boldsymbol{f}$, 令 $\boldsymbol{e}^{(k)} = \boldsymbol{x}^{(k)} - \boldsymbol{x}^*$, 则得

$$\boldsymbol{e}^{(k+1)} = \boldsymbol{x}^{(k+1)} - \boldsymbol{x}^* = \boldsymbol{B}\boldsymbol{x}^{(k)} - \boldsymbol{B}\boldsymbol{x}^* = \boldsymbol{B}\boldsymbol{e}^{(k)} = \cdots = \boldsymbol{B}^{k+1}\boldsymbol{e}^{(0)},$$

所以

$$\lim_{k\to\infty} \boldsymbol{x}^{(k)} = \boldsymbol{x}^* \quad \text{等价于} \quad \lim_{k\to\infty} \boldsymbol{e}^{(k)} = \lim_{k\to\infty} \boldsymbol{B}^k \boldsymbol{e}^{(0)} = \boldsymbol{0}.$$

这样结合定理 1 就得到下面的定理 2.

定理 2 迭代法(3)收敛的充分必要条件是迭代矩阵 $\boldsymbol{B}$ 的谱半径 $\rho(\boldsymbol{B}) < 1$.

三、雅可比迭代法

我们称迭代法(3)为**雅可比迭代法**.

为了方便写出雅可比迭代法的迭代矩阵，将系数矩阵 $\boldsymbol{A}$ 分成三部分 $\boldsymbol{A}=\boldsymbol{D}-\boldsymbol{L}-\boldsymbol{U}$，其中

$$\boldsymbol{L}=-\begin{bmatrix} 0 & & & & \\ a_{21} & 0 & & & \\ a_{31} & a_{32} & 0 & & \\ \vdots & \vdots & \ddots & \ddots & \\ a_{n1} & a_{n2} & \cdots & a_{n,n-1} & 0 \end{bmatrix},\quad \boldsymbol{U}=-\begin{bmatrix} 0 & a_{12} & \cdots & a_{1,n-1} & a_{1n} \\ & 0 & \ddots & \vdots & \vdots \\ & & \ddots & a_{n-2,n-1} & a_{n-2,n} \\ & & & 0 & a_{n-1,n} \\ & & & & 0 \end{bmatrix},$$

$$\boldsymbol{D}=\begin{bmatrix} a_{11} & & & \\ & a_{22} & & \\ & & \ddots & \\ & & & a_{nn} \end{bmatrix}.$$

这样雅可比迭代法的迭代矩阵

$$\boldsymbol{B}_{\mathrm{J}}=\boldsymbol{D}^{-1}(\boldsymbol{L}+\boldsymbol{U}).$$

例 1 用雅可比迭代法求解方程组

$$\begin{cases} 10x_1-\ 2x_2-2x_3=1, \\ -2x_1+10x_2-\ x_3=0.5, \\ -\ x_1-\ 2x_2+3x_3=1. \end{cases}$$

要求 $\max\limits_{1\leqslant i\leqslant 3}\{|x_i^{(k)}-x_i^{(k-1)}|\}\leqslant 10^{-5}$，计算过程保留六位小数.

解 方程组所对应的雅可比迭代法为

$$\begin{cases} x_1^{(k+1)}=0.200000x_2^{(k)}+0.200000x_3^{(k)}+0.100000, \\ x_2^{(k+1)}=0.200000x_1^{(k)}+0.100000x_3^{(k)}+0.020000, \\ x_3^{(k+1)}=0.333333x_2^{(k)}+0.666667x_2^{(k)}+0.333333. \end{cases}$$

选取初值 $[x_1^{(0)},x_2^{(0)},x_3^{(0)}]^{\mathrm{T}}=[0,0,0]^{\mathrm{T}}$，各次迭代计算结果如下表所示：

k	$x_1^{(k)}$	$x_2^{(k)}$	$x_3^{(k)}$
0	0.000000	0.000000	0.000000
1	0.100000	0.050000	0.333333
2	0.176667	0.103333	0.400000
3	0.200667	0.125333	0.461111
4	0.217289	0.136245	0.483777
5	0.224004	0.141836	0.496593
⋮	⋮	⋮	⋮
13	0.231069	0.147041	0.508362
14	0.231081	0.147050	0.508383
15	0.231087	0.147055	0.508393

故所求的解为 $x_1^* \approx 0.231087, x_2^* \approx 0.147055, x_3^* \approx 0.508393$.

例 2 证明：用雅可比迭代法求解方程组$\begin{cases} 8x_1 - 3x_2 + 2x_3 = 20, \\ 4x_1 + 11x_2 + x_3 = 33, \\ 6x_1 + 3x_2 + 12x_3 = 36 \end{cases}$收敛.

证 雅可比迭代法的迭代矩阵为

$$\boldsymbol{B}_\mathrm{J} = \begin{bmatrix} 0 & 3/8 & -1/4 \\ -4/11 & 0 & -1/11 \\ -1/2 & -1/4 & 0 \end{bmatrix},$$

它的特征方程为

$$|\boldsymbol{B}_\mathrm{J} - \lambda \boldsymbol{I}| = \begin{vmatrix} -\lambda & 3/8 & -1/4 \\ -4/11 & -\lambda & -1/11 \\ -1/2 & -1/4 & -\lambda \end{vmatrix} = -\left(\lambda^3 + \frac{3}{88}\lambda^2 + \frac{7}{176}\right) = 0,$$

解出特征值 $\lambda_1 = -0.3082, \lambda_{2,3} = 0.1541 \pm 0.3245\mathrm{i}$，从而谱半径

$$\rho(\boldsymbol{B}_\mathrm{J}) = \max_{1 \leqslant i \leqslant 3} \{|\lambda_i|\} = 0.3592 < 1,$$

故用雅可比迭代法求解原方程组收敛.

例 3 证明：用雅可比迭代法求解方程组$\begin{cases} 2x_1 - x_2 + x_3 = 1, \\ x_1 + x_2 + x_3 = 1, \\ x_1 + x_2 - 2x_3 = 1 \end{cases}$不收敛.

证 对此方程组，雅可比迭代法的迭代矩阵为

$$\boldsymbol{B}_\mathrm{J} = \begin{bmatrix} 0 & 0.5 & -0.5 \\ -1 & 0 & -1 \\ 0.5 & 0.5 & 0 \end{bmatrix},$$

其特征方程为

$$|\boldsymbol{B}_\mathrm{J} - \lambda \boldsymbol{I}| = \begin{vmatrix} -\lambda & 0.5 & -0.5 \\ -1 & -\lambda & -1 \\ 0.5 & 0.5 & -\lambda \end{vmatrix} = -\lambda(\lambda^2 + 1.25) = 0,$$

解出特征值 $\lambda_1 = 0, \lambda_2 = \sqrt{1.25}\mathrm{i}, \lambda_3 = -\sqrt{1.25}\mathrm{i}$，从而谱半径

$$\rho(\boldsymbol{B}_\mathrm{J}) = \max_{1 \leqslant i \leqslant 3} \{|\lambda_i|\} = \sqrt{1.25} > 1,$$

故用雅可比迭代法求解原方程组不收敛.

四、高斯-塞德尔迭代法

雅可比迭代法在计算 $x_i^{(k+1)}$ 时，已有新值 $x_1^{(k+1)}, x_2^{(k+1)}, \cdots, x_{i-1}^{(k+1)}$，由此可以将雅可比迭代法进行改进，得到**高斯-塞德尔迭代法**：

$$\begin{cases} x_1^{(k+1)}=c_{12}x_2^{(k)}+c_{13}x_3^{(k)}+\cdots+c_{1,n-1}x_{n-1}^{(k)}+c_{1n}x_n^{(k)}+f_1, \\ x_2^{(k+1)}=c_{21}x_1^{(k+1)}+c_{23}x_3^{(k)}+\cdots+c_{2,n-1}x_{n-1}^{(k)}+c_{2n}x_n^{(k)}+f_2, \\ \cdots\cdots\cdots\cdots\cdots\cdots\cdots\cdots\cdots\cdots\cdots\cdots \\ x_{n-1}^{(k+1)}=c_{n-1,1}x_1^{(k+1)}+c_{n-1,2}x_2^{(k+1)}+\cdots+c_{n-1,n-2}x_{n-2}^{(k+1)}+c_{n-1,n}x_n^{(k)}+f_{n-1}, \\ x_n^{(k+1)}=c_{n1}x_1^{(k+1)}+c_{n2}x_2^{(k+1)}+\cdots+c_{n,n-2}x_{n-2}^{(k+1)}+c_{nn}x_{n-1}^{(k+1)}+f_n. \end{cases} \tag{5}$$

可见 $\boldsymbol{x}^{(k+1)}=\boldsymbol{D}^{-1}(\boldsymbol{L}\boldsymbol{x}^{(k+1)}+\boldsymbol{U}\boldsymbol{x}^{(k)}+\boldsymbol{b})$，即

$$(\boldsymbol{D}-\boldsymbol{L})\boldsymbol{x}^{(k+1)}=\boldsymbol{U}\boldsymbol{x}^{(k)}+\boldsymbol{b},$$

从而高斯-塞德尔迭代法的迭代矩阵为

$$\boldsymbol{B}_{\text{G-S}}=(\boldsymbol{D}-\boldsymbol{L})^{-1}\boldsymbol{U}.$$

例 4 讨论分别用雅可比迭代法和高斯-塞德尔迭代法求解下列方程组的收敛性：

(1) $\begin{cases} x_1-9x_2-10x_3=-1, \\ -9x_1+x_2+5x_3=0, \\ 8x_1+7x_2-2x_3=4; \end{cases}$ (2) $\begin{cases} 5x_1-x_2-3x_3=-1, \\ -x_1+2x_2+4x_3=0, \\ -3x_1+4x_2+15x_3=4; \end{cases}$

(3) $\begin{cases} 10x_1+4x_2+5x_3=-1, \\ 4x_1+10x_2+7x_3=0, \\ 5x_1+7x_2+10x_3=4. \end{cases}$

解 (1) 雅可比迭代法的迭代矩阵为

$$\boldsymbol{B}_{\text{J}}=\begin{bmatrix} 0 & 9 & 10 \\ 9 & 0 & -5 \\ -8 & -7 & 0 \end{bmatrix},$$

求得 $\boldsymbol{B}_{\text{J}}$ 的特征值为 $\lambda_1=-8.2825$，$\lambda_{2,3}=4.1412\pm3.9306\text{i}$，从而 $\rho(\boldsymbol{B}_{\text{J}})=8.2825>1$，故用雅可比迭代法求解原方程组不收敛.

高斯-塞德尔迭代法的迭代矩阵为

$$\boldsymbol{B}_{\text{G-S}}=\begin{bmatrix} 0 & 9 & 10 \\ 0 & 81 & 85 \\ 0 & -639 & -675 \end{bmatrix},$$

求得 $\boldsymbol{B}_{\text{G-S}}$ 的特征值为 $\lambda_1=0$，$\lambda_2=0.6054$，$\lambda_3=-594.6054$，从而 $\rho(\boldsymbol{B}_{\text{G-S}})=594.6054>1$，故用高斯-塞德尔迭代法求解原方程组不收敛.

(2) 因为

$$\boldsymbol{B}_{\text{J}}=\begin{bmatrix} 0 & 0.2 & 0.6 \\ 0.5 & 0 & -2 \\ 0.6 & 0.8 & 0 \end{bmatrix},$$

$$\lambda_1=0.2282,\quad \lambda_2=-0.9592,\quad \lambda_3=0.7311,$$

所以 $\rho(\boldsymbol{B}_{\text{J}})=0.9592<1$，即用雅可比迭代法求解原方程组收敛.

因为

$$B_{G\text{-}S}=\begin{bmatrix}0 & 0.2 & 0.6\\ 0 & 0.1 & -1.7\\ 0 & 0.0133 & 0.5733\end{bmatrix},$$

$$\lambda_1=0,\quad \lambda_2=0.1541,\quad \lambda_3=0.5193,$$

所以 $\rho(B_{G\text{-}S})=0.5193<1$，即用高斯-塞德尔迭代法求解原方程组收敛.

(3) 因为

$$B_J=\begin{bmatrix}0 & -0.4 & -0.5\\ -0.4 & 0 & -0.7\\ -0.5 & -0.7 & 0\end{bmatrix},$$

$$\lambda_1=0.3653,\quad \lambda_2=0.7108,\quad \lambda_3=1.0770,$$

所以 $\rho(B_J)=1.0770>1$，即用雅可比迭代法求解原方程组不收敛.

因为

$$B_{G\text{-}S}=\begin{bmatrix}0 & -0.4 & -0.5\\ 0 & 0.16 & -0.5\\ 0 & 0.088 & 0.6\end{bmatrix},$$

$$\lambda_1=0,\quad \lambda_2=0.3137,\quad \lambda_3=0.4463,$$

所以 $\rho(B_{G\text{-}S})=0.4463<1$，即用高斯-塞德尔迭代法求解原方程组收敛.

习　题　6.2

1. 证明：方程组(1)对雅可比迭代法收敛而对高斯-塞德尔迭代法不收敛，方程组(2)对雅可比迭代法不收敛而对高斯-塞德尔迭代法收敛.

$$(1)\begin{cases}x_1+x_3=1,\\ -x_1+x_2=0,\\ x_1+2x_2-3x_3=2;\end{cases}\qquad (2)\begin{cases}x_1+0.5x_2+0.5x_3=4,\\ 0.5x_1+x_2+0.5x_3=10,\\ 0.5x_1+0.5x_2+x_3=1.\end{cases}$$

2. 给定方程组

$$\begin{cases}8x_1-x_2+x_3=1,\\ 2x_1+10x_2-x_3=4,\\ x_1+x_2-5x_3=3,\end{cases}$$

判别它对雅可比迭代法和高斯-塞德尔迭代法的收敛性，若收敛，对初始值 $[x_1^{(0)},x_2^{(0)},x_3^{(0)}]^T=[0,0,0]^T$，求满足 $\max\limits_{1\leqslant i\leqslant 3}\{|x_i^{(k)}-x_i^{(k-1)}|\}\leqslant 10^{-3}$ 的解.

总练习题六

1. 用高斯顺序消去法求解方程组

$$\begin{bmatrix} 1 & 1/2 & 1/3 \\ 1/2 & 1/3 & 1/4 \\ 1/3 & 1/4 & 1/5 \end{bmatrix}\begin{bmatrix} x_1 \\ x_2 \\ x_3 \end{bmatrix} = \begin{bmatrix} 1 \\ 0 \\ 0 \end{bmatrix},$$

分别用三位有效数字和分数形式计算,并比较结果.

2. 给定方程组

$$\begin{cases} x_1 + 2x_2 - 2x_3 = 1, \\ x_1 + x_2 + x_3 = 1, \\ 2x_1 + 2x_2 + x_3 = 1, \end{cases}$$

试证明:雅可比迭代法的迭代矩阵 $\rho(\boldsymbol{B}_J) = 0$,且对任意初始值,在不记舍入误差的情况下雅可比迭代法最多迭代 3 次就可以得到方程的精确解.

3. 如果分别用雅可比迭代法和高斯-塞德尔迭代法求解方程组 $\begin{cases} x_1 + ax_2 = b_1, \\ 4ax_1 + x_2 = b_2 \end{cases}$ (其中 b_1, b_2 为任意实数)均收敛,试确定 a 的取值范围.

习题答案与提示

习　题　1.1

1. (1) 4； (2) 6； (3) $\frac{n(n-1)}{2}$； (4) $\frac{n(n-1)}{2}$. **2.** (1) 83； (2) 26. **3.** $\frac{n(n-1)}{2}-k$.

4. (1) 偶； (2)奇； (3) 偶； (4) 偶.

习　题　1.2

1. $-a_{11}a_{23}a_{32}a_{44}$； $a_{11}a_{23}a_{34}a_{42}$.

习　题　1.3

1. (1) 48； (2) -3； (3)a^4； (4) 18； (5) 5； (6) -9.75.

2. (1) $-2008!$； (2) $2n+1$； (3) $n!$； (4) $(x-1)(x-2)\cdots(x-n+1)$.

习　题　1.4

1. (1) $xyzuv$； (2) $1+x_1^2+x_2^2+\cdots+x_n^2$； (3) 4； (4) $a^{n-2}(a^2-1)$.

2. $(x_4-x_3)[(x_3-x_2)(x_4-x_2)-2(x_3-x_1)(x_4-x_1)]$.

3. (1) $(-1)^{\frac{n(n+1)}{2}}\prod\limits_{1\leqslant j<i\leqslant n+1}(j-i)$； (2) $\prod\limits_{1\leqslant j<i\leqslant n+1}(b_ia_j-a_ib_j)$.

习　题　1.5

1. (1) $\begin{cases}x_1=3,\\x_2=-4,\\x_3=-1,\\x_4=1;\end{cases}$ (2) $\begin{cases}x_1=11/4,\\x_2=7/4,\\x_3=3/4,\\x_4=-1/4,\\x_5=-5/4.\end{cases}$

2. 提示：设圆的方程为 $x^2+y^2+Ax+By+C=0$，代入 P_1,P_2,P_3 求解关于 A,B,C 的三元方程组即得所求圆的方程为

$$\begin{vmatrix}x^2+y^2 & x & y & 1\\x_1^2+y_1^2 & x_1 & y_1 & 1\\x_2^2+y_2^2 & x_2 & y_2 & 1\\x_3^2+y_3^2 & x_3 & y_3 & 1\end{vmatrix}=0.$$

总练习题一

1. -1800.　2. -29400000.　3. x^2y^2.　4. x^4.　5. $6(n-3)!$. 提示：各行减去第三行.

6. $D=\begin{cases} a_1+b_1, & n=1, \\ (a_1-a_2)(b_2-b_1), & n=2, \\ 0, & n\geqslant 3. \end{cases}$　7. $(-1)^{\frac{n(n-1)}{2}}3!n!$.

8. 提示：将 D 升阶得 $D=\begin{vmatrix} 1 & 1 & 1 & \cdots & 1 \\ 0 & 1+a_1 & 1 & \cdots & 1 \\ 0 & 1 & 1+a_2 & \cdots & 1 \\ \vdots & \vdots & \vdots & & \vdots \\ 0 & 1 & 1 & \cdots & 1+a_n \end{vmatrix}$.

9. 提示：先求递推公式 $D_n=2\cos x D_{n-1}-D_{n-2}$，再用数学归纳法证明.

10. 提示：利用行列式的定义及函数乘积的求导法则.

11. 提示：利用 $D_n=(-1)^n D_n$.

习　题　2.1

1. $\boldsymbol{B}-2\boldsymbol{A}=\begin{bmatrix} 3 & -5 & 3 \\ -7 & 6 & -7 \end{bmatrix}$, $\boldsymbol{A}+2\boldsymbol{B}=\begin{bmatrix} 16 & -10 & 1 \\ 6 & -13 & -4 \end{bmatrix}$.

2. $a=3$, $b=-2$, $c=5$.　3. $k=5$.

4. (1) $\begin{bmatrix} 12 & 16 \\ -27 & 2 \\ 23 & 4 \end{bmatrix}$;　(2) $\begin{bmatrix} 61 & -16 \\ 30 & 15 \end{bmatrix}$;　(3) 27;　(4) $\begin{bmatrix} 6 & 9 & -12 \\ -4 & -6 & 8 \\ 2 & 3 & -4 \end{bmatrix}$.

5. (1) $\begin{bmatrix} \cos n\theta & -\sin n\theta \\ \sin n\theta & \cos n\theta \end{bmatrix}$;　(2) $\begin{bmatrix} a^n & c\sum\limits_{k=0}^{n} a^k b^{n-k} \\ 0 & b^n \end{bmatrix}$;

(3) $\begin{bmatrix} \lambda^n & C_n^1\lambda^{n-1} & C_n^2\lambda^{n-2} & \cdots & C_n^{m-1}\lambda^{n-m+1} \\ & \lambda^n & C_n^1\lambda^{n-1} & \cdots & C_n^{m-2}\lambda^{n-m+2} \\ & & \ddots & \ddots & \vdots \\ & & & \lambda^n & C_n^1\lambda^{n-1} \\ & & & & \lambda^n \end{bmatrix}$;　(4) $\boldsymbol{O}$.

6. $f(\boldsymbol{A})=\begin{bmatrix} 7 & 1 & 3 \\ 8 & 2 & 3 \\ -2 & 1 & 0 \end{bmatrix}$,　$g(\boldsymbol{B})=\begin{bmatrix} 0 & 0 \\ 0 & 0 \end{bmatrix}$.

7. $\begin{bmatrix} -19 & -9 \\ -1 & -7 \end{bmatrix}$,　$\begin{bmatrix} -21 & -2 & -1 \\ 10 & -4 & 2 \\ 3 & 4 & -1 \end{bmatrix}$,　$\begin{bmatrix} 34 & 2 & 2 \\ 2 & 20 & -6 \\ 2 & -6 & 2 \end{bmatrix}$.

8. (1) 任意的三阶方阵； (2) $\begin{bmatrix} a & b & c \\ 0 & a & b \\ 0 & 0 & a \end{bmatrix}$,$a,b,c$ 任意； (3) $\begin{bmatrix} a & b & 0 \\ 0 & a & 0 \\ 0 & 0 & a \end{bmatrix}$,$a,b$ 任意.

9. **提示**：$f(x)g(x)=g(x)f(x)$.

10. **提示**：$\boldsymbol{A}=\frac{1}{2}(\boldsymbol{A}+\boldsymbol{A}^T)+\frac{1}{2}(\boldsymbol{A}-\boldsymbol{A}^T)$.

习 题 2.2

1. $\begin{bmatrix} 0 & 0 & \cdots & 0 & a_n^{-1} \\ a_1^{-1} & 0 & \cdots & 0 & 0 \\ 0 & a_2^{-1} & \cdots & 0 & 0 \\ \vdots & \vdots & & \vdots & \vdots \\ 0 & 0 & \cdots & a_{n-1}^{-1} & 0 \end{bmatrix}$. **2.** $\frac{27}{8}$. **3.** $(\boldsymbol{A}^*)^{-1}=\begin{bmatrix} 5 & -2 & -1 \\ -2 & 2 & 0 \\ -1 & 0 & 1 \end{bmatrix}$.

4. (1) $\begin{bmatrix} 1 & 2 & -1 \\ -1 & -1 & 1 \\ -1 & -3 & 2 \end{bmatrix}$； (2) $\begin{bmatrix} 1 & 3 & -2 \\ -1.5 & -3 & 2.5 \\ 1 & 1 & -1 \end{bmatrix}$； (3) $\begin{bmatrix} -2.5 & 1 & -0.5 \\ 5 & -1 & 1 \\ 3.5 & -1 & 0.5 \end{bmatrix}$；

(4) $\begin{bmatrix} -0.2 & 0 & 0 \\ 0 & 1 & -1 \\ 0 & -2 & 3 \end{bmatrix}$； (5) $\begin{bmatrix} -2 & 1 & 1 \\ -6 & 1 & 4 \\ 5 & -1 & -3 \end{bmatrix}$； (6) $\begin{bmatrix} 1 & -4 & -3 \\ 1 & -5 & -3 \\ -1 & 6 & 4 \end{bmatrix}$.

5. $\boldsymbol{A}^{-1}=\frac{1}{2}(\boldsymbol{A}-3\boldsymbol{I})$.

6. (1) **提示**：利用已知条件 $\boldsymbol{A}+\boldsymbol{B}=\boldsymbol{AB}$ 得到$(\boldsymbol{A}-\boldsymbol{I})(\boldsymbol{B}-\boldsymbol{I})=\boldsymbol{I}$；

(2) $\boldsymbol{A}=\begin{bmatrix} 1 & 1/2 & 0 \\ -1/3 & 1 & 0 \\ 0 & 0 & 2 \end{bmatrix}$.

7. **提示**：由已知条件 $\boldsymbol{A}^3=\boldsymbol{O}$ 得到$(\boldsymbol{I}-\boldsymbol{A})(\boldsymbol{I}+\boldsymbol{A}+\boldsymbol{A}^2)=\boldsymbol{I}$.

8. **提示**：由已知条件 $\boldsymbol{A}^k=\boldsymbol{O}$ 得到$(\boldsymbol{I}-\boldsymbol{A})(\boldsymbol{I}+\boldsymbol{A}+\cdots+\boldsymbol{A}^{k-1})=\boldsymbol{I}$.

习 题 2.3

1. $\boldsymbol{H}^{-1}=\begin{bmatrix} \boldsymbol{A}^{-1} & -\boldsymbol{A}^{-1}\boldsymbol{B}\boldsymbol{D}^{-1} \\ \boldsymbol{O} & \boldsymbol{D}^{-1} \end{bmatrix}$.

2. **提示**：可以根据定义直接验证,也可以对矩阵的阶数 n 用归纳法证明.

3. (1) $\boldsymbol{A}^{-1}=\begin{bmatrix} 1 & -2 & 0 & 0 \\ -2 & 5 & 0 & 0 \\ 0 & 0 & \frac{1}{3} & \frac{2}{3} \\ 0 & 0 & -\frac{1}{3} & \frac{1}{3} \end{bmatrix}$, $|\boldsymbol{A}|=3$； (2) $\boldsymbol{A}^{-1}=\begin{bmatrix} 2 & -1 & 0 & 0 \\ -5 & 3 & 0 & 0 \\ 30 & -19 & 2 & -3 \\ -41 & 26 & -3 & 5 \end{bmatrix}$, $|\boldsymbol{A}|=1$；

(3) $A^{-1}=\begin{bmatrix}3 & -4 & 0 & 0 & 0\\ -2 & 3 & 0 & 0 & 0\\ 0 & 0 & 1 & -4 & 0\\ 0 & 0 & -2 & 9 & 0\\ 0 & 0 & 0 & 0 & 1\end{bmatrix}$，$|A|=1$；　(4) $A=\begin{bmatrix}0 & 0 & 0 & 0 & 1\\ 0 & 0 & 0 & 1 & 0\\ 0 & 2 & -1 & 0 & 0\\ 0 & -5 & 3 & 0 & 0\\ 1 & 0 & 0 & 0 & 0\end{bmatrix}$，$|A|=-1$.

4. $PQR=\begin{bmatrix}A & O\\ O & -CA^{-1}B+D\end{bmatrix}$.

5. 提示：利用恒等式$\begin{bmatrix}I_m & A\\ B & I_n\end{bmatrix}\begin{bmatrix}I_m & O\\ -B & I_n\end{bmatrix}=\begin{bmatrix}I_m-AB & A\\ O & I_n\end{bmatrix}$和$\begin{bmatrix}I_m & O\\ -B & I_n\end{bmatrix}\begin{bmatrix}I_m & A\\ B & I_n\end{bmatrix}=\begin{bmatrix}I_m & A\\ O & I_n-BA\end{bmatrix}$，然后取行列式即得.

6. 提示：利用$\begin{bmatrix}A & B\\ C & D\end{bmatrix}\begin{bmatrix}I & -A^{-1}B\\ O & I\end{bmatrix}=\begin{bmatrix}A & O\\ C & D-CA^{-1}B\end{bmatrix}$.

7. 提示：利用$\begin{bmatrix}A & B\\ C & D\end{bmatrix}\begin{bmatrix}I & O\\ -D^{-1}C & I\end{bmatrix}=\begin{bmatrix}A-BD^{-1}C & B\\ O & D\end{bmatrix}$.

习　题　2.4

1. (1) $A^{-1}=\begin{bmatrix}-2 & 1 & 1\\ -6 & 1 & 4\\ 5 & -1 & -3\end{bmatrix}$；　(2) $A^{-1}=\begin{bmatrix}1 & -2 & 1\\ 0 & 1 & -2\\ 0 & 0 & 1\end{bmatrix}$；

(3) $A^{-1}=\begin{bmatrix}1 & -4 & -3\\ 1 & -5 & -3\\ -1 & 6 & 4\end{bmatrix}$；　(4) $A^{-1}=\frac{1}{4}\begin{bmatrix}1 & 1 & 1 & 1\\ 1 & 1 & -1 & -1\\ 1 & -1 & 1 & -1\\ 1 & -1 & -1 & 1\end{bmatrix}$；

(5) $A^{-1}=\frac{1}{n-1}\begin{bmatrix}2-n & 1 & \cdots & 1\\ 1 & 2-n & \cdots & 1\\ \vdots & \vdots & \ddots & \vdots\\ 1 & 1 & \cdots & 2-n\end{bmatrix}$.

2. 提示：利用秩的定义知，第一、第二种初等变换并不改变矩阵的子式是否为零的特性，所以只需对第三种初等变换证明即可.

总练习题二

1. (1) $A^{-1}=-\frac{1}{85}\begin{bmatrix}3 & 7 & -28\\ 17 & -17 & -17\\ -13 & -2 & 8\end{bmatrix}$；　(2) $A^{-1}=\frac{1}{40}\begin{bmatrix}1 & 1 & 1 & 1\\ 1 & 1 & -1 & -1\\ 1 & -1 & 1 & -1\\ 1 & -1 & -1 & 1\end{bmatrix}$；

(3) $$A^{-1}=\begin{bmatrix} 0 & 0 & \cdots & 0 & \frac{1}{n} & 0 & 0 \\ 1 & 0 & \cdots & 0 & 0 & 0 & 0 \\ 0 & \frac{1}{2} & \cdots & 0 & 0 & 0 & 0 \\ \vdots & \vdots & \ddots & \vdots & \vdots & \vdots & \vdots \\ 0 & 0 & \cdots & \frac{1}{(n-1)} & 0 & 0 & 0 \\ 0 & 0 & \cdots & 0 & 0 & 3 & -1 \\ 0 & 0 & \cdots & 0 & 0 & -5 & 2 \end{bmatrix}.$$

2. (1) $r(\boldsymbol{A})=2$； (2) $r(\boldsymbol{A})=4$； (3) $r(\boldsymbol{A})=3$； (4) $r(\boldsymbol{A})=2$.

3. $t=3$. **4.** $a=\frac{1}{(1-n)}$. **5.** $\boldsymbol{A}=\begin{bmatrix} -1 & 0 & 1 \\ 0 & 0 & 1 \\ 1 & 1 & -2 \end{bmatrix}$. **6.** $\left(\boldsymbol{A}+\frac{7}{9}\boldsymbol{I}\right)^{-1}=7\boldsymbol{A}-8\boldsymbol{I}$.

7. $(\boldsymbol{I}+\boldsymbol{B})^{-1}=\begin{bmatrix} 1 & 0 & 0 & 0 \\ -1 & 2 & 0 & 0 \\ 0 & -2 & 3 & 0 \\ 0 & 0 & -3 & 4 \end{bmatrix}$. **8.** $\boldsymbol{A}^{10}=\boldsymbol{I}$. **9.** $\boldsymbol{A}^{2008}=2^{1003}\begin{bmatrix} 1 & 0 & -1 \\ 0 & 2 & 0 \\ -1 & 0 & 1 \end{bmatrix}$.

10. $\boldsymbol{A}^n-2\boldsymbol{A}^{n-1}=\boldsymbol{O}$. **11.** $\boldsymbol{A}^4=\begin{bmatrix} 5^4 & 0 & 0 & 0 \\ 0 & 5^4 & 0 & 0 \\ 0 & 0 & 2^4 & 0 \\ 0 & 0 & 2^6 & 2^4 \end{bmatrix}$.

12. 提示：利用恒等式 $\boldsymbol{A}^*\boldsymbol{A}=|\boldsymbol{A}|\boldsymbol{I}$.

13. 提示：利用恒等式 $(\boldsymbol{A}^*)^*\boldsymbol{A}^*=|\boldsymbol{A}^*|\boldsymbol{I}$.

14. 提示：利用恒等式 $(\boldsymbol{B}^*\boldsymbol{A}^*)(\boldsymbol{AB})=|\boldsymbol{AB}|\boldsymbol{I}$.

15. 提示：$(k\boldsymbol{A})^*=k^{n-1}\boldsymbol{A}^*$.

16. 提示：设 $r(\boldsymbol{A})=s$，$r(\boldsymbol{B})=t$，由矩阵的秩分解式知，存在非奇异的方阵 $\boldsymbol{P}$ 和 $\boldsymbol{Q}$，使得 $\boldsymbol{PAQ}=\begin{bmatrix} \boldsymbol{I}_s & \boldsymbol{O} \\ \boldsymbol{O} & \boldsymbol{O} \end{bmatrix}$. 由 $\boldsymbol{AB}=\boldsymbol{O}$ 知 $\boldsymbol{PAB}=\boldsymbol{O}$，于是

$$\boldsymbol{O}=\boldsymbol{PAB}=(\boldsymbol{PAQ})(\boldsymbol{Q}^{-1}\boldsymbol{B})=\begin{bmatrix} \boldsymbol{I}_s & \boldsymbol{O} \\ \boldsymbol{O} & \boldsymbol{O} \end{bmatrix}\boldsymbol{Q}^{-1}\boldsymbol{B}.$$

所以 $\boldsymbol{Q}^{-1}\boldsymbol{B}$ 的前 s 行一定是零行，即 $t=r(\boldsymbol{B})=r(\boldsymbol{Q}^{-1}\boldsymbol{B})\leqslant n-s$，由此即得.

17. 提示：根据伴随矩阵的性质并利用上题的结论.

习　题　3.1

1. $\boldsymbol{\alpha}_1-\boldsymbol{\alpha}_2=[-2,\ -2,\ 2]^{\mathrm{T}}$，$3\boldsymbol{\alpha}_1+\boldsymbol{\alpha}_2-2\boldsymbol{\alpha}_3=[-2,\ 8,\ -8]^{\mathrm{T}}$.

2. $\boldsymbol{\alpha}=\left[0,-\frac{4}{3},\frac{5}{3},\frac{7}{3}\right]^{\mathrm{T}}$.

习　题　3.2

1. (1) $\boldsymbol{b}=2\boldsymbol{a}_1-3\boldsymbol{a}_2+\boldsymbol{a}_3$； (2) 不能线性表示.

2. $\boldsymbol{\gamma}=4\boldsymbol{\beta}_1-3\boldsymbol{\beta}_2+3\boldsymbol{\beta}_3$.

4. (1) 线性相关； (2) 线性无关； (3) 线性相关； (4) 线性相关.

5. (2) $\boldsymbol{a}_4=4\boldsymbol{a}_1+3\boldsymbol{a}_2-3\boldsymbol{a}_3$.

8. (1) 当 $\lambda=0,\pm2$ 时，$\boldsymbol{a}_1,\boldsymbol{a}_2,\boldsymbol{a}_3$ 线性相关； (2) 当 $\lambda\neq0,\pm2$ 时，$\boldsymbol{a}_1,\boldsymbol{a}_2,\boldsymbol{a}_3$ 线性无关.

习　题　3.3

1. (1) 秩为 2，极大线性无关组可取 $\boldsymbol{a}_1,\boldsymbol{a}_2$ 或 $\boldsymbol{a}_1,\boldsymbol{a}_3$ 或 $\boldsymbol{a}_2,\boldsymbol{a}_3$；

(2) 秩为 3，极大线性无关组可取 $\boldsymbol{a}_1,\boldsymbol{a}_3,\boldsymbol{a}_4$ 或 $\boldsymbol{a}_1,\boldsymbol{a}_2,\boldsymbol{a}_4$.

2. (1) 极大线性无关组可取 $\boldsymbol{a}_1,\boldsymbol{a}_2$，$\boldsymbol{a}_3=2\boldsymbol{a}_1-\boldsymbol{a}_2$，$\boldsymbol{a}_4=2\boldsymbol{a}_2-\boldsymbol{a}_1$；

(2) 极大无关组可取 $\boldsymbol{a}_3,\boldsymbol{a}_4$，$\boldsymbol{a}_1=2\boldsymbol{a}_3-\boldsymbol{a}_4$，$\boldsymbol{a}_2=\boldsymbol{a}_3-\boldsymbol{a}_4$，$\boldsymbol{a}_5=3\boldsymbol{a}_3-2\boldsymbol{a}_4$.

5. $a=15,b=5$.

习　题　3.4

1. (1) $\|\boldsymbol{a}\|=\sqrt{6}$，$\|\boldsymbol{b}\|=\sqrt{14}$，$\|\boldsymbol{c}\|=2\sqrt{5}$，单位化向量分别为

$$\frac{\boldsymbol{a}}{\|\boldsymbol{a}\|}=\begin{bmatrix}1/\sqrt{6}\\2/\sqrt{6}\\-1/\sqrt{6}\end{bmatrix},\quad \frac{\boldsymbol{b}}{\|\boldsymbol{b}\|}=\begin{bmatrix}3/\sqrt{14}\\1/\sqrt{14}\\2/\sqrt{14}\end{bmatrix},\quad \frac{\boldsymbol{c}}{\|\boldsymbol{c}\|}=\begin{bmatrix}-2/\sqrt{5}\\1/\sqrt{5}\\0\end{bmatrix};$$

(2) $(\boldsymbol{a},\boldsymbol{b})=3$，$(\boldsymbol{b},\boldsymbol{c})=-10$，$(\boldsymbol{a},\boldsymbol{c})=0$；

(3) $\langle\widehat{\boldsymbol{a},\boldsymbol{b}}\rangle=\arccos\dfrac{3}{2\sqrt{21}}$，$\langle\widehat{\boldsymbol{a},\boldsymbol{c}}\rangle=\dfrac{\pi}{2}$，$\langle\widehat{\boldsymbol{b},\boldsymbol{c}}\rangle=\pi-\arccos\dfrac{5}{\sqrt{70}}$.

3. (1) $\boldsymbol{\eta}_1=\left[\dfrac{1}{\sqrt{3}},\dfrac{1}{\sqrt{3}},\dfrac{1}{\sqrt{3}}\right]^{\mathrm{T}}$，$\boldsymbol{\eta}_2=\left[\dfrac{-1}{\sqrt{2}},\dfrac{1}{\sqrt{2}},0\right]^{\mathrm{T}}$，$\boldsymbol{\eta}_3=\left[\dfrac{-1}{\sqrt{6}},\dfrac{-1}{\sqrt{6}},\dfrac{2}{\sqrt{6}}\right]^{\mathrm{T}}$；

(2) $\boldsymbol{\eta}_1=\left[\dfrac{1}{\sqrt{6}},\dfrac{2}{\sqrt{6}},\dfrac{1}{\sqrt{6}}\right]^{\mathrm{T}}$，$\boldsymbol{\eta}_2=\left[\dfrac{1}{\sqrt{66}},\dfrac{-4}{\sqrt{66}},\dfrac{7}{\sqrt{66}}\right]^{\mathrm{T}}$，$\boldsymbol{\eta}_3=\left[\dfrac{3}{\sqrt{11}},\dfrac{-1}{\sqrt{11}},\dfrac{-1}{\sqrt{11}}\right]^{\mathrm{T}}$；

(3) $\boldsymbol{\eta}_1=[1/\sqrt{2},0,1/\sqrt{2},0]^{\mathrm{T}}$，$\boldsymbol{\eta}_2=[-1/2,1/2,1/2,1/2]^{\mathrm{T}}$，

$\boldsymbol{\eta}_3=[0,-1/\sqrt{2},0,1/\sqrt{2}]^{\mathrm{T}}$，$\boldsymbol{\eta}_4=[-1/2,-1/2,1/2,-1/2]^{\mathrm{T}}$.

4. (1) 是； (2) 不是.

习　题　3.5

1. (1) $\boldsymbol{Ax}=\boldsymbol{0}$，$x_1\boldsymbol{a}_1+x_2\boldsymbol{a}_2+x_3\boldsymbol{a}_3+x_4\boldsymbol{a}_4=\boldsymbol{0}$，其中

$$\boldsymbol{A}=\begin{bmatrix}1&2&1&-1\\2&1&-1&4\\1&-1&-2&5\end{bmatrix},$$

$$\boldsymbol{a}_1=\begin{bmatrix}1\\2\\1\end{bmatrix},\quad \boldsymbol{a}_2=\begin{bmatrix}2\\1\\-1\end{bmatrix},\quad \boldsymbol{a}_3=\begin{bmatrix}1\\-1\\-2\end{bmatrix},\quad \boldsymbol{a}_4=\begin{bmatrix}-1\\4\\5\end{bmatrix}.$$

(2) $\boldsymbol{Ax}=\boldsymbol{0}$，$x_1\boldsymbol{a}_1+x_2\boldsymbol{a}_2+x_3\boldsymbol{a}_3+x_4\boldsymbol{a}_4=\boldsymbol{0}$，其中

$$\boldsymbol{A}=\begin{bmatrix}1&2&2&1\\2&1&-2&-2\\1&-1&-4&-3\end{bmatrix},$$

$$\boldsymbol{a}_1=\begin{bmatrix}1\\2\\1\end{bmatrix},\quad \boldsymbol{a}_2=\begin{bmatrix}2\\1\\-1\end{bmatrix},\quad \boldsymbol{a}_3=\begin{bmatrix}2\\-2\\-4\end{bmatrix},\quad \boldsymbol{a}_4=\begin{bmatrix}1\\-2\\-3\end{bmatrix}.$$

2. (1) $\boldsymbol{Ax}=\boldsymbol{b}$，$x_1\boldsymbol{a}_1+x_2\boldsymbol{a}_2+x_3\boldsymbol{a}_3+x_4\boldsymbol{a}_4=\boldsymbol{b}$，其中

$$\boldsymbol{A}=\begin{bmatrix}3&2&1&-1\\2&1&-1&4\\-1&-1&-2&5\end{bmatrix},\quad \boldsymbol{b}=\begin{bmatrix}1\\2\\3\end{bmatrix},$$

$$\boldsymbol{a}_1=\begin{bmatrix}3\\2\\-1\end{bmatrix},\quad \boldsymbol{a}_2=\begin{bmatrix}2\\1\\-1\end{bmatrix},\quad \boldsymbol{a}_3=\begin{bmatrix}1\\-1\\-2\end{bmatrix},\quad \boldsymbol{a}_4=\begin{bmatrix}-1\\4\\5\end{bmatrix}.$$

(2) $\boldsymbol{Ax}=\boldsymbol{b}$，$x_1\boldsymbol{a}_1+x_2\boldsymbol{a}_2+x_3\boldsymbol{a}_3+x_4\boldsymbol{a}_4=\boldsymbol{b}$，其中

$$\boldsymbol{A}=\begin{bmatrix}-1&2&1&1\\2&1&2&-2\\3&-1&3&-3\end{bmatrix},\quad \boldsymbol{b}=\begin{bmatrix}5\\0\\1\end{bmatrix},$$

$$\boldsymbol{a}_1=\begin{bmatrix}-1\\2\\3\end{bmatrix},\quad \boldsymbol{a}_2=\begin{bmatrix}2\\1\\-1\end{bmatrix},\quad \boldsymbol{a}_3=\begin{bmatrix}1\\2\\3\end{bmatrix},\quad \boldsymbol{a}_4=\begin{bmatrix}1\\-2\\-3\end{bmatrix}.$$

3. (1) $[x_1,x_2,x_3,x_4]^{\mathrm{T}}=c_1[2,-2,1,0]^{\mathrm{T}}+c_2\left[\frac{5}{3},-\frac{4}{3},0,1\right]^{\mathrm{T}}(c_1,c_2\in\mathbf{R})$；

(2) $[x_1,x_2,x_3,x_4]^{\mathrm{T}}=c\left[\frac{4}{3},-3,\frac{4}{3},1\right]^{\mathrm{T}}(c\in\mathbf{R})$.

4. (1) $[x_1,x_2,x_3,x_4]^{\mathrm{T}}=c_1\left[\frac{3}{2},\frac{3}{2},1,0\right]^{\mathrm{T}}+c_2\left[-\frac{3}{4},\frac{7}{4},0,1\right]^{\mathrm{T}}+\left[\frac{5}{4},-\frac{1}{4},0,0\right]^{\mathrm{T}}(c_1,c_2\in\mathbf{R})$；

(2) 无解； (3) 无解； (4) $[x_1,x_2,x_3,x_4]^{\mathrm{T}}=[1,-1,0,2]^{\mathrm{T}}$.

5. 当 $\lambda=0$ 时，$\mathrm{r}(\boldsymbol{A})=1$，$\mathrm{r}(\boldsymbol{B})=2$，方程组无解；$\lambda\neq0$，且 $\lambda\neq-3$ 时，$\mathrm{r}(\boldsymbol{B})=\mathrm{r}(\boldsymbol{A})=3$，方程组有唯一解；当 $\lambda=-3$ 时，$\mathrm{r}(\boldsymbol{B})=\mathrm{r}(\boldsymbol{A})=2$，方程组有无穷多个解，且其通解为

$$[x_1,x_2,x_3]^{\mathrm{T}}=c[1,1,1]^{\mathrm{T}}+[-1,-2,0]^{\mathrm{T}}\quad(c\in\mathbf{R}).$$

6. $\begin{cases}x_1+3x_3-2x_4=0,\\x_2-2x_3+5x_4=0.\end{cases}$

7. 当 $a\neq1$ 时，方程组有唯一解；当 $a=1$ 且 $b\neq-1$ 时，方程组无解；
当 $a=1$ 且 $b=-1$ 时，方程组有无穷多解.

8. 有解.

9. 当 $k\neq1$ 且 $k\neq-2$ 时,方程组有唯一解;当 $k=1$ 时,方程组有无穷多解;当 $k=2$ 时,方程组无解.

10. 当 $a\neq1$ 时,方程组有唯一解;当 $a=1$ 时,方程组有无穷多解.

11. 当 $k\neq-1$ 且 $k\neq4$ 时,方程组有唯一解;当 $k=-1$ 时,方程组无解;当 $k=4$ 时,方程组有无穷多解.

12. 当 $k\neq1$ 且 $k\neq10$ 时有唯一解;当 $k=10$ 时无解;当 $k=1$ 时有无穷多解,通解为

$$[x_1,x_2,x_3]^{\mathrm{T}}=c_1[-2,1,0]^{\mathrm{T}}+c_2[2,0,1]^{\mathrm{T}}+[1,0,0]^{\mathrm{T}}\quad(c_1,c_2,c_3\in\mathbf{R}).$$

习　题　3.6

1. 每一题中,基础解系不唯一,但它们等价.

(1) $\boldsymbol{\xi}_1=[-4,7,5,0]^{\mathrm{T}}$, $\boldsymbol{\xi}_2=[1,-3,0,5]^{\mathrm{T}}$;

(2) $\boldsymbol{\xi}_1=[-5,3,14,0]^{\mathrm{T}}$, $\boldsymbol{\xi}_2=[1,-1,0,2]^{\mathrm{T}}$.

2. (1) $\boldsymbol{\eta}=[-17,0,14,0]^{\mathrm{T}}$, $\boldsymbol{\xi}_1=[-9,1,7,0]^{\mathrm{T}}$, $\boldsymbol{\xi}_2=\left[-4,0,\dfrac{7}{2},1\right]^{\mathrm{T}}$;

(2) $\boldsymbol{\eta}=[-8,13,0,2]^{\mathrm{T}}$, $\boldsymbol{\xi}=[-1,1,1,0]^{\mathrm{T}}$.

3. $\begin{cases} x_1-2x_2+x_3=0, \\ 2x_1-3x_2+x_4=0. \end{cases}$

4. 基础解系为 $\boldsymbol{\xi}_1=[-3/2,7/2,1,0]^{\mathrm{T}}$, $\boldsymbol{\xi}_2=[-1,-2,0,1]^{\mathrm{T}}$,

通解为 $\boldsymbol{x}=c_1[-3/2,7/2,1,0]^{\mathrm{T}}+c_2[-1,-2,0,1]^{\mathrm{T}}(c_1,c_2\in\mathbf{R})$;

5. 通解为 $\boldsymbol{x}=c\boldsymbol{\xi}+\boldsymbol{\eta}_1=c[3,4,5,6]^{\mathrm{T}}+[2,3,4,5]^{\mathrm{T}}(c\in\mathbf{R})$.

6. $t=-3$.

7. 是,利用向量组线性无关的定义和判定定理.

8. 无解.

9. 有唯一解.

10. 有无穷多解.

11. $a=1$ 或 $b=0$.

12. 当 $k\neq1$ 且 $k\neq-2$ 时,方程组只有唯一零解;当 $k=1$,方程组有无穷多解;

当 $k=-2$ 时,方程组有无穷多解.

13. 当 $k\neq1$ 且 $k\neq-2$ 时,$\mathrm{r}(\boldsymbol{A})=2\neq\mathrm{r}(\boldsymbol{B})=3$,方程组无解;

当 $k=1$ 或 $k=-2$ 时,$\mathrm{r}(\boldsymbol{A})=\mathrm{r}(\boldsymbol{B})=2<n=3$,方程组有无穷多解.

14. $k=2$ 无解;$k\neq2$ 无穷多解.

总练习题三

1. (1) 线性无关; (2) 线性相关.

2. 最大线性无关组可取 $\boldsymbol{a}_1,\boldsymbol{a}_2$,且 $\boldsymbol{a}_3=\dfrac{1}{3}(\boldsymbol{a}_1-\boldsymbol{a}_2)$,$\boldsymbol{a}_4=\dfrac{1}{9}(5\boldsymbol{a}_2-11\boldsymbol{a}_1)$,$\boldsymbol{a}_3=\dfrac{1}{9}(4\boldsymbol{a}_1-\boldsymbol{a}_2)$.

3. (1) 当 $\mu\neq2$ 时,$\boldsymbol{b}$ 不能由 $\boldsymbol{a}_1,\boldsymbol{a}_2,\boldsymbol{a}_3$ 线性表示;

(2) 当 $\mu=2,\lambda\neq1$ 时,$\boldsymbol{b}$ 可由 $\boldsymbol{a}_1,\boldsymbol{a}_2,\boldsymbol{a}_3$ 唯一线性表示为 $\boldsymbol{b}=-\boldsymbol{a}_1+2\boldsymbol{a}_2$;

(3) 当 $\mu=2,\lambda=1$ 时,$\boldsymbol{b}=-(2k+1)\boldsymbol{a}_1+(k+2)\boldsymbol{a}_2+k\boldsymbol{a}_3$.

4. $t=3, a_3=-2a_1+a_2$.　　**8.** $a=-1$.

9. (1) $a\neq -4$；(2) $a=-4$ 且 $3b-c\neq 1$；(3) $a=-4$ 且 $3b-c=1$.

10. $x=c[1,-2,1,0]^T+[1,1,1,1]^T (c\in \mathbf{R})$.

11. 提示：利用向量组线性无关的概念.

13. 提示：利用解的结构理论和向量组线性无关的判定定理.

14. 方程组的通解为 $x=c[1,2,1]^T+[0,0,-1/2]^T (c\in \mathbf{R})$.

15. (1) $x=k_1[-1,1,0,1]^T+k_2[0,0,1,0]^T (k_1,k_2\in \mathbf{R})$；(2) 有，$x=c[-1,1,1,1]^T (c\in \mathbf{R})$.

习　题　4.1

1. (1) 特征值为 $\lambda_1=4, \lambda_2=-2$；特征向量分别为 $k_1[1,1]^T (k_1\neq 0)$；$k_2[1,-5]^T (k_2\neq 0)$.

(2) 特征值为 $\lambda_1=1, \lambda_2=4, \lambda_3=6$；

特征向量分别为 $k_1[-5/3,-5/9,1]^T (k_1\neq 0)$；$k_2[0,1,0]^T (k_2\neq 0)$；$k_3[0,5,2]^T (k_3\neq 0)$.

(3) 特征值为 $\lambda_1=1, \lambda_2=\lambda_3=2$；特征向量为 $k_1[0,1,1]^T (k_1\neq 0)$；$k_2[1,1,0]^T (k_2\neq 0)$.

(4) 特征值为 $\lambda_1=-2, \lambda_2=\lambda_3=1$；

特征向量为 $k_1[-1,1,1]^T (k_1\neq 0)$；$k_2[-2,1,0]^T+k_3[0,0,1]^T (k_2,k_3$ 不全为零).

(5) 特征值为 $\lambda_1=\lambda_2=-2, \lambda_3=4$；

特征向量为 $k_1[1,1,0]^T+k_2[-1,0,1]^T (k_1,k_2$ 不全为零)；$k_3[1,1,2]^T (k_3\neq 0)$.

(6) 特征值为 $\lambda_1=\lambda_2=\lambda_3=-1$，特征向量为 $k[1,1,-1]^T (k\neq 0)$.

(7) 特征值为 $\lambda_1=\lambda_2=0, \lambda_3=-2$；

特征向量分别为 $k_1[-1,0,1]^T+k_2[1,1,0]^T (k_1,k_2$ 不全为零)；$k_3[-1,-2,1]^T (k_3\neq 0)$.

(8) 特征值为 $\lambda_1=\lambda_2=1, \lambda_3=2$；特征向量分别为 $k_1[1,-1,2]^T (k_1\neq 0)$；$k_2[0,1,0]^T (k_2\neq 0)$.

3. 6.　　**4.** 9.　　**5.** $x=4$.

6. a 为 $\boldsymbol{A}$ 的一个特征值，对应的特征向量是 $[1,1,\cdots,1]^T$.

习　题　4.2

1. (1) 可对角化，$\boldsymbol{P}=\begin{bmatrix}1 & 1\\ 1 & -5\end{bmatrix}$，$\boldsymbol{P}^{-1}\boldsymbol{AP}=\begin{bmatrix}4 & \\ & -2\end{bmatrix}$；

(2) 可对角化，$\boldsymbol{P}=\begin{bmatrix}-5/3 & 0 & 0\\ -5/9 & 1 & 5\\ 1 & 0 & 2\end{bmatrix}$，$\boldsymbol{P}^{-1}\boldsymbol{AP}=\begin{bmatrix}1 & & \\ & 4 & \\ & & 6\end{bmatrix}$；

(3) 不能相似对角化；

(4) 可对角化，$\boldsymbol{P}=\begin{bmatrix}-1 & -2 & 0\\ 1 & 1 & 0\\ 1 & 0 & 1\end{bmatrix}$，$\boldsymbol{P}^{-1}\boldsymbol{AP}=\begin{bmatrix}-2 & & \\ & 1 & \\ & & 1\end{bmatrix}$；

(5) 可对角化，$\boldsymbol{P}=\begin{bmatrix}1 & -1 & 1\\ 1 & 0 & 1\\ 0 & 1 & 2\end{bmatrix}$，$\boldsymbol{P}^{-1}\boldsymbol{AP}=\begin{bmatrix}-2 & & \\ & -2 & \\ & & 4\end{bmatrix}$；

(6) 不能相似对角化；

(7) 可对角化，$\boldsymbol{P}=\begin{bmatrix}-1 & 1 & -1\\ 0 & 1 & -2\\ 1 & 0 & 1\end{bmatrix}$，$\boldsymbol{P}^{-1}\boldsymbol{A}\boldsymbol{P}=\begin{bmatrix}0 & & \\ & 0 & \\ & & -2\end{bmatrix}$；

(8)不能相似对角化.

2. (1) $\boldsymbol{A}$ 与对角阵相似； (2) $\boldsymbol{P}=\begin{bmatrix}1 & 1 & 1\\ 2 & 0 & 1\\ 0 & 1 & 1\end{bmatrix}$，$\boldsymbol{P}^{-1}\boldsymbol{A}\boldsymbol{P}=\begin{bmatrix}1 & & \\ & 1 & \\ & & 2\end{bmatrix}$；

(3) $\boldsymbol{A}^m=\begin{bmatrix}3-2^{m+1} & -1+2^m & -2+2^{m+1}\\ 2-2^{m+1} & 2^m & -2+2^{m+1}\\ 2-2^{m+1} & -1+2^m & -1+2^{m+1}\end{bmatrix}$.

3. (1) $x=0,y=-2$； (2) $\boldsymbol{P}=\begin{bmatrix}0 & 0 & -1\\ -2 & 1 & 0\\ 1 & 1 & 1\end{bmatrix}$，$\boldsymbol{P}^{-1}\boldsymbol{A}\boldsymbol{P}=\begin{bmatrix}-1 & & \\ & 2 & \\ & & -2\end{bmatrix}$；

(3) $\boldsymbol{A}^{100}=\frac{1}{3}\begin{bmatrix}3\cdot 2^{100} & 0 & 0\\ 2^{101}-2 & 2^{100}+2 & 2^{101}-2\\ 1-2^{100} & 2^{100}-1 & 2^{101}+1\end{bmatrix}$.

4. 1,2,3,4. **8.** $\boldsymbol{A}=\frac{1}{2}\begin{bmatrix}9 & -7 & 3\\ 3 & -1 & 3\\ 2 & -2 & 8\end{bmatrix}$.

9. (1) $\boldsymbol{\beta}=2\boldsymbol{\xi}_1-2\boldsymbol{\xi}_2+\boldsymbol{\xi}_3$； (2) $\boldsymbol{A}^m\boldsymbol{\beta}=\begin{bmatrix}2-2^{m+1}+3^m\\ 2-2^{m+2}+3^{m+1}\\ 2-2^{m+3}+3^{m+2}\end{bmatrix}$.

习 题 4.3

1. (1) $\boldsymbol{P}=\begin{bmatrix}-2/3 & 2/3 & 1/3\\ 2/3 & 1/3 & 2/3\\ -1/3 & -2/3 & 2/3\end{bmatrix}$，$\boldsymbol{P}^{-1}\boldsymbol{A}\boldsymbol{P}=\begin{bmatrix}4 & & \\ & 1 & \\ & & -2\end{bmatrix}$；

(2) $\boldsymbol{P}=\begin{bmatrix}0 & 1 & 0\\ 1/\sqrt{2} & 0 & 1/\sqrt{2}\\ -1/\sqrt{2} & 0 & 1/\sqrt{2}\end{bmatrix}$，$\boldsymbol{P}^{-1}\boldsymbol{A}\boldsymbol{P}=\begin{bmatrix}2 & & \\ & 4 & \\ & & 4\end{bmatrix}$；

(3) $\boldsymbol{P}=\begin{bmatrix}1/3 & 2/3 & -2/3\\ 2/3 & 1/3 & 2/3\\ -2/3 & 2/3 & 1/3\end{bmatrix}$，$\boldsymbol{P}^{-1}\boldsymbol{A}\boldsymbol{P}=\begin{bmatrix}10 & & \\ & 1 & \\ & & 1\end{bmatrix}$；

(4) $\boldsymbol{P}=\frac{1}{2\sqrt{6}}\begin{bmatrix}\sqrt{6} & 2\sqrt{3} & 2 & -\sqrt{2}\\ -\sqrt{6} & 2\sqrt{3} & -2 & \sqrt{2}\\ -\sqrt{6} & 0 & 4 & \sqrt{2}\\ \sqrt{6} & 0 & 0 & 3\sqrt{2}\end{bmatrix}$，$\boldsymbol{P}^{-1}\boldsymbol{A}\boldsymbol{P}=\boldsymbol{\Lambda}=\begin{bmatrix}-3 & & & \\ & 1 & & \\ & & 1 & \\ & & & 1\end{bmatrix}$.

2. $\boldsymbol{p}_3=[1,2,2]^{\mathrm{T}}$; $\boldsymbol{A}=\begin{bmatrix}2&-2&0\\-2&1&-2\\0&-2&0\end{bmatrix}$.

3. $\boldsymbol{p}_1=[1,0,0]^{\mathrm{T}}$, $\boldsymbol{p}_2=[0,1,-1]^{\mathrm{T}}$; $\boldsymbol{A}=\begin{bmatrix}1&0&0\\0&0&-1\\0&-1&0\end{bmatrix}$.

4. $a=1$, $b=0$; $\boldsymbol{A}=\begin{bmatrix}1/2&1/2&1\\1/2&1/2&1\\1&1&0\end{bmatrix}$.　　8. 30,0,0,0.

9. $\boldsymbol{\Lambda}=\begin{bmatrix}(2+k^2)&&\\&(2+k^2)&\\&&k^2\end{bmatrix}$.

总练习题四

1. $\boldsymbol{A}^{-1}$的特征值为$\lambda_1=\lambda_2=1/2$, $\lambda_3=1/4$;属于特征值1/2的全部特征向量为$k_1[1,1,0]^{\mathrm{T}}(k_1\neq0)$;属于特征值1/4的全部特征向量为$k_2[0,1,1]^{\mathrm{T}}(k_2\neq0)$.
2. $k=1,-2$.　　3. 4/3和6.
4. $\boldsymbol{O}$;特征值都为0,特征向量是
$$k_1[b_2,-b_1,0,\cdots,0]^{\mathrm{T}}+k_2[b_3,0,-b_1,\cdots,0]^{\mathrm{T}}+\cdots+k_{n-1}[b_n,0,\cdots,0,-b_1]^{\mathrm{T}},$$
其中$k_i(1\leqslant i\leqslant n-1)$不全为零.
5. 特征值9,9,3;属于9的特征向量为$k_1[1,-1,0]^{\mathrm{T}}+k_2[-2,0,1]^{\mathrm{T}}(k_1,k_2$不全为零),属于3的特征向量为$k_3[0,1,1]^{\mathrm{T}}(k_3$不为零).
6. $a=-3,b=0,\lambda=-1$;$\boldsymbol{A}$不能对角化.
7. $a=0$, b任意,$c=0$.
8. $a=0$; $\boldsymbol{P}=\begin{bmatrix}1&0&1\\2&0&-2\\0&1&0\end{bmatrix}$, $\boldsymbol{P}^{-1}\boldsymbol{A}\boldsymbol{P}=\begin{bmatrix}6&&\\&6&\\&&-2\end{bmatrix}$.
9. $x=-y$.　　10. $\boldsymbol{O}$.
12. 特征值为$\boldsymbol{\beta}^{\mathrm{T}}\boldsymbol{\alpha}$及$n-1$个0,其中$\boldsymbol{\alpha}=[a_1,a_2,\cdots,a_n]^{\mathrm{T}}$, $\boldsymbol{\beta}=[b_1,b_2,\cdots,b_n]^{\mathrm{T}}$.

习　题　5.1

1. (1) $\begin{bmatrix}4&3&-1/2\\3&5&1/2\\-1/2&1/2&7\end{bmatrix}$;　(2) $\begin{bmatrix}1&6&4\\6&2&4\\4&4&4\end{bmatrix}$;

(3) $\begin{bmatrix}1&1&0&0\\1&1&0&0\\0&0&-1&2\\0&0&2&-1\end{bmatrix}$;　(4) $\begin{bmatrix}0&0&1/2&-1/2\\0&0&1&-5/2\\1/2&1&0&0\\-1/2&-5/2&0&0\end{bmatrix}$.

2. A^TA,其中 $A=(a_{ij})_{n\times n}$.

3. 可以先令 $x=e_i=[0,\cdots,0,1,0,\cdots,0]^T$,则由 $x^TAx=0$ 可得 $a_{ii}=0$;然后再令 $x=e_{ij}=[0,\cdots,0,1,0,\cdots,0,1,0,\cdots,0]^T$,又由 $x^TAx=0$ 可得 $a_{ij}=0$.

4. 提示:令 $C=\begin{bmatrix}0&0&1\\1&0&0\\0&1&0\end{bmatrix}$,则 $C^T\begin{bmatrix}\lambda_1&&\\&\lambda_2&\\&&\lambda_3\end{bmatrix}C=\begin{bmatrix}\lambda_2&&\\&\lambda_3&\\&&\lambda_1\end{bmatrix}$.

习 题 5.2

1. (1) $x=Py=\dfrac{1}{3\sqrt{5}}\begin{bmatrix}6&-2&\sqrt{5}\\3&4&-2\sqrt{5}\\0&5&2\sqrt{5}\end{bmatrix}y$, $f=9y_3^2$;

(2) $x=Py=\dfrac{1}{\sqrt{2}}\begin{bmatrix}1&1&0\\0&0&1\\-1&1&0\end{bmatrix}y$, $f=2y_1^2+4y_2^2+4y_3^2$;

(3) $x=Py=\dfrac{1}{\sqrt{6}}\begin{bmatrix}\sqrt{3}&-1&\sqrt{2}\\0&2&\sqrt{2}\\-\sqrt{3}&-1&\sqrt{2}\end{bmatrix}y$, $f=y_1^2+y_2^2+4y_3^2$;

(4) $x=Py=\dfrac{1}{3\sqrt{2}}\begin{bmatrix}3&1&2\sqrt{2}\\3&-1&-2\sqrt{2}\\0&-4&\sqrt{2}\end{bmatrix}y$, $f=7y_1^2+7y_2^2-2y_3^2$.

2. $a=2$, $P=\dfrac{1}{\sqrt{2}}\begin{bmatrix}0&\sqrt{2}&0\\1&0&1\\-1&0&1\end{bmatrix}$.

3. (1) $x=\begin{bmatrix}1&1&-2\\0&1&-2\\0&0&1\end{bmatrix}y$, $f=2y_1^2-y_2^2+4y_3^2$;

(2) $x=\begin{bmatrix}1&1&-1\\1&-1&-1\\0&0&1\end{bmatrix}z$, $f=z_1^2-z_2^2-z_3^2$;

(3) $x=\begin{bmatrix}1&-2&0\\0&1&1\\0&0&1\end{bmatrix}y$, $f=y_1^2-2y_2^2-3y_3^2$;

(4) $x=\begin{bmatrix}1&-1&0&0\\1&1&0&0\\0&0&1&-1\\0&0&1&1\end{bmatrix}y$, $f=2y_1^2-2y_2^2-2y_3^2+2y_4^2$.

4. (1) $\begin{bmatrix} 0 & 1 & 0 \\ 1 & -1 & 1 \\ 0 & 0 & 1 \end{bmatrix}$; $f=2y_1^2-2y_2^2-3y_3^2$;

(2) $\begin{bmatrix} 1 & -1/2 & 3 \\ 1 & 1/2 & -1 \\ 0 & 0 & 1 \end{bmatrix}$; $f=y_1^2-\frac{1}{4}y_2^2+3y_3^2$.

5. (1) $c=3,\lambda_1=0,\lambda_2=4,\lambda_3=9$; (2) $f=1$ 表示了一个椭圆柱面：$4y_2^2+9y_3^2=1$.

6. $a=3,b=1$; $\frac{1}{\sqrt{6}}\begin{bmatrix} \sqrt{3} & \sqrt{2} & 1 \\ 0 & -\sqrt{2} & 2 \\ -\sqrt{3} & \sqrt{2} & 1 \end{bmatrix}$.

7. (1) $-2\left(x_1+\frac{1}{\sqrt{5}}\right)^2+3\left(y_1-\frac{2}{\sqrt{5}}\right)^2=1$,以$\left(-\frac{1}{\sqrt{5}},\frac{2}{\sqrt{5}}\right)$为中心双曲线；

(2) $3\left(x_1-\frac{7}{2\sqrt{2}}\right)^2+9\left(y_1-\frac{1}{6\sqrt{2}}\right)^2=\frac{35}{2}$,以$\left(\frac{7}{2\sqrt{2}},\frac{1}{6\sqrt{2}}\right)$为中心的椭圆；

(3) $x_1+\frac{2}{\sqrt{5}}=-\frac{\sqrt{5}}{2}\left(y_1+\frac{1}{\sqrt{5}}\right)^2$,以$\left(-\frac{2}{\sqrt{5}},-\frac{1}{\sqrt{5}}\right)$为顶点,$y_1=-\frac{1}{\sqrt{5}}$为对称轴的抛物线.

8. (1) $2x_2^2+5y_2^2-z_2^2=\frac{33}{10}$,单叶双曲面；

(2) $\frac{4}{5}x_2^2-\frac{4}{5}y_2^2-\frac{8}{5}z_2^2=1$,双叶双曲面；

(3) $\frac{x_2^2}{4}+y_2^2-\frac{z_2^2}{2}=1$,单叶双曲面.

9. 提示：设矩阵 $\boldsymbol{A}=\begin{bmatrix} a & b \\ b & c \end{bmatrix}$的特征值为 λ_1,λ_2,则作正交变换,可将曲线方程化为 $\lambda_1x_1^2+\lambda_2y_1^2=1$. 若 λ_1 与 λ_2 同为正数,则曲线为一椭圆,若 λ_1 与 λ_2 异号,则曲线为一双曲线.

习 题 5.3

1. (1) 正定； (2) 不定； (3) 负定.

2. (1) $|t|<\sqrt{15}$; (2) $|t|<\frac{\sqrt{15}}{3}$; (3) $t>\frac{58}{3}$.

3. 提示：$\boldsymbol{A}$ 正定$\Longleftrightarrow$存在正交矩阵 $\boldsymbol{P}$,使得 $\boldsymbol{P}^{\mathrm{T}}\boldsymbol{AP}=\mathrm{diag}(\lambda_1,\lambda_2,\cdots,\lambda_n)=\boldsymbol{\Lambda}$,即 $\boldsymbol{A}=\boldsymbol{P\Lambda P}^{\mathrm{T}}$,其中 $\lambda_1,\lambda_2,\cdots,\lambda_n>0$. 令 $\boldsymbol{\Lambda}_1=\mathrm{diag}(\sqrt{\lambda_1},\sqrt{\lambda_2},\cdots,\sqrt{\lambda_n})$,则 $\boldsymbol{\Lambda}=\boldsymbol{\Lambda}_1\boldsymbol{\Lambda}_1$,$\boldsymbol{A}=\boldsymbol{P\Lambda}_1\boldsymbol{\Lambda}_1\boldsymbol{P}^{\mathrm{T}}$. 再令 $\boldsymbol{U}=\boldsymbol{\Lambda}_1^{\mathrm{T}}\boldsymbol{P}^{\mathrm{T}}$,则 $\boldsymbol{U}$ 可逆,且 $\boldsymbol{A}=\boldsymbol{U}^{\mathrm{T}}\boldsymbol{U}$.

4. 提示：$\boldsymbol{A}$ 正定$\Longleftrightarrow\boldsymbol{A}$ 的特征值全都大于零.

5. 提示：根据定义证明.

6. 提示：用反证法,取 $\boldsymbol{x}=\boldsymbol{e}_i\ (i=1,2,\cdots,n)$即可.

7. 提示：$\boldsymbol{A}$ 正定$\Longleftrightarrow\boldsymbol{A}$ 的各阶顺序主子式都大于零.

8. 提示：同第 7 题.

总练习题五

1. (1) $x=Py=\begin{bmatrix}\frac{2}{\sqrt{5}} & \frac{2}{3\sqrt{5}} & \frac{1}{3}\\ -\frac{1}{\sqrt{5}} & \frac{4}{3\sqrt{5}} & \frac{2}{3}\\ 0 & \frac{\sqrt{5}}{3} & -\frac{2}{3}\end{bmatrix}y$，$f=y_1^2+y_2^2+10y_3^2$；

(2) $x=Py=\begin{bmatrix}1/2 & 1/2 & 1/\sqrt{2} & 0\\ 1/2 & -1/2 & 0 & 1/\sqrt{2}\\ 1/2 & 1/2 & -1/\sqrt{2} & 0\\ 1/2 & -1/2 & 0 & -1/\sqrt{2}\end{bmatrix}y$，$f=y_1^2-y_2^2$.

2. (1) $f=y_1^2-y_2^2-\frac{11}{4}y_3^2$，$x=\begin{bmatrix}1 & -1/2 & 9/4\\ 0 & 1/2 & -1/4\\ 0 & 0 & 1\end{bmatrix}y$；

(2) $f=2y_1^2-2y_2^2-2y_3^2$，$x=\begin{bmatrix}1 & 1 & 0 & 1\\ 1 & -1 & 0 & 1\\ 0 & 0 & 1 & 1\\ 0 & 0 & 1 & -1\end{bmatrix}y$.

3. $f=3y_1^2-\frac{1}{3}y_2^2+8y_3^2$，$x=\begin{bmatrix}0 & 0 & 1\\ 0 & 1 & 5\\ 1 & 1/3 & 2\end{bmatrix}y$.

4. f 的标准形为 $f=y_1^2-y_2^2+\cdots+y_{2n-1}^2-y_{2n}^2$，秩为 $2n$，符号差为零.

5. (1) 正定； (2) 不正定.　　**6.** (1) $\lambda>2$； (2) $\lambda>\frac{6}{11}$.

7. 因 A 正定，故 $A^2=A^TA$，且 A 可逆，即 A 合同于单位矩阵 I，由 §5.3 第 3 题的结论即知 A^2 是正定的. 或由二次型 $f(x)=x^TA^2x=x^TA^TAx=\|Ax\|^2$ 知 A^2 是正定的.

8. 提示：AB 为实对称矩阵，A 为正定矩阵，由 §5.3 第 3 题的结论，必存在可逆矩阵 P，使得 $P^TAP=I$，又 $P^TABP=P^TAPP^{-1}BP=P^{-1}BP$，$B$ 为正定矩阵，故 B 的特征值都大于零，所以实对称矩阵 AB 的特征值都大于零，从而得证.

9. 提示：由 A 正定$\Longleftrightarrow A$ 的特征值全都大于零，考查 $tI+A$ 的特征值.

10. 提示：先配方，再根据定义证明.

习　题　6.1

1. $x=[1,1,1]^T$.

2. 利用高斯顺序消去法得 $x=[1.335,0,-5.003]^T$；

利用高斯列主元消去法得 $\boldsymbol{x}=[0.2252,0.2790,0.3295]^{T}$.

习　题　6.2

2. $x_1^* \approx 0.2249$，$x_2^* \approx 0.3056$，$x_3^* \approx -0.4939$.

总练习题六

1. 三位有效数字：$\boldsymbol{x}=[8.64,-33.8,27.8]^{T}$；分式形式：$\boldsymbol{x}=[9,-36,30]^{T}$.

3. $|a|<\frac{1}{2}$.